"十二五"普通高等教育本科国家级规划教材

国家一流本科课程教材　　国家精品在线开放课程教材

国家精品课程教材　　　　国家精品资源共享课程教材

精密机械设计

（第4版）

许贤泽　徐逢秋　编著

曾周末　主审

电子工业出版社·

Publishing House of Electronics Industry

北京·BEIJING

内 容 简 介

本书是"十二五"普通高等教育本科国家级规划教材，是国家一流本科课程教材、国家精品在线开放课程教材。应教育部高等学校仪器类专业教学指导委员会的要求，本书适当精简教学内容，将齿轮机构与齿轮传动、精密机械精度设计与设计概论合并，增加常用机构设计，以精密机械中常用机构和零部件为研究对象，从设计该类机构和零部件时应具备的基础理论、基本技能和基本方法等方面介绍其工作原理、特点、应用范围、选型、材料、精度和设计计算的一般原理和方法。

除绪论外，全书包括 15 章。第 1～2 章讲述精密机械设计所需的力学基础知识；第 3～7 章讲述精密机械中常用机构的工作原理和运动特性等基本知识；第 8～12 章讲述精密机械设计中所用材料的热处理方法、精度设计、常用机械零部件的特点和设计计算的知识；第 13～15 章讲述精密机械中常用弹性元件、常用机构、基座和导轨、常用连接相关知识。

本书适合作为仪器类（测控技术与仪器、智能感知）、光学工程、电子信息工程及机电类专业精密机械设计课程的教材，也可供有关专业师生、工程技术人员参考使用。

图书在版编目（CIP）数据

精密机械设计 / 许贤泽，徐逢秋编著. —4 版. —北京：电子工业出版社，2023.11
ISBN 978-7-121-46559-8

Ⅰ.① 精… Ⅱ.① 许…② 徐… Ⅲ.① 机械设计－高等学校－教材 Ⅳ.① TH122

中国国家版本馆 CIP 数据核字（2023）第 202620 号

责任编辑：章海涛 文字编辑：刘子杭
印　　刷：北京虎彩文化传播有限公司
装　　订：北京虎彩文化传播有限公司
出版发行：电子工业出版社
　　　　　北京市海淀区万寿路 173 信箱　邮编：100036
开　　本：787×1092　1/16　印张：17　字数：457 千字
版　　次：2007 年 7 月第 1 版
　　　　　2023 年 11 月第 4 版
印　　次：2025 年 2 月第 3 次印刷
定　　价：69.80 元

凡所购买电子工业出版社图书有缺损问题，请向购买书店调换。若书店售缺，请与本社发行部联系，联系及邮购电话：（010）88254888，88258888。

质量投诉请发邮件至 zlts@phei.com.cn，盗版侵权举报请发邮件至 dbqq@phei.com.cn。

本书咨询联系方式：（010）88254175，liuzih@phei.com.cn。

序

近年来，多种教学方式广泛应用，以本为本是教育部特别重视和倡导的教育发展方向。大学的根本任务是培养人才，因此优秀的教师和高质量的教材是不可缺少的因素。教育部为全面提高高等教育的质量，特制定国家级教材规划。《精密机械设计（第4版）》作为"十二五"普通高等教育本科国家级规划教材，也是国家一流本科课程教材、国家精品在线开放课程教材，理所当然应承担起重任。

"精密机械设计"课程是仪器类专业的一门专业基础课，是测控技术与仪器专业的专业主干课。编著者根据其特点，以精密机械中常用机构和零部件为研究对象，从设计该类机构和零部件时应具备的基础理论、基本技能和基本方法等几方面组织编写，从机构分析、工作能力、精度和结构等诸方面来研究这些机构和零部件，并介绍其工作原理、特点、应用范围、选型、材料、精度以及设计计算的一般原理和方法，因此，本书作为大学教材具有科学性、可读性和新颖性。本书还力求做到科学严谨、深入浅出，适应时代的要求，反映当代科学技术的发展前沿。

当然，任何一本教材都需要经过教师反复使用，不断更新改进，才能成为一本优秀教材。《精密机械设计（第4版）》通过前期教学中的使用，在听取教师和学生意见的基础上进行了认真编写，相信会对仪器类专业的教育教学有所帮助。最后，希望相关专业教学和教材质量不断提高，培养出更多高水平的学生。

天津大学

第 4 版前言

本书为**国家精品课程、国家精品资源共享课程、国家一流本科课程、国家精品在线开放课程
"精密机械设计"** 的主教材，被列为**"十二五"普通高等教育本科国家级规划教材**，是测控技术
与仪器专业基础课教学用书。

党的二十大报告提出："我们要坚持教育优先发展、科技自立自强、人才引领驱动，加快建
设教育强国、科技强国、人才强国，坚持为党育人、为国育才，全面提高人才自主培养质量，着
力造就拔尖创新人才，聚天下英才而用之。"这对人才培养目标和培养模式、专业设置和教学计划、
课程体系和内涵、教学方法和手段等方面提出了新的要求。按照仪器仪表类专业改革"以综合设
计能力的培养为主线，相关课程整体优化"的总体思路，"精密机械设计"课程的目标应以培养学
生对系统总体方案设计、机械零部件工作能力设计和结构设计的能力为主，使学生能够掌握一般
精密机械零部件工作原理的分析方法和精密机械机构的设计方法。因此，"精密机械设计"课程的
教学改革必须适应这种形势，要培养学生较宽领域的基本知识素质，提高学生的唯物辩证思维和
实践能力。

高等教育改革，对人才培养目标和培养模式、专业设置和教学计划、课程体系和内涵、教学
方法和手段等方面提出了新的要求。按照仪器仪表类专业改革"以综合设计能力的培养为主线，
相关课程整体优化"的总体思路，"精密机械设计"课程的目标应以培养学生对系统总体方案设计、
机械零部件工作能力设计和结构设计的能力为主，使学生能够掌握一般精密机械零部件工作原理
的分析方法和精密机械机构的设计方法。因此，"精密机械设计"课程的教学改革必须适应这种形
势，要符合培养学生较宽领域的基本知识、能力和素质的要求。

"精密机械设计"作为测控技术与仪器专业的一门专业基础课，是教育部高等学校仪器类专
业教学指导委员会确定的核心主干课，主要任务是使学生初步掌握有关精密机械设计的基本原理
和方法，进行精密机械中常用零部件的设计。编著者试图在满足教学基本要求的情况下，贯彻少
而精的原则，力求做到精选内容，适当拓宽知识面，反映学科成就。因此，本书从力学基础知识、
机械原理、金属材料及热处理、精度设计、机械结构设计与传动等方面阐述本课程的知识点，可
供相关专业作为专业基础课教材。

除绪论外，本书包括 15 章内容。第 1~2 章讲述精密机械设计所需的力学基础知识；第 3~7
章讲述精密机械中常用机构的工作原理和运动特性等基本知识；第 8~12 章讲述精密机械设计中
所用材料的热处理方法、精度设计、常用机械零部件的特点和设计计算的知识；第 13~15 章讲述
精密机械中常用弹性元件、常用机构、基座和导轨、常用连接相关知识。

本书由许贤泽教授、徐逢秋教授编著，刘刚、徐曼曼、何加文、蒋宇飞、何韩、宋明星、邹
梦龙、施元、周顺、曾志豪也参与了本书的编写。全书由许贤泽教授统稿。

曾周末教授审阅了本书，并提出了许多宝贵意见。

书中引用了许多文献资料，未能一一列出，在此向文献资料的原作者谨致谢意。

限于编著者的水平，谬误及欠妥之处在所难免，衷心希望广大读者提出宝贵的意见，并对书
中不妥之处进行批评指正。

本书免费提供教学资源（含电子课件），读者可以登录 http://www.hxedu.com.cn（华信教育资
源网），注册之后进行下载。读者反馈：liuzih@phei.com.cn。

编著者

目　　录

绪　　论

精密机械是人类生产劳动与测量活动中必不可少的一部分，在生产和科学技术的发展过程中起着重要的作用，是仪器设计的基础和重要组成部分，是实现对各种信息进行采集、传输、转换、处理、存储、显示和控制的基础部分，被越来越广泛地应用在工业、农业、国防和科学技术现代化建设等领域中。在当今信息时代，精密机械不仅促进了光电技术、传感技术、微电子技术、通信技术和计算机应用技术的发展，还通过与这些技术的结合，加速了精密机械自身的发展，并形成了一些新的研究领域和技术。

随着精密仪器朝着光机电算一体化和智能化方向发展，传统的纯机械的仪器越来越少，智能化和多功能的新型仪器不断出现，精密机械逐渐向小型化和灵巧化方向发展。但是，这种发展仍建立在传统的机械理论基础上，因为不管新型仪器的性能和功能多么先进和强大，都不可能完全脱离机械系统和结构而独立存在。常规的精密机械设计方法仍是实现现代精密仪器机械系统的重要手段，不同的只是运用了新的工具和方法来实现常规设计。因此，在现代仪器设计中，精密机械仍具有不可替代的重要地位。

对于现代精密仪器总体设计人才来说，在掌握好光学、电子和计算机等先进技术的同时，一定要掌握好精密机械设计的基本原理和方法，才能设计出先进的、多功能的和智能化的光机电算一体的新型仪器设备，以满足国家的经济建设和国防建设的需要。

基于这一思想，在进行精密机械设计时，一般认为它是"机器"和"机构"的总称，不管它们的构造、工作原理、用途等如何不同，其实它们都有下列 3 个特征：① 它们是人为的实物组合；② 各实物之间具有确定的相对运动；③ 它们用来代替或减轻人类的劳动，从而做有用的机械功或转换机械能。

在工程实际中，常见的机构有连杆机构、凸轮机构、齿轮机构等。各种机构都是用来传递运动和力的可动装置。人们在日常生活和生产中都会接触到许多机器，如缝纫机、复印机、各种机床、汽车等。不同类型的机器具有不同的形式、构造和用途，通过分析不难看出，这些机器就其组成而言，都是由各种机构组合而成的，而机构是由构件组成的。机构中的构件可以是单一的零件，也可以是几个零件的组合体。所以，构件和零件是两个不同的概念，构件是"运动单元"，而零件是"制造单元"。随着数学、电子学、自动控制、计算机等现代科学技术的进步和发展，人类综合应用了各方面的知识和技术，不断创造出各种新型的精密机械及其产品。这类精密机械除具有使其内部各机构正常动作的先进控制系统外，还包含信息采集、处理和传递系统。

因此，机构与机器的区别在于：机构只是一个构件系统，而机器除构件系统之外还包括电气、液压等其他装置；机构只用于传递运动和力，而机器除传递运动和力之外，还应当具有变换或传递能量、物料、信息的功能。但是在研究构件的运动和受力情况时，机器与机构之间并无区别。因此，习惯上用"机械"一词作为机器和机构的总称。

各种机械中普遍使用的机构称为常用机构，如连杆机构、凸轮机构、齿轮机构、间歇运动机构等。机械中的零件可分为两类：一类称为通用零件，在各种机械中都能遇到，如螺钉、齿轮、轴、弹簧等；另一类称为专用零件，只在某些机械中使用，如内燃机的活塞、汽轮机的叶片等。

"精密机械设计"课程主要研究精密机械中的常用机构、通用机械零件和部件。

本课程的内容、性质和任务

"精密机械设计"是一门重要的专业基础课，将机械制图、工程力学基础、误差理论与数据处理、金属材料与热处理、机械原理和机械设计等课程精简并有机地结合起来，以满足仪器类专业对机械基础知识的需要。本课程主要介绍精密机械及仪器上的常用机构和通用零件的工作原理、结构特点、基本的设计理论和计算方法，从机构分析、工作能力、精度和结构等诸方面来研究这些机构和零部件，并介绍其工作原理、特点、应用范围、选型、材料、受力分析、精度及设计计算的一般原则和方法。

其具体内容如下。

① 工程力学基础部分——通过精密机械零件受力分析与平衡的分析,针对几种简单常用的构件介绍精密机械中的强度、刚度、应力分析的基本概念和方法。

② 机械原理部分——论述组成机械的基本单元构件的结构特性，以及常用机构（连杆机构、凸轮机构、齿轮机构、轮系等）的工作原理和运动特征等基本知识，并介绍其基本设计方法。

③ 机械设计部分——结合通用零件的结构特点、材料选择、受力分析、失效形式、设计计算理论和方法等，对常用精密机械零部件的工作原理、特点、计算依据和设计方法进行阐述。

通过本课程的学习，学生应该做到以下几点。

◉ 了解精密机械中零件的受力分析方法、材料与热处理的基本知识，并能在工程设计中正确选用。

◉ 初步掌握常用机构的结构分析、运动分析、力的分析及其设计方法，具备分析和选择基本机构的能力。

◉ 掌握通用零部件的工作原理、特点、选型及其计算方法，能运用所学基础理论知识，解决精密机械零部件的设计问题，具备简单机械的结构设计能力。

同时，"精密机械设计"课程是一门实践性很强的应用型课程，善于观察、勤于思考和勇于实践是学好本课程的关键和要领，在学习中要注意抓住各部分内容的特性及它们之间的共性，从而达到举一反三的效果，埋下创造、发明的种子。

在高等学校仪器类专业的教学计划中，"精密机械设计"课程一般被列为主干课程，将综合运用工程力学、机械制图和本课程所学知识，来解决有关精密机械方面的复杂工程问题。

第 1 章　精密机械零件的受力分析与平衡

力是物体间相互的机械作用，这种作用使物体的机械运动状态发生变化。在工程实践中，人们逐渐认识到，物体的机械运动状态发生变化（包括变形）都是其他物体对该物体施加力的结果。精密机械零件也不例外，因此研究其平衡和受力问题就比较重要。本章主要介绍力的基本概念、受力分析及平衡问题。

1.1　力学的基本概念

1. 力的概念

力学作为一门古老的科学发展至今已有一千多年的历史，并将随着时代的进步不断发展。古往今来，人们在日常生活和劳动中发现，两个物体在相互作用时，这两个物体的运动状态（它们的速度大小和方向，或两者之一）和形状都会发生变化。随着生产力的发展、实践的丰富和人们的认识水平不断提高，人们也逐步建立了力的科学概念，通常表述为：力是物体间相互的作用，这种作用使得物体的运动状态发生变化，同时物体也发生了变形。如果没有物体间的相互作用，力便不能存在。

力作用于物体，使得物体运动状态发生改变的效应称为力的外效应；而力使物体产生变形的效应称为力的内效应。

实践表明，力对物体的效应由以下三个要素决定：力的大小、力的方向（包括方位和指向）和力的作用点。三个要素之一发生改变，力的作用效应也将发生变化。

力的国际单位通常用牛顿或千牛顿表示，简称为 N（牛）或 kN（千牛）。在工程单位制中，取北纬 45°的海平面上，地球吸引质量为 1 kg（千克）的标准砝码所产生的力，作为力的单位，这个力的单位称为 kgf（千克力）。因此，牛顿和千克力的换算关系为 1 kgf≈9.8 N。

力对物体的效应不仅取决于它的大小，还取决于它的方向，所以力是矢量。

力可以用一个有向线段来表示，如图 1-1 所示。线段的长度按一定的比例表示力的大小（图中 F 的大小为 3 N）；线段的方位和箭头的指向表示力的方向；线段的起点（或终点）表示力的作用点。经过力的作用点沿力的方向引出的直线称为力的作用线。

矢量通常用黑体字母表示（如 $\boldsymbol{F}$），其大小用普通字母表示（如 F）。

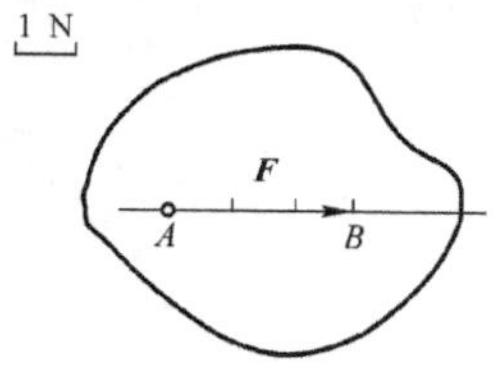

图 1-1　力的矢量表示

2. 刚体的概念

在研究力对物体的效应时，通常将所考虑的物体作为刚体看待。所谓刚体，就是在任何力的作用下，物体的大小和形状都保持不变的物体。实际上，任何物体受力后都将发生形状和大小的改变。但在正常情况下，工程上的机械零件和结构构件在力的作用下发生的变形很微小，对研究力的外效应影响很小，可以忽略不计。刚体的概念是建立在人们对实际物体的一种理想化处理结果之上的。

3．平衡的概念

平衡是指物体相对于地球处于静止或做匀速直线运动的状态。显然，平衡是物体机械运动的特殊形式。因为，运动是绝对的，平衡、静止是相对的。作用在刚体上使刚体处于平衡状态的力系称为平衡力系。平衡力系应满足的条件称为平衡条件。

4．静力学公理

静力学公理是人们在长期的生活和实践中总结出来的最基本的力学规律。这些规律在指导人们实践的过程中又被证明是正确的，是符合客观实际的。

【二力平衡理论】　使受两个力作用的刚体保持平衡的充分必要条件是：两力大小相等、方向相反、作用线相同，如图 1-2 所示。

对于变形物体，这个条件是必要的，又是不充分的。例如，绳索受到等值、反向、共线的两个拉力时处于平衡，但受到等值、反向、共线的两个压力时就不能平衡。

在两个力的作用下处于平衡的物体称为二力体，若为不计自重的杆件，则称为二力杆。作用在二力体上的两个力，它们必通过两个力作用点的连线（与杆件的形状无关），且等值、反向，如图 1-3 所示。

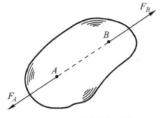

图 1-2　刚体的平衡　　　　　图 1-3　二力体的平衡

【加减平衡力系理论】　在工程实际中，通常把作用在物体上的几个力或一组力称为力系，当物体在力系的作用下处于平衡状态时，又把这样的力系称为平衡力系。并且，在作用于刚体上的任意一个力系中，加上或减去任意平衡力系，并不改变原力系对刚体的效应，因此得到常用的"力的可传性原理"推论。

作用于刚体上的力可沿其作用线移至刚体上的任意一点，而不改变此力对刚体的作用效应。这就是力的可传性原理。如图 1-4 所示，作用于刚体 A 点的作用力 F，可沿其作用线移动到 B 点得到力 F'。但是刚体的状态在前后并没有发生改变，即力的作用效应相同。

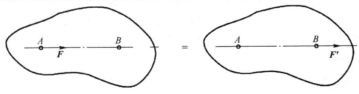

图 1-4　力的可传性原理

由力的可传性原理可知，力对刚体的作用取决于力的大小、方向和作用线三个要素。

注意，力的可传性原理仅仅适用于刚体，对于需要考虑形变的物体，力不能沿其作用线移动，因为移动后将改变物体内部的受力和变形情况。如图 1-5 所示的 AB 杆，原来受两拉力的作用产生拉伸变形，如图 1-5(a)所示；但若将两力沿着作用线分别移动到杆的另一端，如图 1-5(b)所示，杆将受压而产生压缩变形。

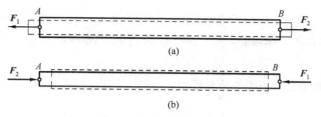

图 1-5　杆的受力与变形

【力的平行四边形法则】　作用于物体上同一点的两个力可以合成为一个合力。合力同样作用于同一点，其大小和方向由以两个分力为邻边所构成的平行四边形的对角线来表示，即合力矢量等于这两个分力的矢量和，如图 1-6 所示，其矢量表达式为 $F_R = F_1 + F_2$。

　　求两共点力的合力时，为了方便作图表示，只需要绘出力的平行四边形的 1/2 即可，通常是三角形，如图 1-7 所示。其方法是自任意 O 点先画一力矢 F_1，再由 F_1 的终端画一力矢 F_2，最后由 O 点至力矢 F_2 的终端画出矢量 F_R，F_R 代表 F_1 与 F_2 的合力。合力的作用点仍为力 F_1、F_2 的汇交点 O。此作图法称为力的三角形法则。显然，改变 F_1 与 F_2 的顺序，其结果不变。

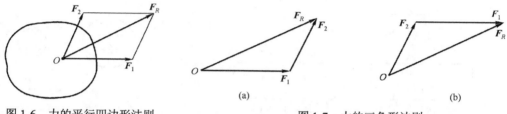

图 1-6　力的平行四边形法则　　　　　　图 1-7　力的三角形法则

　　因此，利用力的平行四边形法则或力的三角形法则，可以将一个力分解为两个分力，但必须是沿着两个已知方向分解为两个分力。

【三力平衡汇交定理】　当刚体受不平行的三个力作用（其中两个力的作用线相交于一点）而平衡时，这三个力的作用线必交汇于一点。如图 1-8 所示，三个不平行的力 F_1、F_2 和 F_3 作用于刚体上使得刚体平衡，F_1 和 F_2 的作用线必相交于点 O，将 F_1 和 F_2 分别沿作用线移到 O 点，画出其合力 F_R，F_R 应与 F_3 相平衡，根据二力平衡的条件得出 F_R 应与 F_3 共线，即 F_3 的作用线必通过

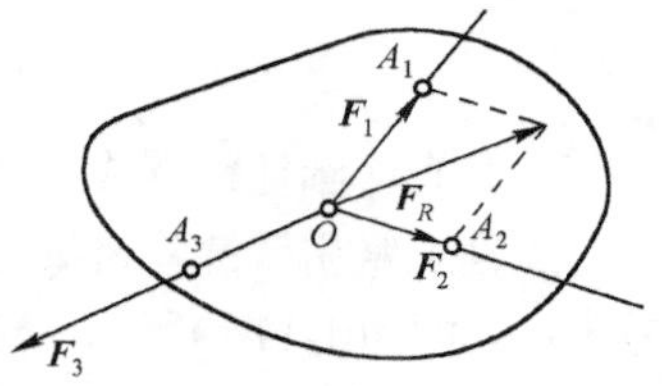

图 1-8　刚体的三力平衡

O 点。根据此定理，可以确定刚体在受不平行三力而处于平衡时未知力的方向。

【作用与反作用定律】　当两个物体间相互作用时，其作用力总是大小相等、方向相反、作用线相同，分别作用于两个物体上。这两个力互为作用力和反作用力。

1.2　约束、约束反力与受力图

1. 约束与约束反力

　　在机械零件受力分析中，通常把零件在某些方向的运动加以限制，这就是约束；构成约束的周围物体则称为约束体。当然，约束体也会施加给研究对象一定的力，我们称之为约束反力，简称反力。

约束反力的方向总是与约束体所能限制的运动方向相反，这种方法是确定约束反力方向的原则。约束反力以外的其他力称为主动力。在机械零件的静力学中，约束反力和物体所受的主动力组成平衡力系，因此可用平衡条件求出约束反力。

2．机械零件中常见的约束类型及其反力

（1）柔索约束

由柔软的绳索、三角带、链条等构成的约束称为柔索约束。当物体受到柔索的约束时，柔索只能限制物体沿柔索伸长方向的位移。因此，柔索给被约束物体的力，方向一定沿着柔索，并且只能是拉力。如图 1-9(a)所示，两根绳索悬吊一重物。根据柔索反力的特点，可知绳索作用于重物的约束反力是沿绳索的拉力 F_A 和 F_B。图 1-9(b)为带传动装置，皮带对带轮的约束反力沿两个带轮的外公切线方向，大小分别为 F_1 和 F_2。

（2）光滑接触面约束

当物体与光滑支撑面接触时，如图 1-10(a)所示，由于不计摩擦，因此支撑面并不能限制物体沿其切线方向移动，仅能够阻止物体沿接触面的法线方向向下运动。因此，光滑接触面给被约束物体的力，其方向沿接触面的公法线，并且指向被约束物体，用字母 N 表示，如图 1-10(b)所示。

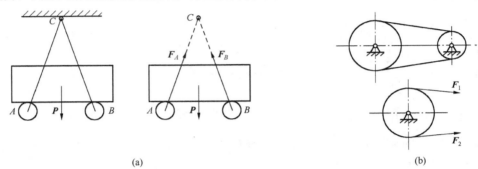

(a)   (b)

图 1-9　柔索约束

（3）光滑圆柱铰链约束

工程上常用铰链将桥梁、起重机的起重臂等结构同支撑面或机架等连接起来，这就构成了铰链支座。如图 1-11(a)所示，构件 A 通过其上的圆柱形孔套在构件 B 上的圆柱形销钉 C 上。构件 A 的运动受到销钉的制约，如果不计摩擦就构成了光滑圆柱铰链约束。由于销钉的直径一般比孔的直径小，故销钉的外表面与孔的内表面接触时为线接触。此接触线为圆柱的一条母线，可用其中点 K 来代替。根据光滑接触面的约束反力特点，销钉 C 作用于构件 A 的约束反力 F_N 的方向也不能确定。在实际受力分析时，可利用力的正交分解将该约束反力表示为两个正交分力 F_x 和 F_y，如图 1-11(b)所示。这类约束在工程中有以下几种主要形式。

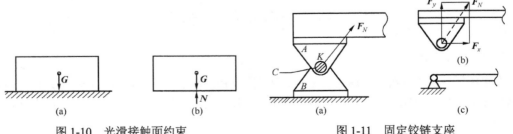

(a)   (b)   (a)   (c)

图 1-10　光滑接触面约束　　　　图 1-11　固定铰链支座

① **固定铰链支座**——如果构成圆柱铰链约束中的一个构件固定在地面或机架上作为支座,则称此铰链为固定铰链支座,其约束反力一般用两个正交分量表示,如图 1-11(b)所示。图 1-11(c)为固定铰链支座的简化画法。图 1-12 中的 O 为固定铰链支座,A 为中间铰链。

② **活动铰链支座**——如果固定铰链支座中的底座不用螺钉而改用辊轴与支撑面接触,便形成了活动铰链支座。其约束反力垂直于光滑支撑面,如图 1-13(a)所示。图 1-13(b)、(c)为活动铰链支座的简化画法。

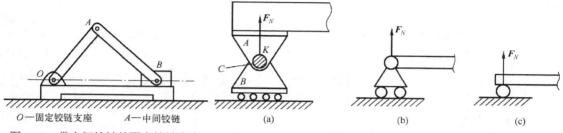

O—固定铰链支座　　　A—中间铰链

(a) 　　　　　　　　　(b) 　　　　　　　　　(c)

图 1-12 带中间铰链的固定铰链支座　　　　　　图 1-13 活动铰链支座

③ **中间铰链**——将两个构件用圆柱铰链连接在一起成为中间铰链,其约束反力一般也用两个正交分量表示,如图 1-12 中 A 所示。

在工程结构中,两端用光滑铰链与其他物体连接起来的刚体杆,如果不计杆的自重且杆上无其他动力的作用,若杆处于平衡状态,则该刚体杆是一个二力杆。显然,由光滑铰链约束的约束反力特点可知,上述刚体杆两端所受到的两个约束反力必然为一对平衡力。由二力平衡公理可知,这两个约束反力必然大小相等,方向相反,作用线相同。

3. 受力图

在求解静力平衡的问题时,必须首先分析物体的受力情况,即进行受力分析。根据问题的已知条件和待求量,从有关结构中恰当选择某物体(或几个物体组成的系统)作为研究对象。这时,可设想将所选择的对象从与周围的约束(含物体)的接触中分离出来,即解除其所受的约束而代之以相应的约束反力。这一过程称为解除约束。解除约束后的物体称为分离体,画有分离体及其所受的全部力(包括主动力和约束反力)的简图称为受力图。下面举例说明物体受力图的画法。

【**例 1-1**】 三脚架由 AB 和 BC 两杆连接而成。销钉 B 处悬挂一个重量为 G 的物体,A、C 两处用铰链与墙固连,如图 1-14(a)所示。如果不计杆的自重,试分析销钉 B 的受力。

解:

以销钉 B 为研究对象,将销钉 B 从整个结构中分离出来。

销钉 B 除受主动力 G 作用外,还受到杆 AB 对其的拉力和 BC 对其的支撑力。由于两杆都是两端铰接而自重不计的二力杆,所以它们的反力 S_{AB}、S_{CB} 的方向将分别沿着两铰链中心的连线。又根据两杆对销钉 B 所起的拉或支撑的作用,即可定出反力 S_{AB}、S_{CB} 的指向,如图 1-14(b)所示。

【**例 1-2**】 重量为 G 的梯子 AB,放在光滑的水平地面和铅直墙面上,在 D 点用水平绳索与墙壁相连,如图 1-15(a)所示。试画出梯子的受力图。

解:

把要研究的部分梯子单独抽取出来,并画出分离体图。先画出梯子的重力 G,作用于梯子的重心,方向铅直向下。再画墙壁和地面对梯子的约束反力。根据光滑接触面约束的特点,A、B 处的约束反力 F_{NA} 和 F_{NB} 分别与墙壁和地面垂直并指向梯子,绳索的约束反力 F_D 应沿着绳索的方向为一拉力。图 1-15(b)为梯子的受力图。

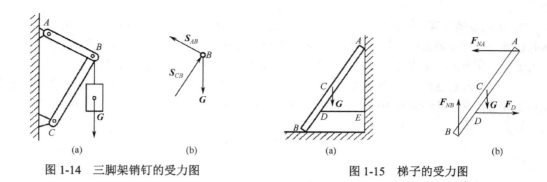

图 1-14 三脚架销钉的受力图

图 1-15 梯子的受力图

1.3 精密机械零件的受力平衡

1. 共线力的平衡

一个力系作用于物体而不发生任何外效应，则受此力系作用的物体处于平衡状态。对于一个物体来说，要想处于平衡状态，除了使物体不能有任何方向的移动外，还必须使物体绕任意一点都不能转动。所以，物体受力的平衡条件必须满足：① 力系中各力沿任一方向的分力的代数和应等于零；② 力系中各力对于任意一点（或轴）的力矩的代数和应等于零。

最简单的平衡状态是物体在二力作用下的平衡。根据二力平衡定律，若两个力使物体平衡，此二力必须大小相等、方向相反，作用在同一直线上，如图 1-16 所示。其平衡方程式为 $\sum F=0$，或各力对力的作用线以外任意一点 A 的力矩的代数和等于零，即 $\sum M_A(F)=0$。满足以上两个平衡方程式的任何一个，都能保证力系的平衡。显然，此平衡条件可推广应用于共线力系中任意一个力作用下物体的平衡。所以，共线力系的平衡只有一个独立平衡方程式。

2. 平面力系的平衡

对于平面力系，假如在一个平面中某一物体受到不共线的三个力的作用，如图 1-17 所示，要使得物体平衡，其中两个力的合力必须与第三个力的大小相等、方向相反，即三个力的合力为零。由此可知，在平面力系中，不论多少个力作用于物体，使物体平衡的必要条件是各力的矢量和为零，即 $\sum F=0$，或者各力在平面坐标系 x、y 两轴上投影的代数和均等于零，即 $\sum F_x=0$，$\sum F_y=0$。

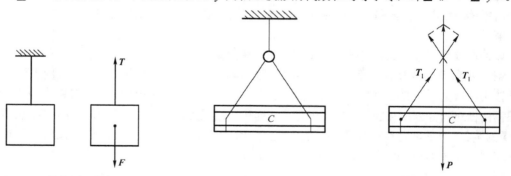

图 1-16 二力作用下物体的平衡

图 1-17 平面内三力作用下物体的平衡

力系仅满足合力等于零的条件，不一定能使物体处于平衡。假如当三个力作用于物体时，两个力的合力与第三个力大小相等、方向相反，但不共线，会形成一个力偶，使得对力的作用线以外任一点（或轴）的力矩和不等于零，亦即存在一个力偶矩。这时物体仍可产生转动效应而不能平衡。故平面力系中除了必须满足在平面坐标系 x、y 两轴上投影的代数和均等于零外，还应具备物体平衡的充分条件，即必须满足各力对平面内任意一点 O 的力矩和也等于零，即 $\sum M_O(F)=0$，故平面力系平衡的代数条件为：$\sum F_x=0$，$\sum F_y=0$，$\sum M_O(F)=0$。

3．空间力系的平衡

对于空间力系而言，由于各力的作用并不在同一个平面内，如图 1-18 所示。如仅满足上述平面力系中的三个平衡方程式，并不能保证物体平衡。物体仍然可以沿着 z 轴移动与转动。由此可知，要使空间力系作用下的物体平衡，必须使物体在三个相互垂直的轴线方向都静止，而且物体绕 Ox、Oy、Oz 三个轴都静止。为此，必须相应地具有 6 个平衡条件，即各力在 x、y、z 三轴方向投影的代数和等于零，绕 Ox、Oy、Oz 三轴的力矩和等于零，由此得出空间力系的代数条件为：$\sum F_x=0$，$\sum F_y=0$，$\sum F_z=0$，$\sum M_x(F)=0$，$\sum M_y(F)=0$，$\sum M_z(F)=0$。

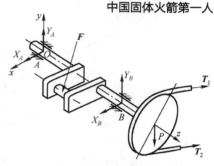

图 1-18　空间力系作用情况

而对于空间上的共点力系，只要各力在相互垂直的三轴上投影的代数和均为零，则各力必互成平衡，即空间共点力系的 3 个平衡方程式为：$\sum F_x=0$，$\sum F_y=0$，$\sum F_z=0$。

而对于空间上的平行力系，只要各力（沿与其平行的轴线方向，如 z 轴方向）的代数和等于零，且各力对于与其不相平行的两轴的力矩和均为零，则此力系必成平衡。即空间平行力系的 3 个平衡方程为：$\sum F_z=0$，$\sum M_x(F)=0$，$\sum M_y(F)=0$。

对于平面力系和空间力系，在建立平衡方程时，若能将分解分力的方向与力矩中心（或轴）的位置适当选择，使得到的每个平衡方程式都只含有一个未知量，则不需联立求解，计算工作量大为简化。若在平面一般力系的静力方程式中具有三个未知量，选择两个未知力的交点作为矩心，则写出一个力矩方程式后，此方程式中就仅包含一个未知力，不需联立即可解出未知力与已知力的关系。

【例 1-3】　重量 $W=10000$ N 的车辆停放在与水平面成 $\alpha=30^\circ$ 的斜坡上，并用平行于斜面的绳子拉住，如图 1-19 所示。设 $a=0.75$ m，$b=0.3$ m，$h=0.7$ m，假设斜坡是光滑的，求绳子的拉力和斜坡面对车轮的反力。

解：

以车作为考察对象，画出受力图。选投影轴 x、y 分别平行和垂直斜坡面。

先以拉力 T 与反力 N_A 作用线的交点 H 为矩心，并将 W 分解为 W_x、W_y 两分力。由各力对 H 点力矩的代数和 $\sum M_H(F)=0$，得

$$-W_x b - W_y a + N_B \cdot 2a = 0$$

其中，$W_x = W\sin\alpha$，$W_y = W\cos\alpha$，解得

$$N_B = \frac{1}{2a}(Wb\sin\alpha + Wa\cos\alpha) = 5330 \text{ N}$$

由 $F_x=0$ 得 $W_x - T = 0$，解得

$$T = W\sin\alpha = 5000 \text{ N}$$

由 $F_y=0$ 得 $N_A + N_B - W_y = 0$，解得

$$N_A = W\cos\alpha - N_B = 3330 \text{ N}$$

【例 1-4】　设一水平构件 AB，用固定铰链支座及软绳与墙壁连接，AB 上作用着负荷 $P_1=40$ N，

$P_2=100$ N，构件自重忽略不计，如图 1-20(a)所示。求绳内拉力 T 及 A 点铰链作用于构件的反力 R。

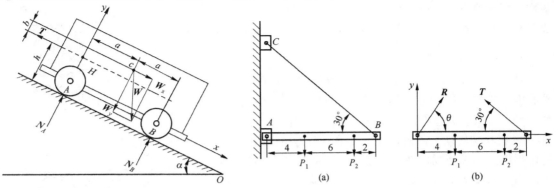

图 1-19 斜面上车辆的平衡

图 1-20 水平构件受力作用平衡

解：

取构件 AB 作为研究对象，画出受力图，如图 1-20(b)所示。力系中有 3 个未知量，分别是 T、R 和 θ，应用三个平衡方程式，得

$$\sum M_A(F) = T \times 12\sin 30° - 100 \times 10 - 40 \times 4 = 0 \tag{1-1}$$

则 $T=193$ N。

$$\sum F_x = R\cos\theta - T\cos 30° = 0 \tag{1-2}$$

则 $R\cos\theta = 193\cos 30° = 167$ N。

$$\sum F_y = R\sin\theta + T\sin 30° - 40 - 100 = 0 \tag{1-3}$$

则 $R\cos\theta = 140 - 193\cos 30° = 43.5$ N。

式（1-3）除以式（1-2）得 $\theta = 14°35'$。将 θ 值代入式（1-2），可得 $R = 173$ N。

【例 1-5】　一重物 W 悬挂如图 1-21(a)所示。已知 $W=1800$ N，其他重量不计。试求 A、C 两处铰链的约束反力。

解：

取整体为研究对象。画出整体受力图（见图 1-21(b)）。作用在整体上的力有：重力 W，绳索拉力 F_T（$F_T=W$），铰链 C 的反力 F_C（BC 为二力杆，故反力 F_C 作用线沿 BC 方向），以及铰链 A 的反力 F_{Ax}、F_{Ay}，它们构成平面一般力系。

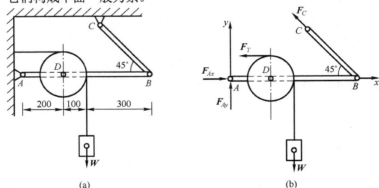

(a)

(b)

图 1-21 重物悬挂平衡

取坐标系 Axy，分别以 A 与 B 为矩心，列平衡方程：

$$\sum F_x = 0 , \qquad\qquad F_{Ax} - F_T - F_C\cos 45° = 0$$

$$\sum M_A(\boldsymbol{F}) = 0, \qquad F_C \sin 45° \times 0.6 \text{ m} - W \times 0.3 \text{ m} + F_T \times 0.1 \text{ m} = 0$$
$$\sum M_B(\boldsymbol{F}) = 0, \qquad -F_{Ay} \times 0.6 \text{ m} + W \times 0.3 \text{ m} + F_T \times 0.1 \text{ m} = 0$$

求解平衡方程，得

$$F_{Ax} = 2.4 \text{ kN}, \qquad F_{Ay} = 1.2 \text{ kN}, \qquad F_C = 0.85 \text{ kN}$$

由于矩心往往取在未知力的交点，所以在计算某些问题时，采用力矩式比投影式简便。但必须注意，无论是二力矩还是三力矩的平衡方程，都有其成立的条件。如在例 1-5 中，若选取与 AB 连线垂直的 y 轴作为投影轴，得到的投影方程实际是两个力矩方程的线性组合，并不是所需要的独立方程。

【例 1-6】 夹紧装置如图 1-22 所示。设各处接触均为光滑接触，求在力 $\boldsymbol{P}$ 作用下工件受到的夹紧力。

解：

取 A、B 块和杆 AB 组成的系统作为研究对象，画受力图。各光滑约束处的反力均为压力。N_C 是工件 C 作为约束的反力，工件所受到的压力 $\boldsymbol{N}'_C = \boldsymbol{N}_C$，因此，需要求的是 N_C。列平衡方程得到

$$\sum F_y = N_B - P = 0 \Rightarrow N_B = P$$

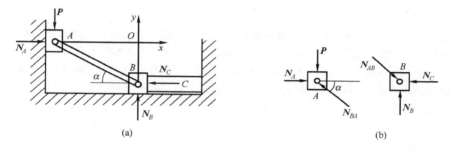

(a)   (b)

图 1-22 夹紧装置

$$\sum M_A(\boldsymbol{F}) = N_B \times AB \cos\alpha - N_C \times AB \sin\alpha = 0$$

可得，$N_C = P\cot\alpha$。可见，α 越小，夹紧力越大。

〖讨论 1〗 若矩心取在 $\boldsymbol{N}_A$、$\boldsymbol{N}_B$ 未知力交点 O，则由力矩方程直接可得

$$\sum M_o(\boldsymbol{F}) = P \cdot AB \cos\alpha - N_C \cdot AB \sin\alpha = 0 \Rightarrow N_C = P\cot\alpha$$

〖讨论 2〗 若分别取 A、B 两滑块为研究对象，受力如图 1-22(b)所示，分别列平衡方程，有

$$N_{AB} \sin\alpha - P = 0 \Rightarrow N_{AB} = P/\sin\alpha$$

$$N_{AB} \cos\alpha - N_C = 0 \Rightarrow N_C = N_{AB} \cos\alpha = P\cot\alpha$$

习 题 1

1-1 "二力平衡条件"与"作用和反作用定律中的两个力都是等值、反向、共线"有何区别？举例说明。

1-2 什么是二力杆？为什么在进行受力分析时要尽可能地找出结构中的二力杆？

1-3 什么是刚体？

1-4 什么是平衡？

1-5 画物体的受力图时应该注意什么？

1-6 画出图 T1-1 各指定物体的受力图。假定各接触面都是光滑的，其中未画上重力的物体均不考虑自重。

1-7 画出图 T1-2 中各指定物体的受力图。假定各接触面都是光滑的，其中未画上重力的物体均不考虑自重。

1-8 分析图 T1-3 中组合梁各杆件的受力情况，画出其受力图（梁的自重不计）。

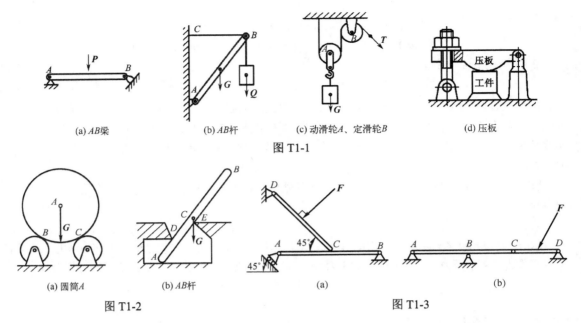

(a) AB梁　　　(b) AB杆　　　(c) 动滑轮A、定滑轮B　　　(d) 压板

图 T1-1

(a) 圆筒A　　　(b) AB杆　　　(a)　　　(b)

图 T1-2　　　　　　　　　图 T1-3

1-9　可沿光滑斜杆滑动的两物体 A 和 B，重量分别为 20 N 与 5 N，连以软绳，绳与水平线成 θ 角时构成平衡，如图 T1-4 所示。试求斜杆作用于两物体的反力、绳内拉力及 θ 角之值。

1-10　用连杆 AB、AC 及绳 AD 悬挂一重量为 W 的物体于墙角，如图 T1-5 所示。两杆长度相同，与墙垂直，绳与铅垂线成角度 α。试求两杆所受的力与绳的拉力。

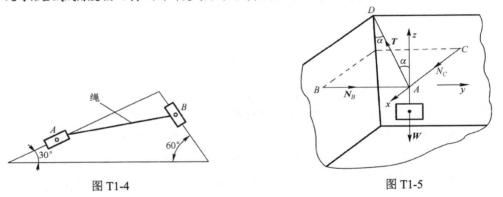

图 T1-4　　　　　　　　　图 T1-5

第2章　精密机械零件受力变形与应力分析

精密机械和仪器都是由若干个构件组成的。在外力的作用下，构件尺寸及形状总会有不同程度的改变，通常称之为变形。针对变形是如何产生的及其影响，本章主要以几种简单常用的构件为例来介绍精密机械中的强度、刚度、应力分析的基本概念和方法。

2.1　精密机械零件的强度和刚度

强度是构件抵抗破坏的能力。如果机床主轴受载荷过大而发生断裂，则整个机床就无法使用。因此，强度计算是精密机械零件设计必不可少的一部分。

刚度是构件抵抗变形的能力。构件在外力作用下引起的变形不能超过工程上许可的范围。例如，机床的主轴和车身的刚度不够，将影响其加工精度，还会产生过大的噪声；房屋构件的刚度不够，会使居民失去安全感。

机构或精密机械零件工作时，其各部分均受到力的作用，并将其相互传递。这些作用在构件上的力称为负载。对于力的主要分类如下：① 按力的来源分类，分为主动力和约束反力；② 按力的作用范围分类，分为表面力和体积力；③ 按力与时间的关系分类，分为静载荷和动载荷。

一般而言，主动力是载荷，约束反力是被动力，是为了阻止物体因载荷作用产生的运动趋势所起的反作用。

表面力是指作用于物体表面的力，可进一步分为分布力和集中力。分布力是指连续作用于物体表面的较大范围内的力，如液体对容器的单位面积压力，其量纲是[力]/[长度]^2，国际单位制中常用单位是 N/m^2（牛/米^2）或 kN/m^2（千牛/米^2）。有些分布力是沿杆件的轴线作用的，如楼板对屋梁的作用力，可将其简化为分布在梁轴线上的线分布力，其量纲简化为[力]/[长度]，国际单位制中的单位是 N/m（牛/米）或 kN/m（千牛/米）。若外力分布范围远小于物体的表面尺寸，或沿杆件轴线分布范围远小于杆件轴线长度，则可简化为作用于一点的集中力，如火车轮对钢轨的压力、滚珠轴承对轴的反作用力等，其量纲是[力]，国际单位制中的单位是 N（牛）。

体积力是指连续分布于物体内各点的力。例如，物体的自重和惯性力等，其量纲是[力]/[长度]^3，国际单位制中的单位是 N/m^3（牛/米^3）或 kN/m^3（千牛/米^3）。

静载荷是指载荷由零缓慢地增加到终值，然后保持不变或变化不明显的载荷。例如，缓慢放置于基座上的仪器，对基座而言施加的是静载荷。

动载荷是指随时间发生显著变化的载荷，按其变化方式又可分为交变载荷、冲击载荷等。交变载荷是指随时间呈周期性变化的载荷，如齿轮转动时，每个齿上受到的啮合力都是随时间呈周期性变化的；冲击载荷是指在瞬时时间内施加于物体的载荷，如锻造时，汽锤与工件的接触是在瞬间完成的，工件和汽锤受到的均是冲击载荷。

在研究刚体的静力学中，我们忽略了物体的变形，将其抽象为刚体。但实际上，任何物体受力后都将发生尺寸和形状的改变，这种变化称为变形。变形分为两类：一类为外力撤去后可完全消失的变形，称为弹性变形；另一类为外力解除后不能消失的变形，称为塑性变形。工程应用中，绝大多数物体的变形被限制在弹性范围以内，这时的物体称为弹性变形体，简称弹性体。

为了建立弹性体的力学模型，对弹性体作下列假设。

① 连续性假设：认为组成弹性体的物质毫无空隙地充满了弹性体的整个几何空间。实际上，组成弹性体的粒子之间存在空隙，但这种空隙与弹性体的尺寸相比极其微小，可以忽略，于是可认为弹性体中的物质是连续的。这样，弹性体中的力学量和变形量都可以表示成坐标的连续函数。

② 均匀性假设：认为弹性体内各点处的力学性能是相同的。依此假设，从弹性体内部任何部位所切取的微单元体都具有完全相同的力学性能。同时，通过大尺寸试样测得的材料性能，也可用于弹性体的任何部位。

③ 各向同性假设：认为弹性体沿着不同方向具有相同的力学性能。大多数工程材料尽管微观上不是各向同性的，如金属材料，其单个晶粒的力学性能具有方向性。但弹性体中包含的晶粒数量极多，且随机取向，因而在宏观上表现为各向同性。具有这种性质的弹性体称为各向同性弹性体。沿不同方向具有不同的物理和力学性能的弹性体，称为各向异性弹性体。

2.2　杆件的拉伸与压缩

1. 拉伸与压缩时的内力与应力

工程实际中，经常遇到受拉伸或压缩的构件，这些构件绝大多数都是截面不变的直杆，其受力特点是：作用在杆件两端的两个力，大小相等，方向相反（两力方向相背时为拉伸，方向相对时为压缩），并且沿着杆件的轴线作用。这种现象称为轴向拉伸或压缩。

弹性杆件在外力作用下发生变形，同时杆件内部各部分之间产生相互作用力，这种力称为内力。内力随着外力的增加而增加，达到某极限值时杆件就会发生破坏。因此，内力与杆件的强度、刚度和稳定性密切相关。

设如图 2-1(a)所示的杆件在外力作用下处于平衡状态。欲求任一截面 $m\text{-}m$ 上的内力，用一假想平面在 $m\text{-}m$ 处把杆件切开，任取其中一部分（如部分 I）作为研究对象，并将部分 II 对部分 I 的作用以截面上的内力代替，如图 2-1(b)所示。由连续性假设，内力是作用在切开截面上的连续分布力系。

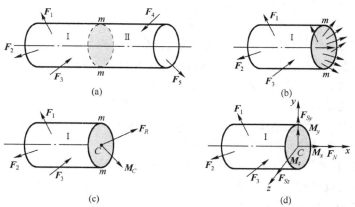

图 2-1　受外力作用的杆件

将上述分布内力向横截面的形心 C 简化，得到主矢 $\boldsymbol{F}_R$ 和主矩 $\boldsymbol{M}_C$，如图 2-1(c)所示。然后以横截面形心 C 为坐标原点建立笛卡儿坐标系，并将主矢 $\boldsymbol{F}_R$ 和主矩 $\boldsymbol{M}_C$ 沿坐标轴分解，得内力分量 $\boldsymbol{F}_N$、$\boldsymbol{F}_{Sy}$ 和 $\boldsymbol{F}_{Sz}$，以及内力偶矩分量 $\boldsymbol{M}_x$、$\boldsymbol{M}_y$ 和 $\boldsymbol{M}_z$，如图 2-1(d)所示。其中，沿轴线方向的内力 $\boldsymbol{F}_N$ 称为轴力，它使杆件产生轴向伸长或缩短变形；与横截面相切的内力 $\boldsymbol{F}_{Sy}$ 和 $\boldsymbol{F}_{Sz}$ 称为剪力，其作用

是使相邻横截面产生相对错动；绕 x 轴的力偶 $\boldsymbol{M}_x$ 称为扭矩，使各横截面产生绕轴线的相对转动；绕 y 轴和 z 轴的力偶 $\boldsymbol{M}_y$ 和 $\boldsymbol{M}_z$ 称为弯矩，其作用是使杆件分别产生 xz 平面内和 xy 平面内的弯曲变形。

由于杆件是平衡的，它的任一部分也是平衡的，所以上述内力和内力偶与作用在该杆段上的外力构成平衡力系。由平衡方程

$$\sum F_x = 0, \quad \sum F_y = 0, \quad \sum F_z = 0$$

$$\sum M_x = 0, \quad \sum M_y = 0, \quad \sum M_z = 0$$

即可由外力确定内力分量。这种确定内力的方法称为截面法。

对于受压杆件，其内力的求法与受拉杆件相同。为了区别内力的拉、压性质，规定拉力取"+"，压力取"−"。知道了内力的大小，还不能断定杆件是否会被破坏。实际上杆件破坏与横截面上各点分担多少内力有关，因此必须考虑截面尺寸的影响。

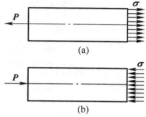

根据实验，如外力与杆轴相重合，则受拉杆件或受压杆件横截面上的应力平均分布，其轴线均垂直于横截面（见图 2-2）。这种垂直于截面的应力称为正应力，并用符号"σ"表示，由此可得到直杆轴向拉伸或压缩时横截面上的正应力公式为

图 2-2 拉杆横截面应力分布

$$\sigma = \frac{N}{A} \qquad (2\text{-}1)$$

式中，N 为横截面上的内力，单位为 N；A 为横截面面积，单位为 m^2。

由于内力总是与外力平衡，所以计算应力时，可直接用外力大小来计算，即

$$\sigma = \frac{P}{A} \qquad (2\text{-}2)$$

当杆件受拉伸时，σ 称为拉应力（见图 2-2(a)），规定取"+"。当杆件受压缩时，σ 称为压应力（见图 2-2(b)），规定取"−"。

根据低碳拉伸实验，材料在弹性限度内，应力 σ 与应变 ε 成正比，即胡克定律

$$\sigma = E\varepsilon \qquad (2\text{-}3)$$

由于 $\sigma = P/A$，$\varepsilon = \Delta l / l$，于是胡克定律也可以写为

$$\Delta l = \frac{Pl}{AE} \qquad (2\text{-}4)$$

式（2-4）说明，材料在弹性限度内，杆件的绝对伸长（或缩短）与外力 P 及杆长 l 成正比，与杆件横截面面积 A 及材料的弹性模量 E 成反比。

工程实际中，许多问题的结论都是以胡克定律为基础进行理论分析而得到的。

2. 拉伸与压缩时的强度计算

要保证构件工作时不至于被破坏，必须使工作应力小于材料的极限应力。对于脆性材料，当构件的应力达到材料强度极限 σ_b 时会发生断裂；对于塑性材料，应力达到屈服极限 σ_s 时会产生显著的塑性变形。这两种情况在工程实际中都是不允许的，都属于破坏现象。因此，对于低碳钢等塑性材料，其工作应力不得超过其屈服极限 σ_s；而对于铸铁等脆性材料，其工作应力应不能超过强度极限 σ_b。考虑应有一定的安全储备，则杆中的最大工作应力必须满足如下条件

$$\sigma = \frac{N}{A} \leqslant [\sigma] = \frac{\sigma_{\lim}}{s} \qquad (2\text{-}5)$$

式（2-5）称为拉（压）杆的强度条件。式中的 $[\sigma]$ 称为许用应力；$\sigma_{\lim}$ 称为极限应力（σ_s 或 σ_b）；

s 是一个大于 1 的系数，称为安全系数。式（2-5）表明，为保证构件能安全地工作，最大工作应力必须控制在比极限应力 σ_{lim} 更低的范围内。安全系数的选取受多种因素的影响，对一般钢材取 $s=2.0\sim2.5$，对脆性材料取 $s=2.0\sim3.5$。极限应力也可以从有关手册中查取。

强度条件在设计中可用于解决三类问题。

（1）截面积的计算

如已知负荷 P 和材料许用应力$[\sigma]$，求截面积 A，可将式（2-5）改写成

$$A \geqslant \frac{P}{[\sigma]} \tag{2-6}$$

（2）强度校核

如果已知构件所选用的材料、尺寸及所受负荷 P，为了校核其强度，可按照拉（压）杆的强度条件计算出构件的最大应力 σ。然后与所用材料的许用应力$[\sigma]$比较，若 $\sigma \leqslant [\sigma]$，则构件安全，否则说明不安全。

（3）许用负荷的确定

如果已知构件的横截面积 A 或截面尺寸和所用材料的许用应力$[\sigma]$，求构件所能承受的负荷，可将拉（压）杆的强度条件改写成

$$P \leqslant A[\sigma] \tag{2-7}$$

即可求出最大许用负荷的数值。

【例 2-1】　某冷锻机的曲柄滑块机构如图 2-3 所示。锻压工件时，连杆接近水平位置，锻压力 $P=3780$ kN，连杆横截面为矩形，高与宽之比 $h/b=1.4$，材料的许用应力$[\sigma]=90$ MPa（由于考虑到稳定效应影响，此处的$[\sigma]$已相应降低），试设计截面尺寸 h 和 b。

解：

由于锻压时连杆位于水平，连杆所受压力等于锻压力 P，即轴力为 $N = P = 3.78 \times 10^3$ kN。

由强度条件得

$$A \geqslant \frac{N}{[\sigma]} = \frac{3.78 \times 10^6}{90 \times 10^6} = 0.042 \ (\text{m}^2) \qquad \text{或} \qquad A \geqslant 4.2 \times 10^4 \ \text{mm}^2$$

因为连杆为矩形截面，所以 $A = b \times h \geqslant 4.2 \times 10^4$ mm²。又知 $h/b=1.4$，所以 $1.4b^2 \geqslant 4.2 \times 10^4$ mm²。解得 $b \geqslant 173$ mm，$h=1.4b \geqslant 1.4 \times 173 = 242$ mm。于是可以选用 $b=176$ mm，$h=246$ mm。

【例 2-2】　某工地自制悬臂起重机如图 2-4(a)所示。撑杆 AB 为空心钢管，外径为 105 mm，内径为 95 mm。钢索 1 和 2 互相平行，且设钢索可作为相当于直径 $d=25$ mm 的圆杆计算。材料的许用应力为$[\sigma]=60$ MPa。试确定起重机的许可吊重。

吊装重器，领先全球

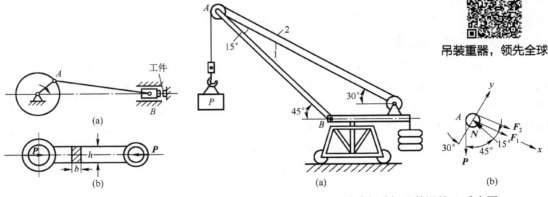

图 2-3　曲柄滑块机构　　　图 2-4　工地自制悬臂起重机及其滑轮 A 受力图

解：

画滑轮 A 的受力图，如图 2-4(b)所示，假设撑杆 AB 受压，轴力为 N；钢索 1 受拉，拉力为 F_1；钢索 2 受拉，拉力为 F_2。选取坐标轴 x 和 y，如图 2-4(b)所示。

① 求外力（内力）

$$\sum F_x = 0, \quad F_1 + F_2 + P\cos 60° - N\cos 15° = 0 \tag{1}$$

$$\sum F_y = 0, \quad N\sin 15° - P\cos 30° = 0 \tag{2}$$

若不计摩擦力，则钢索 2 的拉力 F_2 与吊重 P 相等。以 $F_2 = P$ 代入第（1）式，并解以上方程组，求得 N 和 F_1 分别为

$$N = P\frac{\cos 30°}{\sin 15°} = 3.35\,P \quad (压力) \tag{3}$$

$$F_1 = N\cos 15° - P(1 + \cos 60°) = 1.74\,P \tag{4}$$

求得的 N 及 F_1 皆为正，表示假设撑杆 AB 受压、钢索 1 受拉是正确的。

② 根据 AB 杆的强度条件确定许可吊重

由强度条件可得撑杆 AB 允许的最大轴力为

$$N_{\max} \leqslant [\sigma]A = 60 \times 10^6 \times \frac{\pi}{4}(105^2 - 95^2) \times 10^{-6} = 94200\ \text{N} = 94.2\ \text{kN}$$

代入第（3）式，得到相应的吊重为

$$P = \frac{N_{\max}}{3.35} \leqslant \frac{94.2}{3.35} = 28.1\ \text{kN}$$

同理，钢索 1 允许的最大拉力为

$$F_{1\max} \leqslant [\sigma]A_1 = 60 \times 10^6 \times \frac{\pi}{4} \times 25^2 \times 10^{-6} = 29500\ \text{N} = 29.5\ \text{kN}$$

代入第（4）式，得到相应的吊重为

$$P = \frac{F_{1\max}}{1.74} \leqslant \frac{29.5}{1.74} = 17\ \text{kN}$$

从上述讨论可以看出，如从安全角度考虑，应加大安全系数，降低许用应力，这就难免要增加材料的消耗和机器的重量，造成浪费。相反，如从经济角度考虑，应减小安全系数，提高许用应力，这样可以少用材料，减轻自重，但又有损于安全。所以，应该合理权衡，找到最优的安全系数点。

2.3　机械零件的剪切

1. 剪切时的内力和应力

在工程实际中常利用螺栓（见图 2-5(a)）、销钉（见图 2-6）等来连接其他构件，通常称螺栓、销钉为连接件，构件为被连接件。

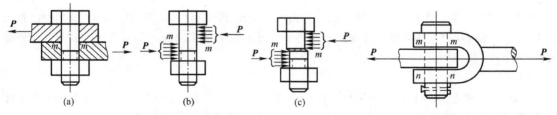

| (a) | (b) | (c) |

图 2-5　连接件螺栓的剪切变形　　　　图 2-6　连接件销钉的剪切变形

以螺栓为例，其上受到的载荷是一横向的平行力系，且为平衡力系，由于螺栓长度很小，所以该力系可以简化为一对作用线相距很近、方向相反的集中力 **P**（见图 2-5(b)）。在该对载荷的作用下，螺栓发生的变形将是沿该对力之间的横截面的相对错动（见图 2-5(c)），通常称为剪切变形。使螺栓发生剪切变形的作用力 **P** 称为剪切力。发生相对错动的面称为剪切面。销钉等各类连接件受力状况和变形情况均与螺栓类似。因此，剪切变形的受力特点与变形特点归纳如下：作用于构件两侧且与构件轴线垂直的外力，可以简化为大小相等、方向相反、作用线相距很近的一对力，使构件沿横截面发生相对错动。

现以铆钉连接（见图 2-7(a)）为例，分析剪切时的内力及应力。铆钉受力简图如图 2-7(b) 和图 2-7(c)所示，两个力 **P** 各代表两块被连接板传给铆钉的分布力的合力，其大小相等、方向相反，不作用于同一直线上。力 **P** 在两块被连接板相贴合的平面上切断铆钉。

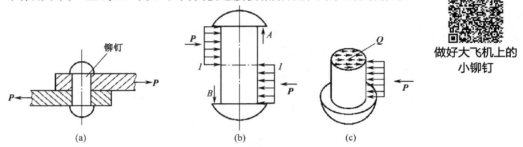

做好大飞机上的小铆钉

图 2-7　铆钉连接受力简图

如果忽略铆钉头处的反力偶在铆钉杆上引起的垂直应力，假想用截面在 *I-I* 处将铆钉杆截分为两部分，取下部分为分离体。根据平衡条件，知截面上有一与力 **P** 大小相等、方向相反的力 **Q** 存在（见图 2-7(c)），此力即为截面上内力的合力，其方向平行于截面。于是在该截面上所引起的并切于该截面上的应力即为剪应力 τ。通常认为剪应力沿受剪面均匀分布。剪应力的大小为

$$\tau = \frac{Q}{A} \tag{2-8}$$

式中，A 为受剪面面积。

由式（2-8）算得的应力实际是平均剪应力，与真实情况并不完全一致，故称其为名义剪应力。为了使连接件不被剪断，应使其工作时的剪应力小于或等于材料的许用剪应力，故剪切强度条件为

$$\tau = \frac{Q}{A_Q} \leqslant [\tau] \quad \text{或} \quad [\tau] = \frac{\tau_{\lim}}{s} \tag{2-9}$$

在设计规范中，对许用剪应力的数值根据具体情况作了规定，可以参考查用。实验结果表明，材料的许用剪应力 $[\tau]$ 与许用拉应力 $[\sigma]$ 之间存在以下近似关系：对塑性材料，$[\tau] = (0.6 \sim 0.8)[\sigma]$；对脆性材料，$[\tau] = (0.8 \sim 1.0)[\sigma]$。

2. 剪切的强度计算

【例 2-3】　电瓶车挂钩由插销连接（见图 2-8(a)）。插销材料为 20 钢，$[\tau] = 30\,\text{MPa}$，直径 $d = 20\,\text{mm}$。挂钩及被连接的板件的厚度分别为 $l = 8\,\text{mm}$ 和 $1.5l = 12\,\text{mm}$，牵引力 $P = 15\,\text{kN}$。试校核插销的剪切强度。

解：

插销受力如图 2-8(b)所示。根据受力情况，插销中段相对于上下两段，沿 *m-m* 和 *n-n* 两个面向左错动，所以有两个剪切面，称为双剪切。由平衡方程容易求得 $Q = P/2$。

插销横截面上的名义剪应力为

$$\tau = \frac{Q}{A_Q} = \frac{15 \times 10^3}{2 \times \frac{\pi}{4} \times (20 \times 10^{-3})^2} = 23.9 \times 10^6 \text{ Pa} = 23.9 \text{ MPa} < [\tau]$$

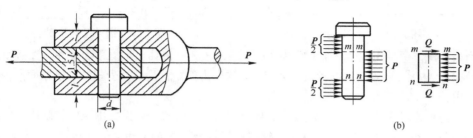

图 2-8　校核插销的剪切强度

故插销满足强度要求，安全。

【例 2-4】　图 2-9 所示螺栓连接件承受负荷 830 N，螺栓材料的许用剪应力 $[\tau]$=60 MPa，求螺栓所需要直径 d。

解：

由于螺栓有 2 个受剪面，故剪切力为 $Q = P/2 = 415$ N。根据剪切强度的条件，有

$$\tau = \frac{P}{2 \times \pi d^2 / 4} \le [\tau]$$

螺栓的直径为

$$d \ge \sqrt{\frac{2P}{\pi[\tau]}} = \sqrt{\frac{2 \times 830}{\pi \times 60}} \approx 3 \text{mm}$$

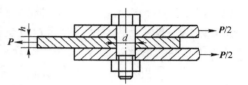

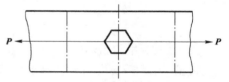

图 2-9　螺栓连接件承受负荷简图

2.4　机械零件的扭转

2.4.1　轴类零件的扭转内力和应力

在工程实际中经常见到如图 2-10 所示的机器中的传动轴和如图 2-11 所示的方向盘的操纵杆等构件，它们可简化为图 2-12 所示的计算简图。该类杆件的受力特点是：作用于其上的外力是一对转向相反、作用面与杆件横截面平行的外力偶矩，以 M 记之。在这样的外力偶矩作用下，杆件变形的特点是：杆的任意两个横截面围绕轴线做相对转动。杆件的这种变形称为扭转。

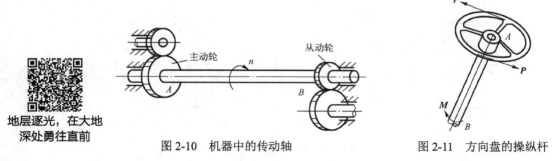

图 2-10　机器中的传动轴　　　　图 2-11　方向盘的操纵杆

现在以受两个外扭矩 M 作用的圆轴为例，分析扭转时的内力和应力如图 2-13 所示。

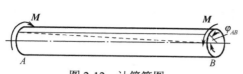

图 2-12 计算简图

图 2-13 圆轴受扭简图

利用截面法，假想用截面将轴截分为两段，取左段为分离体。根据平衡条件，知截面上存在一个与外扭矩 M 大小相等、方向相反的力偶矩，这个力偶矩就是杆件受扭转时横截面的内力，称为扭矩，用符号 M_n 表示。

由于应力可通过应变表现出来，故为了导出应力计算公式，可先找出应变的规律。如从圆轴上取两个相距为 dx 的横截面 m-m 和 n-n，圆轴扭转时，该两截面的相对转动角为 $d\varphi$，如图 2-14(a) 所示。O_1O_2DA 和 O_1O_2CB 为两个过轴线的纵截面。将上述 4 个截面所围成的楔形单元体截取出来，如图 2-14(b) 所示。根据平面假设，截面 n-n 如同刚性平面一样，相对于截面 m-m 绕轴线旋转了 $d\varphi$ 角度，截面上的半径 O_2C 和 O_2D 也转过了同样的角度，到达 O_2C' 和 O_2D' 的位置，矩形 $ABCD$ 变为平行四边形 $ABC'D'$，直角改变量 γ 即为圆轴表面处的切应变。由图可见，在距轴线为任意半径 ρ 处，用与 $ABCD$ 平行的截面所截取的矩形 $EFGH$ 变形为 $EFG'H'$，相应的切应变为 γ_ρ，因为是小变形，γ_ρ 很小，由几何关系可得

$$\gamma_\rho = \tan\gamma_\rho = \frac{GG'}{FG} = \frac{\rho d\varphi}{dx} \tag{2-10}$$

式（2-10）中的 $d\varphi/dx$ 为扭转角 φ 沿轴线 x 的变化率，是 x 的函数，对具体给定的截面而言，它是常量，因此剪应变 γ_ρ 沿圆轴半径成线性变化，离轴线越远，剪应变越大。圆轴表面处剪应变最大，并可看出，剪应变发生在与半径垂直的平面内，同一半径上的所有点应变均一样。这就是圆轴扭转时的变形规律，它是平面假设的必然结果。

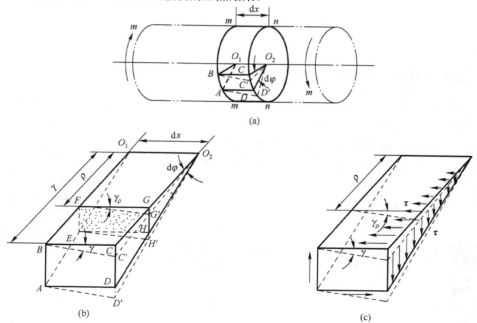

图 2-14 剪应力分布规律

根据实验，在弹性范围内，剪应力 τ 与剪应变 γ 之间的关系，也符合胡克定律，即

$$\tau = G\gamma \tag{2-11}$$

将式（2-10）代入式（2-11），得到

$$\tau_\rho = G\gamma_\rho = G\rho\frac{\mathrm{d}\varphi}{\mathrm{d}x} \tag{2-12}$$

式（2-12）说明，当圆轴材料一定时，剪应力 τ 也沿着截面半径按线性规律变化，即 τ_ρ 与 ρ 成正比，其方向垂直于半径，并与扭矩 M_n 方向相符合，如图 2-15 所示。

式（2-12）只是表明了剪应力在横截面上的分布规律，还不能用于实际计算，因为式中的 $\mathrm{d}\varphi/\mathrm{d}x$ 尚未确定，需要通过建立截面上的扭矩 M_n 与剪应力 τ 之间的关系来确定。

在截面上距圆心 ρ 处取微面积 $\mathrm{d}A$（见图 2-16），其上的微内力为 $\tau_\rho\mathrm{d}A$，因 τ_ρ 与半径垂直，该微内力对圆心的矩为 $\rho\tau_\rho\mathrm{d}A$，截面上所有微力矩的合力矩，即微力矩在整个横截面上的积分，应该是截面上的扭矩 M_n，即

$$M_n = \int_A \rho G\rho\frac{\mathrm{d}\varphi}{\mathrm{d}x}\mathrm{d}A = G\frac{\mathrm{d}\varphi}{\mathrm{d}x}\int_A \rho^2\mathrm{d}A$$

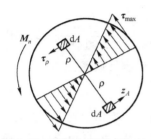

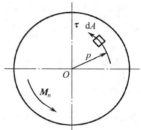

图 2-15 截面上剪应力分布　　　　图 2-16 横截面内力与应力的静力学关系

令 $I_\rho = \int_A \rho^2\mathrm{d}A$，于是可以得到

$$\tau_\rho = \frac{M_n}{I_\rho}\rho \tag{2-13}$$

式中，τ_ρ 为横截面上距轴心为 ρ 处的剪应力；M_n 为圆轴横截面上的扭矩；ρ 为横截面上所求剪应力的点到轴心的距离；I_ρ 为横截面的极惯性矩。

式（2-13）为圆轴扭转时横截面上剪应力的计算公式，最大剪应力发生在距轴心最远的圆截面的边缘，即 $\tau_{\max} = \dfrac{M_n}{I_\rho}R$。令 $W_T = \dfrac{I_\rho}{R}$，于是

$$\tau_{\max} = \frac{M_n}{W_T} \tag{2-14}$$

式中，W_T 为圆轴的抗扭截面模量，与极惯性矩 I_ρ 一样，是仅与截面形状、尺寸有关的几何量。

2.4.2 轴类零件的扭转强度和刚度计算

1. 扭转强度条件

圆轴扭转时要保证其正常工作，必须使最大剪应力不超过许用剪应力 $[\tau]$，即扭转强度条件为

$$\tau_{\max} = \frac{|M_{\max}|}{W_T} \leqslant [\tau] \tag{2-15}$$

在静载荷情况下，材料扭转的许用剪应力 $[\tau]$ 和许用应力 $[\sigma]$ 之间的关系在 2.3 节中已经得到：塑性材料，$[\tau] = (0.6\sim0.8)[\sigma]$；脆性材料，$[\tau] = (0.8\sim1.0)[\sigma]$。所以，圆轴的极惯性矩 $I_\rho = \dfrac{\pi D^4}{32}$，

$W_T = \dfrac{\pi D^3}{16}$。

在空心轴的情况下，$I_\rho = \dfrac{\pi}{32}(D^4 - d^4)$，$W_T = \dfrac{\pi D^3}{16}(1 - \alpha^4)$，$\alpha = \dfrac{d}{D}$。其中，$D$ 为空心轴的外径，d 为空心轴的内径。有兴趣的读者可以自行推导。

【例 2-5】 由无缝钢管制成的汽车传动轴 AB（见图 2-17），外径 $D=90$ mm，壁厚 $t=2.5$ mm，材料为 45 钢。使用时最大扭矩 $T_{max}=1.5$ kN·m。如材料 $[\tau]=60$ MPa，试校核 AB 轴的扭转强度。

解：

由 AB 轴的截面积尺寸，计算抗扭截面模量为

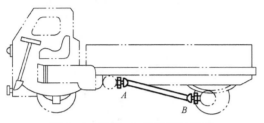

图 2-17 校核 AB 轴的扭转强度

$$\alpha = \frac{d}{D} = \frac{90 - 2 \times 2.5}{90} = 0.944$$

$$W_T = \frac{\pi D^3}{16}(1 - \alpha^4) = 19400 (\text{mm}^3)$$

轴的最大剪应力为

$$\tau_{max} = \frac{M_{max}}{W_T} = \frac{1500}{29400 \times 10^{-9}} = 51\ (\text{MPa}) < [\tau]$$

所以 AB 轴满足强度条件，是安全的。

2. 扭转刚度条件

在机械设备中，对受扭圆轴不仅有强度要求，对扭转变形也有所限制。工程上，对受扭圆轴的刚度要求通常是限制轴的单位长度扭转角 θ 的最大值。所谓单位长度扭转角度，就是

$$\theta = \frac{\mathrm{d}\varphi}{\mathrm{d}x} = \frac{M}{GI_\rho} \tag{2-16}$$

则轴的扭转刚度条件为 $\theta_{max} \leqslant \theta$。工程上习惯采用 °/m（度/米）为单位长度扭转角的单位。结合式（2-16），上述刚度条件可表示为

$$\theta_{max} = \frac{M_{max}}{GI_\rho} \times \frac{180}{\pi} \leqslant [\theta]$$

式中，θ_{max} 为轴的最大单位长度扭转角，单位为 °/m；M_{max} 为轴的最大扭矩（绝对值）；GI_ρ 为轴的抗扭刚度；$[\theta]$ 为单位长度许用扭转角。

【例 2-6】 设有 A、B 两个凸缘的圆轴（见图 2-18(a)），在扭转外力偶矩 M 作用下发生了变形。这时把一个薄壁圆筒与轴的凸缘焊接在一起，然后解除 M（见图 2-18(b)）。设轴和圆筒的抗扭刚度分别是 $G_1 I_{\rho 1}$ 和 $G_2 I_{\rho 2}$，试求轴内和圆筒内的扭矩。

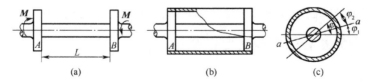

图 2-18 圆轴轴内和圆筒内的扭矩

解：

由于圆筒与凸缘焊接在一起，外加扭转力偶矩 M 解除后，圆轴必然力图恢复其扭转变形，而圆筒则阻抗其恢复。这就使得在轴内和筒内分别出现扭矩 M_1 和 M_2。设想用横截面把轴与圆筒切开，因这时已无外力偶矩，平衡方程是 $M_1 - M_2 = 0$。

焊接前轴在 M 作用下的扭转角为 $\varphi = \dfrac{Ml}{GI_{\rho}} = \dfrac{ml}{G_1 I_{\rho 1}}$。这就是凸缘 B 的水平直径相对于 A 转过的角度（见图 2-18(c)）。在圆筒与轴相焊接并解除 M 后，因受圆筒的阻抗，轴的上述变形不能完全恢复，最后协调的位置为 aa。这时圆轴余留的扭转角为 φ_1，而圆筒的扭转角为 φ_2。显然，$\varphi_1 + \varphi_2 = \varphi$。由扭转角的公式 $\varphi = \displaystyle\sum_{i=1}^{n} \dfrac{M_i l_i}{GI_{\rho i}}$，得到

$$\frac{M_1 l}{G_1 I_{\rho 1}} + \frac{M_2 l}{G_2 I_{\rho 2}} = \frac{ml}{G_1 I_{\rho 1}}$$

$$M_1 = M_2 = \frac{m G_2 I_{\rho 2}}{G_1 I_{\rho 1} + G_2 I_{\rho 2}}$$

2.5　梁类零件的平面弯曲

精密机械中的轴系结构是应用相当广泛的一种结构，其设计的好坏直接影响系统的精度，也可以理解为梁类支撑结构，因此有必要了解梁类零件的弯曲问题。

2.5.1　梁类零件的类型

机械结构中最常遇到的弯曲形式是平面弯曲，其特点是：杆件是直杆或曲率不大的杆，其截面至少有一个对称轴线（见图 2-19(a)），外力或外力偶矩作用在杆件的纵对称面内（见图 2-19(b)）。杆件变形后，它的轴线在纵对称面内成一条平面曲线。工程上对于受力后产生弯曲变形的杆，一般称为梁。截面大小不变，轴线为直线的梁称为等直梁。下面主要讨论等直梁的平面弯曲。

根据梁的支撑情况，梁的基本类型有 3 种（见图 2-20）。

① 简支梁：一端为固定的铰链支座，另一端是活动的铰链支座（见图 2-20(a)）。

② 悬臂梁：一端固定，一端自由（见图 2-20(b)）。

③ 外伸梁：用一个固定铰链支座和一个活动铰链支座支撑，不过梁的一端或两端是外伸的（见图 2-20(c)）。

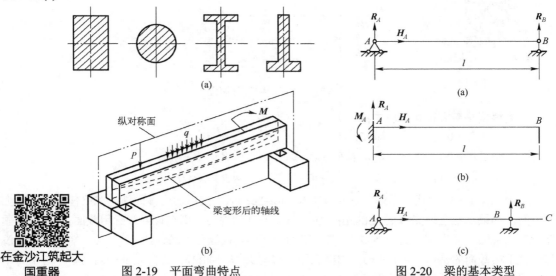

在金沙江筑起大国重器

图 2-19　平面弯曲特点　　　　图 2-20　梁的基本类型

固定铰链支座允许梁的支撑截面绕支座的铰链轴转动，但不允许该支撑端有移动。支座对于

梁具有水平和垂直两个支撑反力,如图 2-20(a)中的 A 点和图 2-20(c)中的 A 点。

活动铰链支座在允许梁的支撑截面绕支座的铰链轴转动的同时,还可以在相应的方向上有自由的移动。支座对于梁只有经过铰链中心并垂直于梁的轴线方向的一个支撑反力,如图 2-20(a)中的 B 点和图 2-20(c)中的 B 点所示。

固定支座不允许梁的固定端在力作用的平面上有任何移动和转动。支座对于梁除具有水平与垂直两个支撑反力外,还有一个阻止其固定端截面转动的反力偶,如图 2-20(b)所示。

2.5.2 梁类零件弯曲时的内力与应力

1. 弯曲时的内力

以吊车横梁为例分析梁弯曲时的内力如图 2-21(a)所示。梁的约束可看作一端是固定铰链支座,另一端是活动铰链支座(见图 2-21(b))。如梁的跨度为 l=5 m,负荷为 P=9800 N,距梁左端支撑点 A 的距离 a=3 m。画出支撑反力后,得到吊车横梁计算简图(见图 2-21(c))。

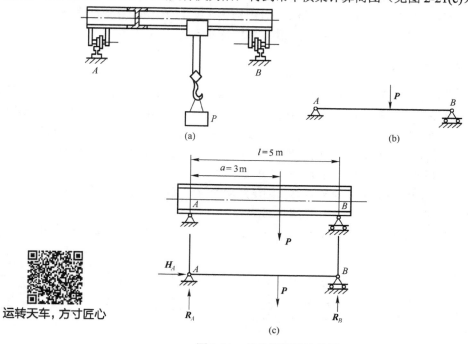

运转天车,方寸匠心

图 2-21　吊车横梁计算简图

首先根据平衡方程式求出支撑反力:

由 $\sum P_x = 0$,　　　　知 $H_A = 0$;

由 $\sum P_y = 0$,　　　　知 $R_A + R_B - P = 0$;　　　得 $R_A = P - R_B$;

由 $\sum M_A = 0$,　　　　知 $R_B l - Pa = 0$;　　　得 $R_B = Pa/l$ 。

将 P、a、l 的数值代入后解得 R_A=3920 N,R_B=5880 N。然后运用截面法,求梁任意横截面上的内力。如果求距左端支撑点 A 的距离为 x($x<a$) 处的内力,则在该处假想用截面 m-m 将梁垂直于轴线截面一分为二(见图 2-22),取左段为分离体。根据平衡条件,由 $\sum P_x=0$,知横截面上没有垂直于横截面的轴力;由 $\sum P_y=0$,知横截面上有与 R_A 大小相等、方向相反的内力 Q,这个力平行于截面,其作用是使梁各截面相互滑移,故其性质为剪力。由 $\sum M_O=0$,知横截面上存在以截面形心 O' 为矩心的力矩 $M=R_A x$,方向是顺时针。要平衡这个力矩,则在横截面上必有与上述力矩大

小相等、方向相反即逆时针方向的力偶矩存在。这个力偶矩就是存在于梁内部使之产生弯曲的内力，称为弯矩。为了便于分析弯矩的变化规律，规定凡外力使梁凸向下的弯矩为正；反之为负（见图2-23）。一般来说，梁不同横截面上的内力是不相等的。假设材料质地均匀，而且是等截面的，梁的破坏将发生在内力最大的截面上，此截面称为危险截面。危险截面是根据弯矩在不同截面上的变化规律确定的。

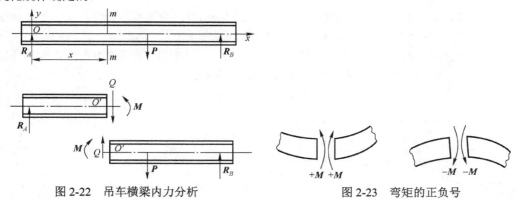

图 2-22　吊车横梁内力分析　　　　　　　　图 2-23　弯矩的正负号

根据前面的叙述可知，截面上弯矩的大小等于截面一侧所有外力以该截面形心为矩心的力矩的代数和，这样就可以直接写出任意截面的弯矩方程（见图2-24(a)）。

OC 段的弯矩方程为 $$M = R_A x$$

CB 段的弯矩方程为 $$M = R_A x - P(x-a)$$

由以上两式可知，弯矩 M 是截面位置 x 的一次函数，故在集中力作用下弯矩 M 呈直线变化。根据弯矩方程画出的图形称为弯矩图。

对于弯矩方程 $M = R_A x$，当 $x=0$ 时，$M=0$；当 $x=3$ m 时，$M = 3920 \times 3 = 11760$ N·m。

对于弯矩方程 $M = R_A x - P(x-a)$，当 $x=3$ m 时，$M = 3920 \times 3 - 9880 \times (3-3) = 11760$ N·m；当 $x=l=5$ m 时，$M = 3920 \times 5 - 9800 \times (5-3) = 0$。

取 xOM 坐标系（见图2-24(b)），在 x 轴上的 O、C、B 点分别沿 M 轴方向量取上述求得的 M 值，得 O、D、B 点。将各顶点连以直线，即得到弯矩图。从上述弯矩图中看出，两端支撑处弯矩为零，集中负荷作用处弯矩最大，且弯矩图有转折。由于杆件是等截面的，所以在集中负荷作用处的横截面即为危险截面，其最大弯矩 $M_{max} = 11760$ N·m。

2. 弯曲时的应力

取一矩形截面纯弯曲梁段进行研究。加载前，在梁表面画上纵横直线，如图2-25(a)所示。梁受弯变形后，如图2-25(b)所示，可观察到如下现象：① 横向直线变形后仍为直线，只是各横向线间存在相对转动，

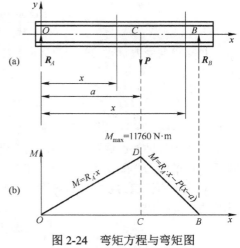

图 2-24　弯矩方程与弯矩图

但仍与变形后的纵向线正交；② 纵向线都变为弧线，位于中间位置的纵向线长度不变，靠底面的纵向线伸长，而靠顶面的纵向线却缩短。

根据上述现象，作出如下假设：① 平面假设：梁变形后的横截面仍保持为平面，且与变形后的梁轴线正交；② 纵向纤维无挤压假设：纵向纤维的变形只是简单的拉伸或压缩变形。根据平面

假设，纯弯曲梁段变形后各横截面仍与各纵向线正交，即梁的纵向、横向截面上无切应变，故无剪应力。弯曲后，存在纵向纤维的伸长区和缩短区，由于变形的连续性，从伸长区到缩短区中间必有一层纤维既不伸长也不缩短，即中性层。中性层与横截面的交线称为中性轴（见图 2-26(a)）。

总之，梁在纯弯曲时各横截面仍保持为平面并绕中性轴做相对转动，各纵向纤维处于拉压受力状态。

在图 2-25 的梁上取出两个横截面 *m-m* 和 *n-n* 之间的微段，设其弯曲长度为 dx，弯曲后状态如图 2-26 所示。以截面对称轴为 y 轴，以中性轴为 z 轴。

现在先求距中性轴高度为 y 处某点 K 的纵向线应变。设该微段（见图 2-26(b)）中性层纤维弯曲后的曲率半径为 ρ，微段两端截面相对转角为 dθ，则 K 点所在纵向纤维弯曲后的长度为

$$\widehat{K_1K_2} = (\rho+y)\mathrm{d}\theta$$

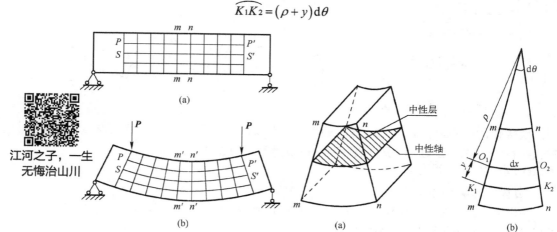

图 2-25　矩形截面纯弯曲梁段　　　　　图 2-26　弯曲的微段

变形前的长度为 dx，由于中性层上的纤维 O_1O_2 弯曲变形后无变化，则

$$\mathrm{d}x = \widehat{O_1O_2} = \rho\mathrm{d}\theta$$

$$\varepsilon = \frac{\widehat{K_1K_2} - \mathrm{d}x}{\mathrm{d}x} = \frac{(\rho+y)\mathrm{d}\theta - \rho\mathrm{d}\theta}{\rho\mathrm{d}\theta} = \frac{y}{\rho} \tag{2-17}$$

根据单向受力状态的胡克定律，当应力不超过材料的比例极限时，横截面上距中性轴 y 处的正应力

$$\sigma = E\varepsilon = E\frac{y}{\rho} \tag{2-18}$$

式（2-18）表明，横截面上任一点的正应力与该点到中性轴的距离 y 成正比。

由于中性轴的位置及中性层的曲率半径尚待确定，式（2-18）仍不能计算正应力的大小，还要用梁段的静力学关系才能解决。在图 2-27(a)所示梁段的左侧横截面坐标为(y, z)处取一微面积 dA，其上只有正应力 σ，则横截面上法向内力元素 σdA 构成了空间平衡力系，因此只可能组成 3 个内力分量，即

$$N = \int_A \sigma\mathrm{d}A, \qquad M_y = \int_A z\sigma\mathrm{d}A, \qquad M_z = \int_A y\sigma\mathrm{d}A$$

由于研究的是纯弯曲状态，故由静力学关系可知轴力 N 和弯矩 M_y 均为零，在横截面上只有 M_z 存在。于是

$$N = \int_A \sigma\mathrm{d}A = 0 \tag{2-19}$$

$$M_y = \int_A z\sigma\mathrm{d}A = 0 \tag{2-20}$$

$$M_z = \int_A y\sigma \mathrm{d}A = M \qquad (2\text{-}21)$$

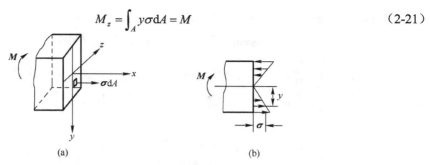

图 2-27　梁段的左侧横截面

将式（2-18）代入式（2-19），得

$$N = \int_A \sigma \mathrm{d}A = \frac{E}{\rho}\int_A y\mathrm{d}A = \frac{ES_z}{\rho} = 0 \qquad (2\text{-}22)$$

要满足式（2-22），由于 $\dfrac{E}{\rho}$ 不等于零，故必有 $S_z = 0$。由截面的几何性质可知，当 z 轴通过截面形心时，则 $S_z = 0$。由此可见，中性轴不但垂直于纵对称平面，而且通过截面形心，这样就确定了中心轴的位置。

将式（2-18）代入式（2-20），得 $M_y = \int_A z\sigma \mathrm{d}A = \dfrac{E}{\rho}\int_A yz\mathrm{d}A = \dfrac{E}{\rho}I_{yz} = 0$。

因为 y 轴是对称轴，必有 $I_{yz} = 0$，式（2-20）自动满足。将式（2-18）代入式（2-21），得

$$M_z = \int y\sigma \mathrm{d}A = \frac{E}{\rho}\int_A y^2\mathrm{d}A = M$$

其中，$I_z = \int_A y^2 \mathrm{d}A$ 是截面对中性轴 z 的惯性矩，是与横截面尺寸、形状有关的几何量。因而

$$\frac{1}{\rho} = \frac{M}{EI_z} \qquad (2\text{-}23)$$

这是研究梁弯曲变形的基本公式。由此可见，在相同弯矩下，EI_z 值越大，梁的弯曲程度就越小，所以 EI_z 称为梁的抗弯刚度。

把式（2-23）代入式（2-18），即得等直梁在纯弯曲时横截面上任一点处正应力的计算公式为

$$\sigma = \frac{My}{I_z} \qquad (2\text{-}24)$$

式中，M 为横截面上的弯矩；I_z 为横截面对中性轴 z 的惯性矩；y 为所求应力的点到中性轴 z 的距离。

式（2-24）是由矩形截面梁在纯弯曲情况下推导出来的，也适合对称于 y 轴的其他截面形状的梁，如圆形截面梁、工字形截面梁和 T 形截面梁等。

梁处于横向弯曲状态时，其最大正应力将发生在内力弯矩绝对值最大的截面上下边缘处，其值为 $\sigma_{\max} = \dfrac{M_{\max}\cdot y_{\max}}{I_z}$，令 $W_z = I_z / y_{\max}$，则上式写成

$$\sigma_{\max} = \frac{M_{\max}}{W_z} \qquad (2\text{-}25)$$

式中，W_z 称为梁的抗弯截面模量，单位为 m^3 或 mm^3，是与横截面尺寸、形状有关的几何量。

2.5.3　梁类零件弯曲的强度计算

对于受弯曲的梁类零件，为了保证其安全工作，危险截面上的最大弯曲应力应小于等于材料

的许用弯曲应力[σ]，故弯曲强度条件为

$$\sigma_{\max} = \frac{M_{\max}}{W_z} \leqslant [\sigma] \qquad (2\text{-}26)$$

对于抗拉与抗压强度不同的材料，则应按照抗拉和抗压分别建立强度条件，即

$$\sigma_{t\max} = \frac{M_{\max} \cdot y_{t\max}}{I_z} \leqslant [\sigma_t] \qquad (2\text{-}27)$$

$$\sigma_{c\max} = \frac{M_{\max} \cdot y_{c\max}}{I_c} \leqslant [\sigma_c] \qquad (2\text{-}28)$$

利用弯曲正应力强度条件可以解决三类弯曲强度计算问题：强度校核，截面设计，确定最大承受载荷。

【例 2-7】 螺栓压板加紧装置如图 2-28 所示。已知板长 $3a=150$ mm，压板材料的许用弯曲应力[σ]=140 MPa。试计算压板传给工件的最大允许压紧力 P。

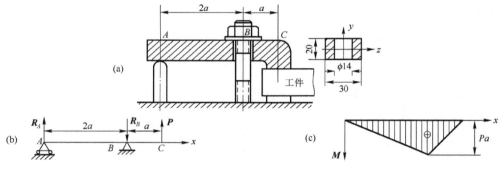

图 2-28 螺栓压板加紧装置

解：

压板可简化为如图 2-28(b)所示的外伸梁。由梁的外伸部分 BC 可以求得截面 B 的弯矩 $M_B=Pa$。此外，A、C 两截面上弯矩等于零，从而作弯矩图如图 2-28(c)所示。最大弯矩在截面 B 上，且 $M_{\max}=M_B=Pa$，根据截面 B 的尺寸，求出

$$I_z = \frac{3 \times 2^3}{12} - \frac{1.4 \times 2^3}{12} = 1.07 \text{ cm}^4$$

$$W_z = \frac{I_z}{y_{\max}} = 1.07 \text{ cm}^4$$

由强度条件 $\sigma_{\max} = \dfrac{M_{\max}}{W_z} \leqslant [\sigma]$，得

$$M_{\max} \leqslant W_z[\sigma] \qquad\qquad Pa \leqslant W_z[\sigma]$$

$$P \leqslant \frac{W_z[\sigma]}{a} = \frac{1.07 \times 10^{-6} \times 140 \times 10^6}{5 \times 10^{-2}} = 3 \text{ kN}$$

所以根据压板强度，最大压紧力不应超过 3 kN。

习 题 2

2-1 应力的计算公式和胡克定律成立的条件各是什么？

2-2 图 T2-1 示意了变宽度平板承受轴向载荷作用。已知板的厚度为 δ，长度为 l，左右端的宽度分别为 b_1、b_2，弹性模量为 E，试计算板的轴向变形。

2-3 如图 T2-2 所示的正方形截面钢杆，杆长 2l，截面边长为 a，在中段铣去长为 l、宽为 $a/2$ 的槽.设 P =15 kN，

l=1 m，a=20 mm，E=200 GPa。求杆内最大正应力及总伸长。

2-4 在如图 T2-3 所示结构中，若钢拉杆 BC 的横截面直径为 10 mm，试求拉杆的应力。设由 BC 连接的 1 和 2 两部分均为刚体。

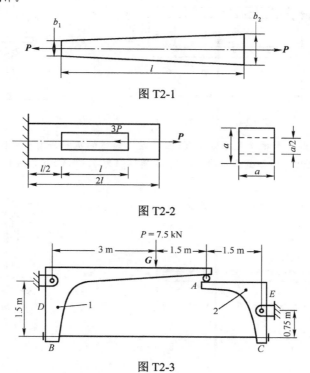

图 T2-1

图 T2-2

图 T2-3

2-5 图 T2-4 为一夹紧装置。已知螺栓为 M20（其螺纹部分内径为 d=17.3 mm），许用应力 $[\sigma]$=50 MPa，若工件所受夹紧力为 2.5 kN。试校核螺栓的强度。

2-6 校核如图 T2-5 所示连接销钉的剪切强度。已知 P=100 kN，销钉直径 d=30 mm，材料的许用剪应力 $[\tau]$=60 MPa。若强度不够，应该改用多大直径的销钉？

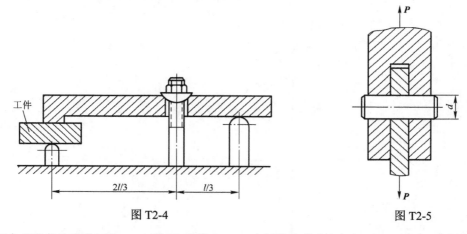

图 T2-4   图 T2-5

2-7 发动机涡轮轴的简图如图 T2-6 所示。在截面 B，Ⅰ级涡轮传递的功率为 21770 kN·m/s；在截面 C，Ⅱ级涡轮传递的功率为 19344 kN·m/s。轴的转速 n=4650 r/min。求轴的最大剪应力。

2-8 发电量为 15000 kW 的水轮机主轴如图 T2-7 所示。D=550 mm，d=300 mm，正常转速 n=250 r/min。材料的许用应力 $[\tau]$=50 MPa。试校核水轮机的主轴强度。

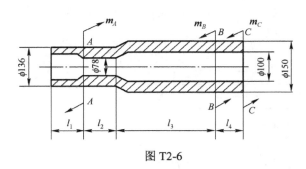

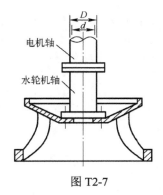

图 T2-6

图 T2-7

2-9 T 形截面铸铁梁的载荷和截面尺寸如图 T2-8 所示。铸铁的抗拉许用应力$[\sigma_t]$=30 MPa，抗压许用应力为$[\sigma_c]$=160 MPa。已知截面对形心轴 z 的惯性矩为 I_z=763 cm^4，且$|y_1|$=52mm。试校核该梁的强度。

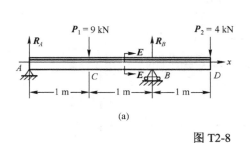

(a)

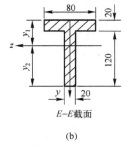

E-E截面

(b)

图 T2-8

第3章 平面机构的运动简图与自由度计算

本章主要介绍机构的组成和运动原理，平面连杆机构中的运动副的类型，机构的自由度计算及注意事项，平面简图的绘制方法和步骤。

3.1 运动副及其分类

3.1.1 机构的组成及其分类

一般的机器和仪器都是由多种不同功能的系统有机组合而成的，一个机器或仪器一般包含各种机械系统、测控系统、传感系统等。其中，机械系统是机器和仪器的基础系统，机械系统一般能够完成某种特定功能的运动，如转动、移动、摆动和复杂运动等。在机械系统中通常称最小的运动单元为构件。由构件组成，且能够完成确定规律运动的组合体称为机构。机器和仪器则是由不同功能的机构有机组合起来的。我们将从机构组成、功能和设计计算等方面来认识机构、研究机构。

研究机构的目的如下。

（1）研究机构能够完成某种运动所需的确定条件。

（2）根据机构的组成特点、运动特点对机构进行分类，分析机构共性的特点，建立不同类别机构的运动分析和动力分析的一般方法。

（3）熟悉不同类别机构的运动规律、工作原理，并能根据机构的工作原理，合理设计机构的具体形式或创造新形式的机构。

为了便于研究机构，简化机构的具体形式，通常需要绘制机构的运动简图。在绘制机构的运动简图之前，首先熟悉机构的组成。

1. 机构的组成

机构一般由零件或构件组成，各零件或构件间有相对确定的运动关系，机器则是由各种功能不同的机构和零件组成的。机器组成的一般形式是由零件构成构件，由构件组合成机构，由机构组合成机器，如图 3-1(a)所示为一个具体的机器——单缸内燃机，如图 3-1(b)所示，可以看到该机器由不同的机构和零件组成，能够完成一定的功能。

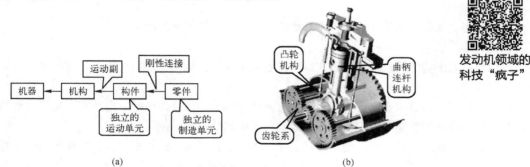

发动机领域的
科技"疯子"

(a)　　　　　　　　　　　　(b)

图 3-1　机器与机构的关系

（1）零件

零件是最小的加工单元，是单独加工制造出来的实体。如单个轴、弹簧、螺杆、螺母、齿轮、套筒、垫片、圆柱销、钢球等都是零件，如图 3-2(a)所示为曲柄的 8 个零件。

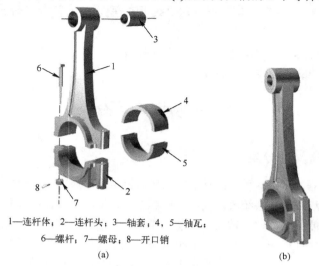

1—连杆体；2—连杆头；3—轴套；4，5—轴瓦；
6—螺杆；7—螺母；8—开口销
(a)　　　　　　　　　　　　(b)

图 3-2　内燃机中曲柄连杆结构中的连杆构件

（2）构件

构件是最小的运动单元，是机构中的最小运动实体，可以是单个零件，也可以是由若干零件刚性连接而成的部件。刚性连接可以是螺纹连接、铆接、焊接、过盈配合、黏接等，要求构件在运动的过程中，组成该构件的零件不应产生相对运动。因此，构件通常看作一个刚体，在一些特殊情况下，也可以看作抗力体（如不可压缩的液体，链、带等）。

图 3-2(b)所示为内燃机中曲柄连杆结构中的连杆构件，该连杆构件由图 3-2(a)所示 8 种零件刚性连接而成。在该连杆运动的过程中，组成该连杆的 8 种零件都相对静止。

（3）主动件

机构中由外界提供动力，可驱动其他构件运动的构件称为该机构的主动件（也称原动件或输入件），通常在机构图中用表示运动的箭头标识。

（4）从动件

机构中除去原动件外所有其他具有确定运动的构件称为从动件。直接输出运动或力的从动件称为输出件。

（5）机架

机构中用于支持其他构件的构件称为机架，一般认为机架相对静止。

（6）机构

机构是由若干构件组成的具有确定运动关系的组合体。机构中通常由机架、原动件、从动件和运动副构成。

机构的作用主要是传递和变换运动，如比例放大或缩小运动，运动方向改变，直线运动和转动相互转换，摆动和转动相互转换，连续运动和间隙运动相互转换等。

变换运动方式，可使移动、转动相互变换。图 3-3(a)所示为凸轮机构，此机构可以把凸轮的匀速转动，变换成导杆的上下往复移动。图 3-3(b)所示为曲柄摇杆天线机构，摇杆上安装有天线，此机构可以把曲柄的转动变换成天线的摆动。图 3-3(c)所示为剪式升降机构，滑杆上带有与螺杆相配合的螺纹孔，此机构可以把螺杆的旋转运动转换成滑杆的移动使工作台上下运动。图 3-3(d)所示为摆动凸轮机构，此机构可以把凸轮的运动转换为摆杆的摆动。

同时经过传动放大，将主动杆的小转角（或位移）放大为从动杆的大转角（或位移）。

在精密计量及测试仪器仪表的精密微调机构中，将放大作用变为缩小功能，从而可做各种精密微调。如图 3-3(c)所示，螺杆螺距可以加工得比较小，从而实现螺杆的转角和工作台的位移量之间的微调量调节。

1—主动件凸轮；2—力闭合弹簧；3—机架；
4—导杆；5—固定气孔
(a) 凸轮机构

1—曲柄；2—连杆；3—摇杆
(b) 曲柄摇杆天线机构

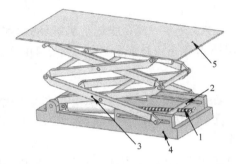

1—螺杆；2—滑杆；3—连杆组；4—机架；5—工作台
(c) 剪式升降机构

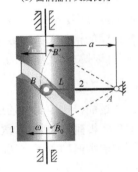

1—凸轮；2—摆杆
(d) 摆动凸轮机构

图 3-3 机构的作用

中国天眼，时代楷模

2．机构的分类

机构按各构件的工作平面可以分为空间机构和平面机构。

空间机构：构件中，至少有两个构件能在三维空间中相对运动。如图 3-3(c)所示剪式升降机构中的连杆组和螺杆的运动平面空间相交。如图 3-3(d)所示的凸轮摆动机构中，圆柱凸轮的旋转运动和摆杆的摆动空间相交。

平面机构：组成机构的各构件都在相互平行的平面内运动的机构，即各构件的相对运动平面互相平行，常用的机构大多数为平面机构，如图 3-3(a)、(b)所示均为平面机构。如图 3-3(c)所示由滑杆、连杆组、机架、工作台构成的机构也为平面机构。

3.1.2 运动副及其分类

在机构中，两个构件间的可动连接关系称为运动副。运动副限制了两构件之间的某些相对运动，而又允许有另外一些相对运动。运动副要点（也是判断是否构成运动副的 2 个条件）如下。

（1）两构件直接接触。

（2）能产生一定形式的相对运动。

如图 3-4(a)所示的 a、b、c 轴和相应的滑动轴承的转动副，分别限制了 1 和 2、1 和 4、2 和 3 间只能做相对转动。滑块 3 与导轨 4 间的移动副 d，限制了滑块 3 和导轨 4 只能做相对滑动。如图 3-4(b)所示齿轮与齿轮间的齿轮副，限制了两齿轮轮廓的法向接触，轮齿不能在接触点处的法向相对运动，即保证两齿轮的轮齿始终接触。

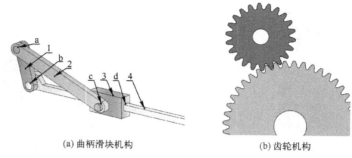

(a) 曲柄滑块机构   (b) 齿轮机构

图 3-4　机构的运动副

在平面机构中，构件与构件的连接形式有点接触、线接触和面接触，这些参与接触的点、线和面称为运动副元素。一个构件上可能有多个运动副元素。

根据构件间的接触形式（或连接形式、运动副元素）不同，可以把运动副分为低副和高副。运动副对构件的独立运动所加的限制称为约束，低副和高副主要是从运动副具有的自由度上区分。

1. 低副

两构件通过面接触而组成的运动副称为低副。低副的运动副元素为面，如轴和滑动轴承间的转动副（也称回转副）、活塞和气缸间的移动副（也称滑动副）等。

在平面机构中低副主要有转动副和移动副两种。

转动副：两构件只能在一个平面内绕某一轴相对转动，如图 3-5(a)、(b)所示，转动副限制了两构件沿 x、y 方向的相对移动，这两种形式的转动副常称为铰链。

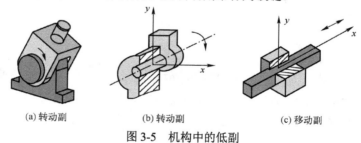

(a) 转动副   (b) 转动副   (c) 移动副

图 3-5　机构中的低副

移动副：两构件只能沿某一轴线相对滑动运动，如图 3-5(c)所示两构件只能沿 x 轴相对滑动，限制了两构件沿 y 方向移动和绕原点的相对转动。

低副的特点：面接触、承载能力大、容易加工、容易润滑、配合后有间隙且磨损后间隙不易补偿，适用于低速重载的场合。

2. 高副

两构件通过点接触或线接触而组成的运动副称为高副。高副的运动副元素为点或线。

平面机构中常见的高副有凸轮副和齿轮副。

如图 3-6(a)所示为两齿轮之间的连接关系，齿轮 1 和齿轮 2 的轮廓为曲线，因此两齿轮接触为线接触，两齿轮组成的运动副为齿轮高副。把齿轮 2 固定时，齿轮 1 上的接触齿可以绕坐标中心转动，还可以沿 x 方向滑动，但是不能沿 y 正向离开，一旦离开则不能构成运动副。

如图 3-6(b)所示的导杆与凸轮的接触为点接触，在平面直角坐标系下，导杆可以绕坐标中心在 xy 平面内绕坐标原点转动，同时还可以沿 x 方向滑动，但不能沿 y 方向离开凸轮，一旦两者分离则不满足运动副中的两构件直接接触的条件，也不能构成运动副。

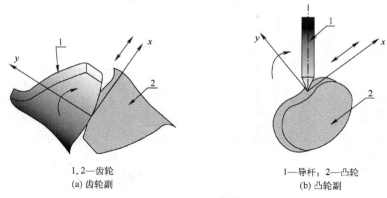

1，2—齿轮　　　　　　　　　　　　　1—导杆；2—凸轮
(a) 齿轮副　　　　　　　　　　　　　(b) 凸轮副

图 3-6　机构中的高副

高副的特点：点接触或线接触，承载能力低，曲面加工困难，不容易润滑，能够实现复杂规律的运动，运动精度较高，适宜于高速轻载的场合。

3.2　平面机构运动简图

从研究机构的分类和机构的运动学特性上来看，机构中各构件的相对运动过程仅取决于机构中所有的运动副类型、数目及相对位置，而与构件的外形、组成构件的零件数目和运动副具体的结构与形状无关。为了便于机构的分类、绘图、研究，在分析机构的运动时，可以不考虑机构的具体结构形式（诸如构件的外形、断面尺寸和组成构件的零件形状和数目、运动副的具体构造等），而仅用规定的简单符号和线条来代表运动副和构件，按照机构的运动传递顺序，使用一定比例的线条表示各构件的长度，用简单符号表示各构件间的运动副，绘制出机构的相对位置关系。这种能够表明原机构中各构件间相对位置和相对运动关系的简单图形称为机构的运动简图。

机构的运动简图与原机构具有完全相同的运动特性，可以根据运动简图明确地表达一个复杂机器的传动原理，还可以用图解法对原机构进行运动学分析（如求解机构上各点的轨迹、位移、速度和加速度等）。如果给各线条赋予质量，也可以通过运动简图对原机构进行动力学分析。

严格按照比例绘制机构的运动简图是比较困难的，需要精确测量和计算各构件的长度尺寸等。对装配后的机构准确量取尺寸更为困难，因此，在只是为了表示机构的结构状况时，在草绘的情况下，也可以不必严格按照比例来绘制运动简图。通常把这种不是严格按照比例绘制的运动简图称为运动示意图。

为了便于绘制机构的运动简图，方便交流，国家标准 GB/T 4460—1984 对运动、运动副、构件、机架和常见的传动机构等都做了详细的规定（更多的简图可以参照《机械设计手册》中的传动部分）。绘制机构的运动简图时应使用国标规定的机构运动简图符号绘制，如表 3-1 所示。

表 3-1　机构运动简图符号（摘自 GB/T 4460—1984）

常见构件简图符号	
杆、轴类零件	
固定构件	
同一构件	
两副构件	
三副构件	

机构名称	简图符号	机构名称	简图符号
转动副		圆柱齿轮传动	
移动副		圆锥齿轮传动	
螺旋副		轴承	
凸轮传动		圆柱蜗杆传动	

绘制机构运动简图的方法与步骤如下。

（1）确定机架和活动构件的件数，标上序号。

（2）由组成运动副两构件间的相对运动特性，确定该运动副要素：转动副中心位置、移动副导路的方位和高副轮廓线的形状等。

（3）选择恰当的视图（通常以多数机构的运动面的平行面作为投影面），以主动件的某一位置为作图位置（如令主动件与水平线呈一定的角度），用国标规定的符号和线条，根据构件尺寸，选定比例尺，按运动传递路线，绘出机构的运动简图。

（4）标出主动件的运动方向。

【例 3-1】 绘出如图 3-7(a)所示油泵机构的运动简图。

解：

图 3-7(a)中，总共的构件有 4 个，其中 1 为主动件，4 为机架（泵体），1 和 4 间通过 A 点的铰链连接，1 和 2 之间通过 B 点的铰链连接，2 和 3 之间通过 C 点的滑动副连接，3 和 4 间为半圆面的摆动副连接，该机构的运动顺序为 1→2→3。选择合适的比例，按照机构简图绘制的顺序，绘油泵机构的运动简图，如图 3-7(b)所示（图中为了增强视觉效果填充了颜色，实际的简图中没有填充颜色，以后章节的简图都做了类似处理）。

【例 3-2】 绘出如图 3-8(a)所示颚式破碎机的运动简图。

解：

图 3-8(a)所示，总共的构件有 6 个，其中 1 为主动件，6 为机架，1 和 6 间通过 A 点的铰链连接，1 和 2 之间通过 B 点的铰链连接，2 和 3 之间通过 C 点的铰链连接，3 和 4 之间通过 D 点的铰链连接，4 和 6 之间通过 E 点的铰链连接，2 和 5 之间通过 F 点的铰链连接，5 和 6 间通过 G 点的铰链连接，该机构的运动顺序为 1→2→3→4、1→2→5。选择合适的比例，按照机构简图绘制的顺序，绘颚式破碎机的运动简图，如图 3-8(b)所示。

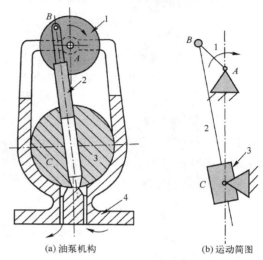

(a) 油泵机构　　　　　　(b) 运动简图

图 3-7　油泵机构及其运动简图

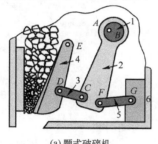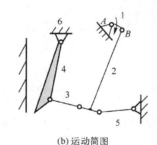

(a) 颚式破碎机　　　　　　(b) 运动简图

图 3-8　颚式破碎机及其运动简图

3.3　平面机构的自由度计算

在设计新的机构或分析一个现有的机构时，应明确给定几个主动件，这样机构才能有确定的相对运动，所以首先要分析机构的自由度是多少。所谓自由度就是机构中各构件相对于机架所具有的独立的运动的数目。

3.3.1　机构自由度的计算

一个构件在空间坐标系下具有沿 3 个坐标轴的移动自由度和绕 3 个坐标轴的转动自由度，即构件在空间坐标系下有 6 个自由度，如图 3-9(a)所示。

一个构件在平面坐标系下具有沿 2 个坐标轴的移动自由度和绕坐标原点的转动自由度，即构件在平面坐标系下有 3 个自由度, 如图 3-9(b)所示。

在平面直角坐标系下, 如果一个构件引入一个低副, 那么该低副限制了该构件的两个自由度。例如, 假设如图 3-9(b)所示的大圆上增加一个位置不动的铰链, 那么这个构件只能绕所增加的铰链转动, 而不能沿 x 轴和 y 轴方向移动, 此时该构件只有一个转动自由度。

(a) 单个构件在空间坐标系的6个自由度　　　(b) 单个构件在平面坐标系的3个自由度

图 3-9　构件引入低副的自由度

在平面直角坐标系下, 如果一个构件引入一个高副, 那么该高副则限制了该构件的一个自由度。如图 3-10(a)所示的齿轮副限制了两齿 y 方向的自由度 (两齿在 y 方向即接触点法向, 始终接触), 如 3-10(b)所示凸轮副限制了凸轮和导杆 y 方向的自由度。

如果构件作为机架, 那么此构件的 3 个平面自由度完全被限制了, 此构件将相对静止。

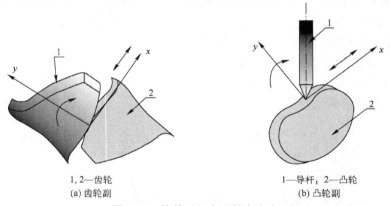

1, 2—齿轮　　　　　　　　　　　　　　　1—导杆; 2—凸轮
(a) 齿轮副　　　　　　　　　　　　　　　　(b) 凸轮副

图 3-10　构件引入高副的自由度

机构的自由度 W: 机构中相对机架所具有的独立运动的数目。

设一平面机构中有 n 个可动构件, P_L 个低副, P_H 个高副, 则 n 个可动构件在没有约束的情况下共有 $3n$ 个自由度, 如果该平面机构引入 P_L 个低副, 那么这 P_L 个低副限制了 $2P_L$ 个自由度; 如果引入 P_H 个高副, 那么这 P_H 个高副限制了 P_H 个自由度, 所剩下的自由度应是原有可动构件没有约束时的自由度减去所约束的自由度。机构的自由度 W 为:

$$W = 3n - 2P_L - P_H$$

需要注意的是, 在计算 n 时一定不能算上机架。

3.3.2　机构具有确定性运动的条件

机构的自由度和原动件之间的关系, 关系到机构能否正确运动。研究机构是否具有确定性运动就是研究机构的自由度和原动件的数值关系。

【例 3-3】　计算如图 3-11 所示机构的自由度, 并判断机构能否具有确定性运动。

解:

图 3-11(a)中, 可动构件有 1、2、3, 构件 4 为机架, 没有高副; 1 和 4 有转动副 A, 1 和 2 有转

动副 B，2 和 3 有转动副 C，3 和 4 有转动副 D，共有 4 个低副。因此，该机构的自由度 W 为：

$$W = 3n - 2P_L - P_H = 3 \times 3 - 2 \times 4 - 0 = 1$$

机构的原动件为构件 1，原动件个数等于机构的自由度数，那么给定构件 1 一个转角后，如图 3-11(a)所示位置，其他构件的位置都与 1 构件的转角有唯一对应关系，因此该机构具有确定性运动关系。

图 3-11(b)中，可动构件有 1、2、3，构件 4 为机架，没有高副；1 和 4 有转动副 A，1 和 2 有转动副 B，2 和 3 有转动副 C，3 和 4 有移动副 D，共有 4 个低副。因此，该机构的自由度 W 为：

$$W = 3n - 2P_L - P_H = 3 \times 3 - 2 \times 4 - 0 = 1$$

机构的原动件为构件 1，原动件个数等于机构的自由度数，那么给定构件 1 一个转角后，如图 3-11(b)所示位置，其他构件的位置都与 1 构件的转角有唯一对应关系，因此该机构具有确定性运动关系。

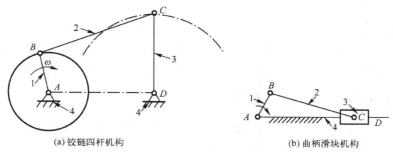

(a) 铰链四杆机构　　　　　　　(b) 曲柄滑块机构

图 3-11　机构自由度计算一

【例 3-4】　计算如图 3-12 所示机构的自由度，并判断机构能否具有确定性运动。

解：

图 3-12(a)中，可动构件有 1、2、3、4，构件 5 为机架，没有高副；1 和 5 有转动副 A，1 和 2 有转动副 B，2 和 3 有转动副 C，3 和 4 有转动副 D，4 和 5 有转动副 E，共有 5 个低副。因此，该机构的自由度 W 为：

$$W = 3n - 2P_L - P_H = 3 \times 4 - 2 \times 5 - 0 = 2$$

机构的原动件为构件 1，原动件个数小于机构的自由度数，那么给定构件 1 一个转角 φ_1 后，如图 3-12(a)所示位置，其他构件的位置可能有实线部分的位置，也可能有虚线部分的位置，还可能有其他的位置（只要保证各构件的长度不变，c、d 的运动轨迹不变即可）。因此，该机构中从动件与主动件间不具有确定性运动关系。

图 3-12(b)中，可动构件有 1、2、3、4，构件 5 为机架，没有高副；1 和 5 有转动副，1 和 2 有转动副，1 和 4 有转动副，2 和 3 有转动副，3 和 4 有转动副，3 和 5 有转动副，共有 6 个低副。因此，该机构的自由度 W 为：

$$W = 3n - 2P_L - P_H = 3 \times 4 - 2 \times 6 - 0 = 0$$

机构的自由度为零，说明机构不能运动，进而构不成机构。如果给该机构设定一个原动件，那么机构原动件要么不动，要么机构被破坏。这种自由度为零的机构常称为静定桁架。

图 3-12(c)所示机构的自由度 W 为：

$$W = 3n - 2P_L - P_H = 3 \times 3 - 2 \times 5 - 0 = -1$$

机构的自由度为负值，这种自由度为负值的机构常称为超静定桁架。

在计算运动副个数时，通常按照构件组成的顺序进行计算。提到运动副一定是两个构件间的连接关系，对于没有直接连接的构件则没有运动副。

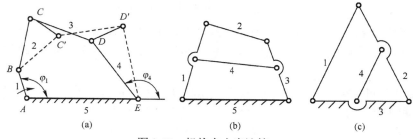

图 3-12　机构自由度计算二

机构具有确定运动的条件：要使机构实现预期的确定运动，无论是平面机构还是空间机构，其自由度 W 都必须满足两个条件：

（1）$W>0$；

（2）W 数等于机构的主动件数。

如果 $W=0$，则机构不能运动；$W>0$ 而主动件数与 W 不相等，则机构不能够得到预期的确定运动。即使符合这两个条件，但由于构件尺寸与运动副配置不当，也得不到预期的确定运动规律。

3.3.3　计算机构自由度的注意事项

在使用 $W=3n-2P_L-P_H$ 计算机构的自由度时，有些特殊的情况需要注意，否则计算的自由度与机构的实际运动不相符合。在自由度计算时需要注意以下几种情况。

（1）复合铰链

两个以上的构件同时在同一转轴上用转动副相连接时，由于投影的关系构成复合铰链，如图 3-13(a)所示。如果从图 3-13(a)所示的俯视图方向看，可以得到图 3-13(b)，在俯视图中看不到复合铰链。按照图 3-13(b)所示投影的结果，转轴与构件 1 固接，构成转动副的有 1 和 2、1 和 3 两个，2 和 3 之间没有直接连接。当然，投影的结构也可能是其他形式，如转轴与 2 或 3 构件固接，不论转轴在哪个构件上，这 3 个构件的运动副只有 2 个转动副。以此类推，当有 m 个构件在同一转轴上构成复合铰链时，这 m 个构件所组成的转动副为 $m-1$ 个。

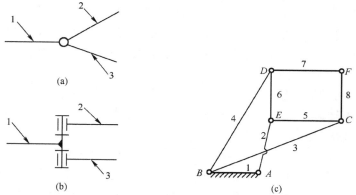

图 3-13　复合铰链

【例 3-5】　计算如图 3-13(c)所示机构的自由度。

解：

图 3-13(c)中，可动构件有 2、3、4、5、6、7、8，构件 1 为机架，没有高副；B、E、D 和 C 点处有复合铰链，A 处有 1 个转动副，B 处有 2 个转动副，C 处有 2 个转动副，D 处有 2 个转动

副，E 处有 2 个转动副，F 处有 1 个转动副，共有 10 个低副。因此，该机构的自由度 W 为：

$$W = 3n - 2P_L - P_H = 3 \times 7 - 2 \times 10 - 0 = 1$$

从以上例子可看出，复合铰链仅出现在转动副中。

（2）局部自由度

机构中常出现一种与输出构件运动无关的自由度，称为局部自由度或多余自由度，在计算机构自由度时应予以排除。局部自由度常出现在凸轮机构中，并且在导杆上，以改变凸轮和导杆间的摩擦状态，由滑动摩擦变成滚动摩擦，减少磨损。

如图 3-14(a)所示，如果按照式（3-1）计算凸轮机构的自由度，那么该凸轮的自由度为：

$$W = 3n - 2P_L - P_H = 3 \times 3 - 2 \times 3 - 1 = 2$$

而实际的情况是，当凸轮转动时，通过滚子驱动从动件以一定的规律在机架中往复运动，凸轮和从动件沿凸轮轮廓的运动是确定的，因此在计算时出现了一些问题。如果把滚子和从动件固接（如焊接）起来，那么从动件与凸轮的运动还是确定的。如果两个图中都除去滚子，而把凸轮轮廓沿法向外偏移滚子半径的距离，那么这两个凸轮机构则完全一样。因此，有局部自由度时，可以把局部自由度去掉，或把滚子和导杆看作一个构件，如图 3-14(b)所示，该凸轮机构的自由度应为：

$$W = 3n - 2P_L - P_H = 3 \times 2 - 2 \times 2 - 1 = 1$$

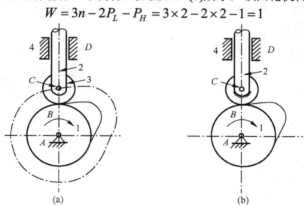

1—凸轮；2—从动件；3—滚子；4—机架

图 3-14　局部自由度

（3）虚约束

在特殊的几何条件下，有些约束所起的限制作用是重复的，这种不起独立限制作用的约束称为虚约束或消极约束。在计算机构的自由度时，应除去虚约束。

虚约束常出现以下几种情况：

① 导路平行形成的虚约束，如图 3-15(a)所示 A、B 的导路平行，计算自由度时，应除去一个；

② 联动平行四边形机构，如图 3-15(b)所示；

③ 对称结构虚约束，如图 3-15(c)所示两个齿轮 2，在计算自由度时，应除去一个。

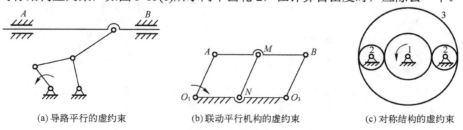

(a)导路平行的虚约束　　　(b)联动平行机构的虚约束　　　(c)对称结构的虚约束

图 3-15　虚约束

习 题 3

3-1 计算机构的自由度时应注意哪些事项？

3-2 机构具有确定性运动条件是什么？什么是刚性桁架？

3-3 绘制差动式压力计（如图 T3-1）的运动简图。

3-4 计算图 T3-2 中所示运动简图的自由度，如果有局部自由度、虚约束或复合铰链请标注出。

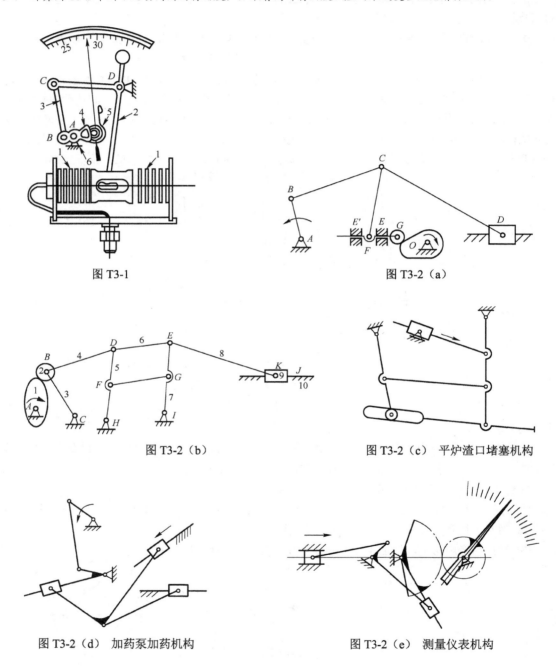

图 T3-1

图 T3-2（a）

图 T3-2（b）

图 T3-2（c） 平炉渣口堵塞机构

图 T3-2（d） 加药泵加药机构

图 T3-2（e） 测量仪表机构

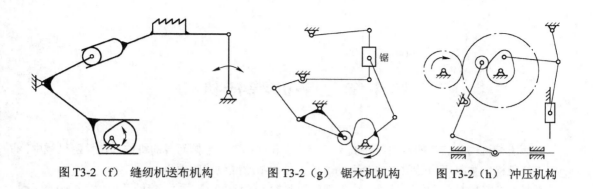

图 T3-2（f） 缝纫机送布机构 图 T3-2（g） 锯木机机构 图 T3-2（h） 冲压机构

第4章　平面连杆机构

平面连杆机构是若干构件用平面低副（回转副和移动副）连接而成的机构，在精密机械中，平面连杆机构的主要作用是用来传递运动、放大位移或改变位移的性质。

平面连杆机构是一种低副机构，构件间是面接触（圆柱面或平面），接触面积大，压强小，耐磨损，并且制造简便，易于获得较高的制造精度。因此，平面连杆机构在精密机械中获得了广泛的使用。而平面连杆机构的主要缺点是：低副中存在着间隙，数目较多的低副会引起运动积累误差，传动中将产生较大的位置误差。

平面连杆机构的类型很多，一般可分为四杆机构和多杆机构。由于多杆机构可以看成是由几个四杆机构组成的，所以四杆机构是组成多杆机构的基础，结构最简单，在精密机械中应用最多。因此，本章主要介绍四杆机构的基本类型、特性及其设计。

4.1　铰链四杆机构的基本形式和特性

构件之间全部用回转副连接的四杆机构称为铰链四杆机构，它是四杆机构的最基本的形式，如图 4-1 所示。其中，固定不动的杆 4 称为机架，与机架用回转副相连的杆 1 和杆 3 称为连架杆，不与机架直接连接的杆 2 称为连杆。杆 2 通常做平面运动，连架杆 1 和连架杆 3 能绕各自回转副中心 A、D 转动。其中，能做整周回转运动的连架杆称为曲柄，仅能在小于 360° 的某一角度范围内摆动的连架杆称为摇杆。

在铰链四杆机构中，机架和连杆总是存在的，因此可按照连架杆是曲柄还是摇杆，将铰链四杆机构分为三种基本形式：曲柄摇杆机构、双曲柄机构和双摇杆机构。

4.1.1　曲柄摇杆机构

在铰链四杆机构中，若两个连架杆中一个为曲柄而另一个为摇杆，则此铰链四杆机构称为曲柄摇杆机构。通常，曲柄 1 为原动件，做匀速转动，摇杆 3 为从动件，做变速往复摆动。

图 4-2 为调整雷达天线俯仰角的曲柄摇杆机构。曲柄 1 缓慢地匀速转动，通过连杆 2，使摇杆 4 在一定角度范围内摆动，从而调整天线俯仰角的大小。

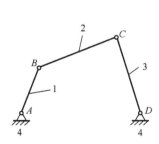

图 4-1　铰链四杆机构

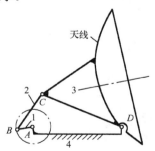

图 4-2　曲柄摇杆机构

在曲柄摇杆机构中，摇杆也可作原动件。图 4-3 为缝纫机的踏板机构。踏板 1（原动件）往复摆动，通过连杆 2 驱使曲柄 3（从动件）做整周转动，再经过带传动使机头主轴转动。

曲柄摇杆机构有下述重要特性。

1. 急回特性

在图 4-4 所示的曲柄摇杆机构中，曲柄 AB 在转动一周的过程中，有两次与连杆 BC 共线。

深耕一线车间，
创新改变缝纫

1—踏板；2—连杆；3—曲柄；4—支座

图 4-3 缝纫机踏板机构

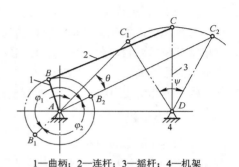

1—曲柄；2—连杆；3—摇杆；4—机架

图 4-4 曲柄摇杆机构急回特性

在这两个位置，铰链中心 A 与 C 之间的距离 AC_1 和 AC_2 分别为最短和最长，因而摇杆 CD 的位置 C_1D 和 C_2D 分别为其左右极限位置。摇杆在两极限位置间的夹角 ψ 称为摇杆的摆角，曲柄在这两极限位置时所夹锐角 θ 称为极位夹角。

当曲柄由位置 AB_1 顺时针转过 $\varphi_1=180°+\theta$ 到达位置 AB_2 时，摇杆由左极限位置 C_1D 摆到右极限位置 C_2D，摇杆摆角为 ψ，所需时间为 t_1。当曲柄顺时针再转过角度 $\varphi_2=180°-\theta$ 时，摇杆由位置 C_2D 摆回到位置 C_1D，其摆角仍然是 ψ，但所需时间为 t_2。虽然摇杆来回摆动的摆角相同，但对应的曲柄转角不等（$\varphi_1>\varphi_2$）。当曲柄匀速转动时，对应的时间也不等（$t_1>t_2$），从而反映了摇杆往复摆动的快慢不同。令摇杆自 C_1D 摆至 C_2D 为工作行程，这时铰链 C 的平均速度 $v_1=\widehat{C_1C_2}/t_1$；摇杆自 C_2D 摆回 C_1D 是空回行程，这时 C 点的平均速度 $v_2=\widehat{C_1C_2}/t_2$，显然 $v_1<v_2$。这表明摇杆具有急回运动的特性，可利用急回特性来缩短非生产时间，提高生产率。

急回运动特性可用行程速比系数 K 表示，即

$$K=\frac{v_2}{v_1}=\frac{t_1}{t_2}=\frac{\varphi_1}{\varphi_2}=\frac{180°+\theta}{180°-\theta} \tag{4-1}$$

或

$$\theta=180°\ \frac{K-1}{K+1} \tag{4-2}$$

式中，θ 为极位夹角，即曲柄在两极限位置时所夹锐角。

式（4-2）表明：机构的极位夹角 θ 越大，K 也越大，则机构的急回特征越显著。因此，四杆机构有无急回运动特性取决于机构运动中有无极位夹角。

对于一些要求有急回作用的机械，如牛头刨床、往复式运输机械等，常常根据所需要的 K 值，先由式（4-2）算出极位夹角 θ，再进行设计。

2. 压力角和传动角

在生产中，设计平面连杆机构时，不仅要求连杆机构能实现预定的运动规律，而且要求机构运转轻便，传动效率高。图 4-5 所示的曲柄摇杆机构，若不考虑各构件的重力及运动副中摩擦力

的影响，则力由主动件 AB 通过连杆 BC 传递给从动件 CD。C 点的力 F 将沿着 BC 方向，C 点速度 v_C 的方向将垂直于 CD，则力 F 与 v_C 之间的夹角 α 称为压力角。力 F 在 v_C 方向的有效分力 F'=Fcosα，在摇杆 CD 方向的分力 F''=Fsinα。力 F' 是摇杆的驱动力，F'' 使回转副中的摩擦和磨损增加。显然，压力角 α 越小，有效分力 F' 就越大，传动效率也就越高。因而，压力角可作为判断机构传动性能的标志。

在四杆机构设计中，为了度量方便，习惯用压力角 α 的余角 γ（连杆与从动摇杆之间所夹的锐角）来判断四杆机构的传动性能的好坏，γ 称为传动角。由图 4-5 可知，γ=90°-α，所以 α 角越小，γ 角越大，机构传力性能越好，传动效率越高。反之，α 角越大，γ 角越小，机构传力越费劲，传动效率越低。由于机构运转时，传动角 γ 是变化的。传动角的大小取决于各杆的尺寸和位置，曲柄摇杆机构的最小传动角 $γ_{min}$ 将出现在曲柄与机架两次共线的位置。为了保证机构正常工作，必须规定最小传动角 $γ_{min}$。对于一般机械，通常取 $γ_{min}≥40°$；对于颚式破碎机、冲床等大功率机械，最小传动角应当取大一些，可取 $γ_{min}≥50°$；对于小功率的控制机构和仪表，$γ_{min}$ 可略小于 40°。

3. 死点位置

在图 4-4 所示的曲柄摇杆机构中，若摇杆 3 为原动件，则曲柄 1 为从动件。当摇杆 3 摆到极限位置 C_1D 和 C_2D 时，连杆与从动件曲柄 1 处于共线位置，传动角 γ=0°，压力角 α=90°。若不计各杆的质量，则这时连杆加给曲柄的力将通过铰链中心 A。此力对 A 点不产生力矩，因此不能使曲柄转动。机构所处的这一位置称为死点位置，死点位置会使机构的从动件出现卡死或运动不确定的现象。为了消除死点位置的不良影响，可以对从动曲柄施加外力，或利用飞轮及构件自身的惯性作用，使机构顺利通过死点位置。

在图 4-3 所示的缝纫机的踏板机构中，在正常使用中，缝纫机有时会出现踏不动或倒车现象，这是由于机构处于死点位置。在正常运转时，借助安装在机头主轴上的飞轮（上带轮）的惯性作用，可以使缝纫机踏板机构的曲柄冲过死点位置。

死点位置对传动虽然不利，但是对某些夹紧装置却可用于防松。在如图 4-6 所示的铰链四杆机构中，当工件 5 被夹紧时，铰链中心 B、C、D 共线，工件加在杆 1 上的反作用力 F_n 无论多大，也不能使杆 3 转动。这就保证了在去掉力 F 之后，仍能可靠地夹紧工件。当需要取出工件时，只需向上扳动手柄，即能松开夹具。

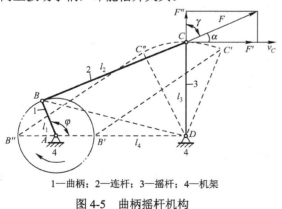

1—曲柄；2—连杆；3—摇杆；4—机架

图 4-5　曲柄摇杆机构

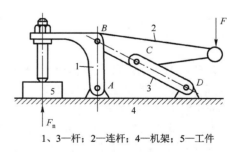

1、3—杆；2—连杆；4—机架；5—工件

图 4-6　铰链四杆机构

4.1.2　双曲柄机构

当铰链四杆机构的两连架杆均为曲柄时，称为双曲柄机构。在一般的双曲柄机构中，原动曲

柄匀速回转时，从动曲柄做同向周期性的非匀速回转。在图4-7所示的插床机构中，四杆机构ABCD即双曲柄机构，原动曲柄AB等速转动，从动曲柄CD做周期性变速转动，再通过连杆EF带动滑块往复运动，从而可使插刀在空回行程实现快速退刀，从而提高了机床的生产效率。

双曲柄机构中用得最多的是平行双曲柄机构，或称为平行四边形机构，机构的对边长度相等，组成平行四边形（见图4-8(a)中的AB_1C_1D）。当杆1等角速转动时，杆3也以相同角速度同向转动，连杆2则做平移运动。这种机构的特点是：两曲柄以相同的角速度同向转动，连杆做平移运动。必须指出，这种机构当四个铰链中心处于同一直线上时（见图4-8(a)中的AB_2C_2D），将出现运动不确定状态。当曲柄1由AB_2转到AB_3时，从动曲柄3可能转到DC'_3，也可能转到DC''_3。为了消除这种运动不确定状态，可以在主从动曲柄上错开一定角度再安装一组平行四边形机构（见图4-8(b)）。当上面一组平行四边形转到$AB'DC'$共线位置时，下面一组平行四边形$AB'_1C'_1D$却处于正常位置，故机构仍然保持确定运动。图4-9所示的机车车轮的联动机构就是利用了其两曲柄等速同向转动的特性。

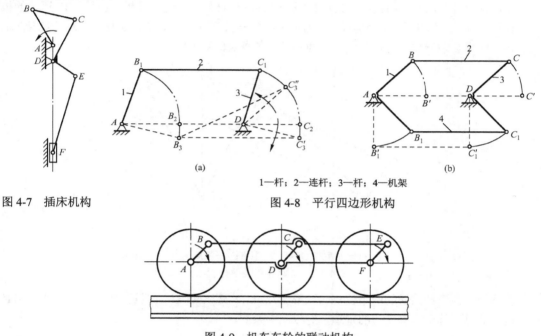

1—杆；2—连杆；3—杆；4—机架

图4-7 插床机构　　　　　　图4-8 平行四边形机构

图4-9 机车车轮的联动机构

4.1.3 双摇杆机构

两个连架杆均为摇杆的铰链四杆机构称为双摇杆机构。图4-10为飞机起落架机构的运动简图。飞机着陆前，需要将着陆轮1从机翼4中推放出来（图中实线所示）；起飞后，为了减小空气阻力，又需将着陆轮收入翼中（图中虚线所示）。这些动作是由原动摇杆3，通过连杆2、从动摇杆5带动着陆轮来实现的。图4-11为双摇杆机构在鹤式起重机中的应用。当摇杆AB摆动时，另一摇杆CD随之摆动，连杆BC上的点E做近似水平的直线运动，从而使重物做相应的运动。

4.2 铰链四杆机构曲柄存在的条件

铰链四杆机构的三种基本形式，其区别在于是否有曲柄存在。铰链四杆机构中是否存在曲柄，取决于机构各杆的相对长度和机架的选择。

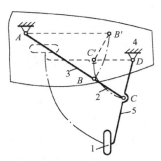

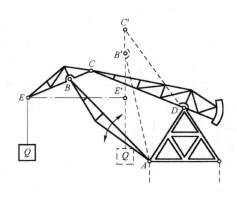

1—着陆轮；2—连杆；3—原动摇杆；4—机翼；5—从动摇杆

图 4-10　飞机起落架机构的运动简图　　　　　图 4-11　鹤式起重机

首先，我们对存在一个曲柄的铰链四杆机构（曲柄摇杆机构）进行分析。在图 4-12 所示的机构中，1 为曲柄，2 为连杆，3 为摇杆，4 为机架，各杆长度以 l_1、l_2、l_3、l_4 表示。为了实现曲柄整周回转，曲柄必须能顺利通过与连杆共线的两个位置 AB' 和 AB''。

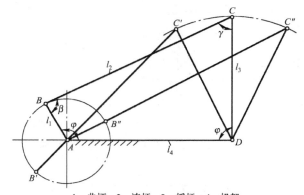

1—曲柄；2—连杆；3—摇杆；4—机架

图 4-12　曲柄存在条件分析

当曲柄处于与连杆共线的两个位置时，形成 △$AC'D$ 及 △$AC''D$。根据三角形任意两边之和必大于（极限情况下等于）第三边的定理，有以下关系式

$$(l_2-l_1)+l_3 \geqslant l_4, \quad 即\ l_1+l_4 \leqslant l_2+l_3 \tag{4-3}$$

$$(l_2-l_1)+l_4 \geqslant l_3, \quad 即\ l_1+l_3 \leqslant l_2+l_4 \tag{4-4}$$

$$l_1+l_2 \leqslant l_3+l_4 \tag{4-5}$$

将式（4-3）、式（4-4）、式（4-5）两两相加可得

$$l_1 \leqslant l_2 \quad l_1 \leqslant l_3 \quad l_1 \leqslant l_4 \tag{4-6}$$

式（4-6）表明：曲柄为最短杆，在连杆、摇杆、机架中有一杆为最长杆。

由上述关系说明：① 在曲柄摇杆机构中，曲柄是最短杆；② 最短杆与最长杆长度之和小于或等于其余两杆长度之和，是曲柄存在的必要条件。

根据曲柄存在的必要条件和铰链四杆机构中取何杆为机架，可得出两个推论。

① 若铰链四杆机构中，最短杆与最长杆长度之和小于或等于其余两杆长度之和，当最短杆是连架杆时，该机构为曲柄摇杆机构；当最短杆是机架时，则为双曲柄机构；当最短杆是连杆时，则为双摇杆机构。

② 若铰链四杆机构中，最短杆与最长杆长度之和大于其余两杆长度之和，则不可能有曲柄存在，该机构为双摇杆机构。

综上所述，铰链四杆机构曲柄存在的条件是：① 最短杆必为连架杆或机架；② 最短杆与最长杆长度之和小于或等于其余两杆长度之和。

4.3 铰链四杆机构的演化

如 4.2 节所述，在铰链四杆机构中，可根据两连架杆是曲柄还是摇杆，把铰链四杆机构分为三种基本形式：曲柄摇杆机构、双曲柄机构、双摇杆机构。后两种可视为曲柄摇杆机构取不同构件作为机架的演变。通过用移动副取代回转副、变更杆件长度、变更机架和扩大回转副等途径，还可以得到铰链四杆机构的其他演化形式。

1．曲柄滑块机构

如图 4-13(a)所示的曲柄摇杆机构，当曲柄 1 转动时，连杆 2 与摇杆 3 连接处铰链中心 C 的轨迹为以 D 为圆心和 l_3 为半径的圆弧 $\overline{mm}$。若摇杆长度 l_3 增至无穷大，则如图 4-13(b)所示，C 点轨迹变成直线 $\overline{mm}$。于是摇杆 3 演化为直线运动的滑块，回转副 D 演化为滑块与导路之间的移动副，整个机构演化为如图 4-13(c)所示的曲柄滑块机构。若 C 点运动轨迹正对曲柄转动中心 A，则称为对心曲柄滑块机构（见图 4-13(c)）；若 C 点运动轨迹 $\overline{mm}$ 的延长线与回转中心 A 之间存在偏距 e（见图 4-13(d)），则称为偏置曲柄滑块机构。曲柄等速转动时，偏置曲柄滑块机构可实现急回运动。

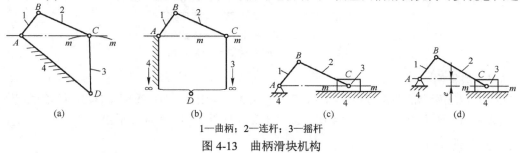

1—曲柄；2—连杆；3—摇杆

图 4-13　曲柄滑块机构

曲柄滑块机构广泛应用于活塞式内燃机、空气压缩机、冲床和弹簧管压力表等机械中，常用于把曲柄的回转运动变换为滑块的往复直线运动，也可把滑块的直线运动转换为曲柄的回转运动。

2．曲柄滑块机构的演化

（1）导杆机构

导杆机构可看成是通过改变曲柄滑块机构中的固定件演化而来的。如图 4-14(a)所示的曲柄滑块机构，若把曲柄滑块机构的曲柄 1 取为机架，杆 4 为导杆，滑块 3 在导杆 4 上滑动，并随连架杆 2 一起转动，即得图 4-14(b)所示的导杆机构。一般杆 2 为原动件，当 $l_1<l_2$ 时，杆 2 和导杆 4 均可做整周转动，称为转动导杆机构。当 $l_1>l_2$ 时，杆 4 只能往复摆动，故称为摆动导杆机构。导杆机构的传动角始终等于 90°，具有很好的传力性能，故常用于牛头刨床、插床和回转式油泵中。

（2）摇块机构

在图 4-14(a)所示的曲柄滑块机构中，若取杆 2 为固定件，即可得图 4-14(c)所示的摆动滑块机构，或称为摇块机构。这种机构广泛应用于摆缸式内燃机和液压驱动装置中。例如，在图 4-15 所示的卡车车厢自动翻转卸料机构中，当油缸 3 中的压力油推动活塞杆 4 运动时，车厢 1 便绕回转副中心 B 倾转，当达到一定角度时，物料就自动卸下。

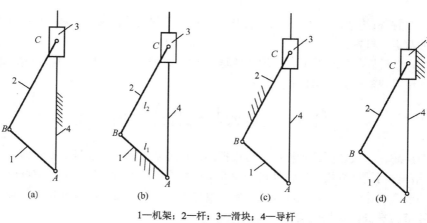

1—机架；2—杆；3—滑块；4—导杆

图 4-14 曲柄滑块机构的演化

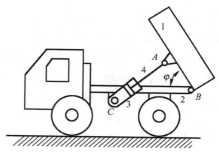

1—车厢；2—底盘；3—油箱；4—活塞杆

图 4-15 卡车车厢自动翻转卸料机构

（3）定块机构

在图 4-14(a)所示的曲柄滑块机构中，若取滑块 3 为固定件，即可得图 4-14(d)所示的固定滑块机构，或称为定块机构。这种机构常用于抽水唧筒（见图 4-16）和抽油泵中。

3．双滑块机构

双滑块机构是具有两个移动副的四杆机构，可以认为是由铰链四杆机构两杆长度趋于无穷大演化而成的。图 4-17 所示的机构，从动件 3 的位移与原动件转角的正切成正比，故称为正切机构。图 4-18 所示的机构，从动件 3 的位移与原动件转角的正弦成正比，故称为正弦机构。这两种机构常见于计算装置之中。

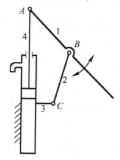

1—机架；2—杆；3—滑块；4—导杆

图 4-16 抽水唧筒

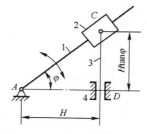

1—机架；2—杆；3—滑块；4—导杆

图 4-17 正切机构

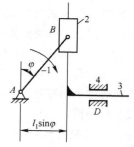

1—机架；2—杆；3—滑块；4—导杆

图 4-18 正弦机构

正弦机构和正切机构在仪器仪表中应用较多。为了进一步简化机构，改善工艺性，常用高副代替低副。具体结构措施是在摆杆（曲柄）的端部或推杆的顶部镶上钢球，以形成高副。

4．偏心轮机构

图 4-19(a)为偏心轮机构。杆 1 为圆盘，其几何中心为 B。因运动时该圆盘绕偏心 A 转动，故称为偏心轮。A、B 之间的距离 e 称为偏心距。按照相对运动关系，可画出该机构的运动简图，如图 4-19(b)所示。由图可知，偏心轮是回转副 B 扩大到包括回转副 A 而形成的，偏心距 e 即曲柄的长度。当曲柄长度很小时，通常把曲柄做成偏心轮，这样不仅增大了轴颈的尺寸，提高了偏心轴的强度和刚度，而且当轴颈位于中部时，还可安装整体式连杆，使结构简化。因此，偏心轮广泛应用于传力较大的剪床、冲床、颚式破碎机、内燃机等机械之中。

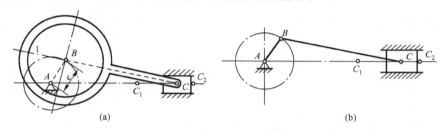

图 4-19　偏心轮机构及其运动简图

4.4　平面四杆机构的设计

平面四杆机构的设计，主要根据给定的运动条件，确定机构运动简图的尺寸参数，有时为了使机构设计可靠、合理，还应考虑几何条件和动力条件（如最小传动角 γ_{min}）等。

生产实践中的要求是多种多样的，给定的条件也各不相同，平面四杆机构的设计归纳起来主要有两类问题：①按照给定从动件的运动规律（位置、速度、加速度）设计四杆机构；②按照给定轨迹设计四杆机构。

平面四杆机构的设计方法有图解法、解析法和实验法。图解法直观清晰，解析法结果精确，实验法简便易行。在实际工程设计中，图解法和解析法应用较多。本节着重介绍用图解法设计平面四杆机构的有关问题。

1．按给定的行程速度变化系数设计四杆机构

在图 4-20 所示的铰链四杆机构 $ABCD$ 中，已知行程速度变化系数 K、摇杆 CD 的长度和摆动的角度 ψ_{max}，要求设计四杆机构。

设计步骤如下。

（1）计算极位夹角 θ，$\theta = 180° \dfrac{K-1}{K+1}$。

（2）任意选定转动副 D 的位置，并按 CD 的长度和 ψ_{max} 角大小，画出摇杆的两个极限位置 C_1D 和 C_2D。

（3）连接 C_1C_2，过 C_2 作 $\angle C_1C_2N=90°-\theta$，过 C_1 作直线 C_1M 垂直于 C_1C_2，C_1M 与 C_2N 相交于 P

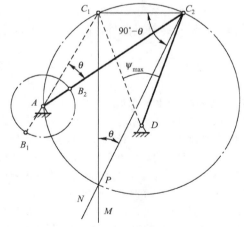

图 4-20　按行程速度变化系数设计铰链四杆机构

点。作 C_1C_2P 三点的外接圆，则圆弧 C_1PC_2 上任意一点 A 与 C_1、C_2 连线的夹角 $\angle C_1AC_2=\theta$。故曲柄 AB 的回转中心 A 应在圆弧 C_1PC_2 上。若再给定其他辅助条件，如机架转动副 A、D 间的距离，或 C_2 处的传动角 γ，则 A 点的位置便可完全确定。

（4）A 点位置确定后，按曲柄摇杆机构极限位置，由曲柄与连杆共线的原理可得 $AC_2=a+b$，$AC_1=b-a$，由此可求出

曲柄长度 $$a = \frac{1}{2}(AC_2 - AC_1)$$

连杆长度 $$b = \frac{1}{2}(AC_2 + AC_1)$$

2. 按给定连杆的两个或三个位置设计四杆机构

如图 4-21 所示，B_1C_1、B_2C_2、B_3C_3 是连杆要通过的三个位置，该四杆机构可由如下步骤求得。

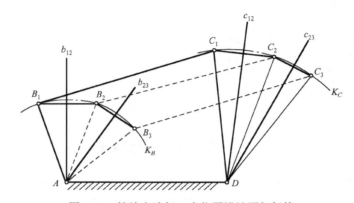

图 4-21 按给定连杆三个位置设计四杆机构

（1）连接 B_1B_2、B_2B_3、C_1C_2、C_2C_3。

（2）分别作 B_1B_2、B_2B_3 的中垂线 b_{12} 和 b_{23}，两条中垂线相交于 A 点。

（3）分别作 C_1C_2、C_2C_3 的中垂线 c_{12} 和 c_{23}，两条中垂线相交于 D 点。

则交点 A、D 就是所求铰链四杆机构的固定铰链中心，AB_1C_1D 为所求的铰链四杆机构在第一个位置时的机构图。

由上可知，若知连杆两个位置，则点 A、D 可分别在中垂线 b_{12}、c_{12} 上任意选择，因此有无穷多解。若再给定辅助条件，则可得一个确定的解。

习 题 4

4-1 铰链四杆机构的基本形式有哪几种？

4-2 铰链四杆机构可以通过哪几种方式演化为其他形式的四杆机构？

4-3 何谓曲柄？铰链四杆机构曲柄存在的条件是什么？曲柄是否就是最短杆？

4-4 何谓四杆机构的压力角和传动角？试以曲柄摇杆机构为例，说明压力角、传动角的意义。

4-5 四杆机构中有可能产生死点位置的机构有哪些？它们发生死点位置的条件是什么？举例说明死点的危害，以及死点在机械工程中的应用。

4-6 如何判断机构有无急回运动？$K=1$ 的铰链四杆机构的结构特征是什么？

4-7 根据图 T4-1 中注明的尺寸，判别各四杆机构的类型。

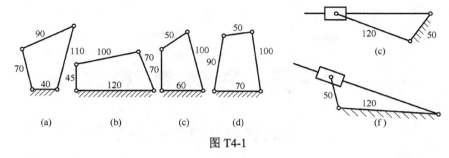

(a)　　　　　(b)　　　　　(c)　　　　　(d)

图 T4-1

4-8　图 T4-2 所示铰链四杆机构中，已知 L_{BC}=50 mm，L_{CD}=35 mm，L_{AD}=30 mm，AD 为机架。问：（1）若此机构为曲柄摇杆机构，且 AB 为曲柄，求 L_{AB} 的最大值；（2）若此机构为双曲柄机构，求 L_{AB} 的范围；（3）若此机构为双摇杆机构，求 L_{AB} 的范围。

4-9　设计一曲柄摇杆机构，如图 T4-2 所示。已知其摇杆 CD 的长度 L_{CD}=290 mm，摇杆的两极限位置间的夹角 ψ=32°，行程速度变化系数 K=1.25，若给定了机架的长度 L_{AD}=280 mm，求连杆及曲柄的长度。

4-10　设计一偏置曲柄滑块机构。如图 T4-3 所示，已知滑块行程 $L_{C_1C_2}$=50 mm，偏心距 e=15 mm，行程速比系数 K=1.4。求曲柄 L_{AB} 和杆 L_{BC} 的长度。

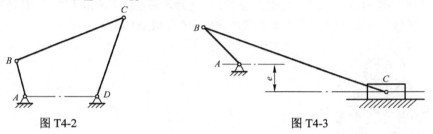

图 T4-2　　　　　　　　　　　　　图 T4-3

第5章 凸 轮 机 构

5.1 凸轮机构的应用和分类

5.1.1 凸轮机构的应用

凸轮机构是机械中的一种常用机构，在精密机械特别是在自动控制装置和仪器中，凸轮机构的应用非常广泛。

图 5-1 为内燃机配气机构。凸轮 1 以等角速度回转，它的轮廓驱使从动件 2（阀杆）按预期的运动规律启闭阀门。

图 5-2 为自动送料机构。当有凹槽的凸轮 1 转动时，通过槽中的滚子 3，驱使从动件 2 做往复移动。凸轮每转一周，从动件即从储料器中推出一个毛坯送到加工位置。

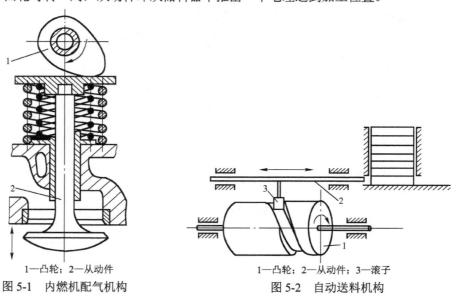

1—凸轮；2—从动件

图 5-1 内燃机配气机构

1—凸轮；2—从动件；3—滚子

图 5-2 自动送料机构

从上述两图可知，凸轮是一个具有曲线轮廓或凹槽的构件。凸轮机构主要由凸轮、从动件和机架三个构件组成。凸轮通常做连续等速转动，从动件则按预定运动规律做间歇（或连续）直线往复移动或摆动。

5.1.2 凸轮机构的分类

凸轮机构种类繁多，通常根据凸轮与从动件的几何形状及其运动形式的不同来分类。

1. 按凸轮的形状分

① 盘形凸轮。凸轮是一个绕固定轴转动并具有变化半径的盘形零件，是凸轮的最基本形式，如图 5-3(a)所示。

② 移动凸轮。当盘形凸轮的回转中心趋于无穷远时，凸轮相对机架做直线运动，就变为移动凸轮，如图 5-3(b)所示。

③ 圆柱凸轮。凸轮是圆柱体，可以看成是将移动凸轮卷成圆柱体而得到的，如图 5-3(c)所示。

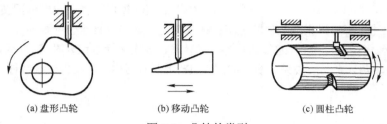

(a) 盘形凸轮　　　　　(b) 移动凸轮　　　　　(c) 圆柱凸轮

图 5-3　凸轮的类型

2. 按从动件的形状分

① 尖顶从动件，如图 5-4(a)所示。该从动件的尖顶能与复杂的凸轮轮廓保持接触，故能实现任意预期的运动规律，但容易磨损，只适用于受力不大的低速凸轮机构。

② 滚子从动件，如图 5-4(b)所示。在从动件的尖顶处安装一个滚子，即成为滚子从动件。滚子与凸轮轮廓之间为滚动摩擦，耐磨损，可以承受较大载荷，因而应用较广。

③ 平底从动件，如图 5-4(c)所示。从动件与凸轮轮廓表面接触的端面为一平面，不计摩擦时，凸轮对从动件的作用力始终与平底相垂直，传动效率较高，且接触面间易于形成油膜，利于润滑，减少磨损，故常用于高速凸轮机构，但只适用于外凸的凸轮轮廓。

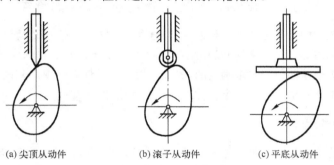

(a) 尖顶从动件　　　　(b) 滚子从动件　　　　(c) 平底从动件

图 5-4　从动件的类型

以上三种从动件既可用于直线往复移动，也可用于绕固定轴摆动的场合。为了使凸轮与从动件始终保持接触，可以利用重力、弹簧力或依靠凸轮上的凹槽来实现。

凸轮机构的优点为：只需设计适当的凸轮轮廓，便可使从动件得到所需的运动规律，并且结构简单、紧凑、设计方便。它的缺点是凸轮轮廓与从动件之间为点接触或线接触，易磨损，所以通常用于传力不大的控制机构。

5.2　从动件的常用运动规律

图 5-5(a)为尖顶直动从动件盘形凸轮机构，以凸轮轮廓的最小向径 r_b 为半径所作的圆称为基圆，r_b 为基圆半径。凸轮以等角速度 ω 逆时针转动，从动件被凸轮推动，以一定运动规律由距离回转中心最近位置 A 到达最远位置 B'，这个过程称为推程。从动件所走过的距离 h 称为行程，而与推程对应的凸轮转角 δ_0 为推程运动角。当凸轮继续转过 δ_s 时，轮廓 BC 向径不变，从动件在最

远位置停止不动，δ_s 称为远休止角。凸轮继续回转 δ'_0，从动件在弹簧力或重力作用下，以一定运动规律回到起始位置，这个过程称为回程，δ'_0 称为回程运动角。当凸轮继续回转 δ'_s 时，从动件在最近位置停止不动，δ'_s 称为近休止角。此时，$\delta_0+\delta_s+\delta'_0+\delta'_s=2\pi$，凸轮刚好转过一圈，机构完成一个工作循环，从动件则完成一个"升—停—降—停"的运动循环。当凸轮继续回转时，从动件重复上述运动。上述过程可以用从动件的位移曲线来描述。如果以直角坐标系的纵坐标代表从动件位移 s，横坐标代表凸轮转角 δ（通常凸轮等角速转动，故横坐标也代表时间 t），则可以画出从动件位移 s 与凸轮转角 δ 之间的关系曲线，如图 5-5(b)所示，简称为从动件位移线图。

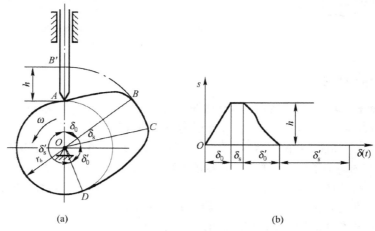

(a)   (b)

图 5-5   尖顶直动从动件盘形凸轮机构与从动件位移线图

从动件在运动过程中，其位移 s、速度 v、加速度 a 随时间 t（或凸轮转角）的变化规律称为从动件的运动规律。由此可见，从动件的运动规律完全取决于凸轮的轮廓形状。工程中，从动件的运动规律通常是由凸轮的使用要求确定的。因此，根据从动件运动规律来设计凸轮的轮廓曲线，完全能实现预期的生产要求。下面介绍几种常用的运动规律。

5.2.1   等速运动规律

当从动件运动的速度为常数时，称为等速运动规律。推程时，凸轮以等角速度 ω 转动，经过时间 t_0，凸轮转过推程运动角 δ_0，从动件做等速运动行程为 h。可以得到凸轮转角 δ_1 的从动件运动方程为

$$\begin{cases} s = \dfrac{h}{\delta_0}\delta_1 \\[2mm] v = \dfrac{h}{\delta_0}\omega = v_0 \\[2mm] a = \dfrac{\mathrm{d}v}{\mathrm{d}t} = 0 \end{cases} \quad (5\text{-}1)$$

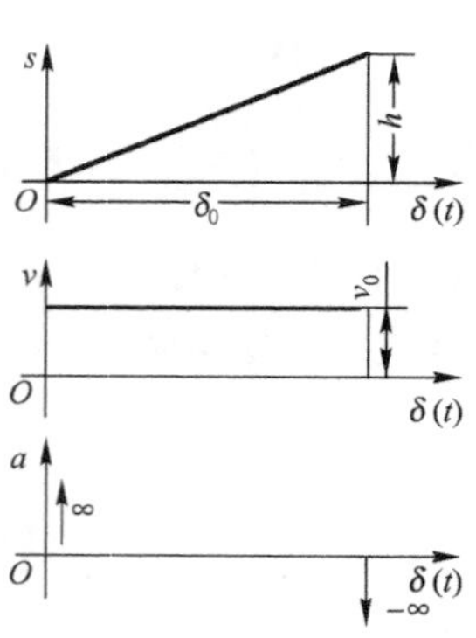

回程时，凸轮转过回程运动角，从动件相应地由 $s=h$ 逐渐减小到 0。参照式（5-1）也可导出回程做等速运动时从动件的运动方程（略）。

图 5-6   等速运动线图

其运动线图如图 5-6 所示。其位移线图为一过原点的倾斜直线。当从动件运动开始时，速度由零突变为 v_0，加速度无穷大（$a=+\infty$）；当运动终止时，速度由 v_0 突变为零，$a=-\infty$（由于材料弹性变形可以起到一定的缓冲作用，实际上不可能达到无穷大），但从动件仍会产生很大的惯性力，使机构受到强烈的冲击，称为"刚性冲击"。因此，这种运动规律不宜单独

使用，在运动开始段和终止段应当用其他运动规律过渡，故等速运动只适用于低速轻载凸轮机构。

5.2.2 等加速等减速运动规律

等加速等减速运动规律是指从动件在前半行程做等加速运动，后半行程做等减速运动。做等加速等减速运动时，如果其加速段与减速段的时间相等，则其运动线图如图 5-7 所示。

由运动学可知，初速度为零的物体做等加速运动时，其运动方程（AB 段）为

$$\begin{cases} s = \dfrac{2h}{\delta_0^2}\delta_1^2 \\[2mm] v = \dfrac{4h\omega}{\delta_0^2}\delta_1 \\[2mm] a = 4h\dfrac{\omega^2}{\delta_0^2} \end{cases} \qquad (5\text{-}2)$$

推程做等减速运动时，其运动方程（BC 段）为

$$\begin{cases} s = h - \dfrac{2h}{\delta_0^2}(\delta_0 - \delta_1)^2 \\[2mm] v = \dfrac{4h\omega}{\delta_0^2}(\delta_0 - \delta_1) \\[2mm] a = -4h\dfrac{\omega^2}{\delta_0^2} \end{cases} \qquad (5\text{-}3)$$

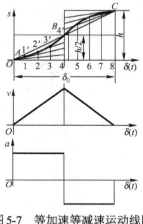

图 5-7　等加速等减速运动线图

由运动线图可知，等加速等减速运动规律的速度曲线是连续的，不会出现刚性冲击。但在 A、B、C 点处加速度出现有限值的突变，因而产生有限惯性力的突变，这将引起柔性冲击，所以等加速等减速运动规律只适用于中低速凸轮机构。

5.2.3 简谐运动规律

质点在圆周上做匀速运动时，它在这个圆的直径上的投影所构成的运动称为简谐运动。从动件做简谐运动时，其运动线图如图 5-8 所示。从动件推程的运动方程为

$$\begin{cases} s = \dfrac{h}{2}\left[1 - \cos\left(\dfrac{\pi}{\delta_0}\delta_1\right)\right] \\[2mm] v = \dfrac{\pi h\omega}{2\delta_0}\sin\left(\dfrac{\pi}{\delta_0}\delta_1\right) \\[2mm] a = \dfrac{\pi^2 h\omega^2}{2\delta_0^2}\cos\left(\dfrac{\pi}{\delta_0}\delta_1\right) \end{cases} \qquad (5\text{-}4)$$

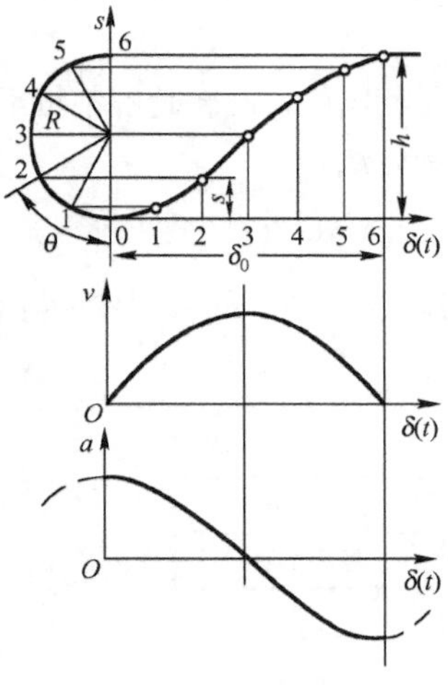

简谐运动规律位移线图的绘制方法如下：把从动件的行程 h 作为直径画半圆，将此半圆分成若干等分（见图 5-8），得到点 1、点 2、点 3、…；再把凸轮运动角 δ_0 也分成相应等分，并作垂线，然后将圆周上的等分点投影到相应的垂直线；用光滑曲线连接这些点，即得到从动件的位移线图。

图 5-8　简谐运动线图

从动件做简谐运动时，其加速度按余弦曲线规律变化。由运动线图可知，这种运动规律在行程的始点和终点加速度有变化，会引起柔性冲击，只适用于中速传动。只有当加速度曲线保持连

续时，这种运动规律才能避免冲击，从而适用于高速传动。

5.3　图解法设计盘形凸轮轮廓

根据机器的工作要求，在确定了凸轮机构的类型及从动件的运动规律和凸轮的基圆半径后，就可按照已知的运动规律设计凸轮轮廓了。凸轮轮廓的设计方法有图解法和解析法。图解法简单直观，但不够精确，只适用于一般场合；解析法精确但计算量大。对于精度要求不高的凸轮，一般采用图解法即可满足使用要求，而且比较简便。本节只介绍一般精度的凸轮常用的图解法设计。

1．图解法原理

按从动件的已知运动规律绘制凸轮轮廓的基本原理是反转法。根据相对运动原理，若给图 5-9 所示的整个凸轮机构（凸轮、从动件、机架）加上一个与凸轮角速度大小相等、方向相反的公共角速度 $-\omega$，此时各构件之间的相对运动关系不变。这样，凸轮静止不动，而从动件一方面随机架和导路一起以等角速度 $-\omega$ 绕凸轮转动，另一方面又按已知运动规律在导路中做往复移动（或摆动）。由于从动件的尖顶始终与凸轮轮廓保持接触，所以反转后从动件尖顶的运动轨迹就是凸轮轮廓。

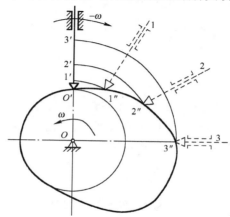

图 5-9　凸轮轮廓的设计原理

凸轮机构的类型虽然有多种，但绘制凸轮轮廓的基本原理及方法是相同的，凸轮轮廓都按反转法原理绘出。下面以常见的盘形凸轮为例，说明凸轮轮廓曲线的绘制方法。

2．尖顶直动从动件盘形凸轮轮廓的设计

【例 5-1】　设已知尖顶直动从动件盘形凸轮逆时针回转，其基圆半径 r_b=30 mm，从动件的运动规律见表 5-1。

表 5-1　从动件的运动规律

凸轮转角	0°～180°	180°～300°	300°～360°
从动件的运动规律	等速上升 30 mm	等加速等减速下降回到原处	停止不动

试设计此凸轮轮廓曲线。

解：

（1）按一定比例尺 μ_s = 0.002 m/mm 绘制从动件的位移线图（见图 5-10(a)）。

（2）按同一比例尺 $\mu_1 = \mu_s$，以 r_b 为半径作基圆，基圆与导路的交点 B 即为从动件尖顶的起始位置。

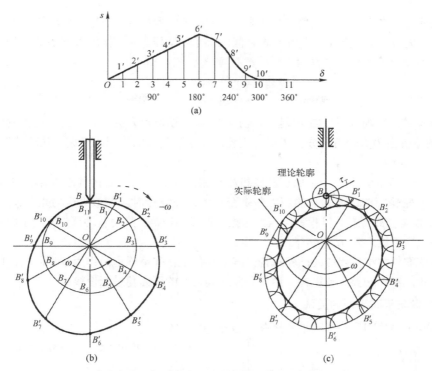

图 5-10　尖顶直动从动件盘形凸轮轮廓的设计

（3）等分位移线图的横坐标和基圆。根据反转法原理，按位移线图中横坐标的等分数，从 B 开始，沿 $-\omega$ 的方向将基圆圆周分成相应的等分数，以射线 OB_1、OB_2、OB_3、$\cdots$代表机构反转时各相应位置的导路，各射线与基圆的交点为 B_1、B_2、B_3、$\cdots$。

（4）从位移线图量取 $B_1B_1' = 11'$，$B_2B_2' = 22'$，$B_3B_3' = 33'$，$\cdots$，得到 B_1'、B_2'、B_3'、$\cdots$。

（5）以光滑曲线连接 B_1'、B_2'、B_3'、$\cdots$，即得凸轮的轮廓曲线（见图 5-10(b)）。

如果采用滚子从动件，由于滚子中心是从动件上的一个固定点，它的运动就是从动件的运动。因此，首先把滚子中心看成是尖顶从动件的尖点，此时按尖顶从动件设计得到的轮廓线称为理论轮廓曲线。再以理论轮廓线上各点为圆心画一系列滚子圆，然后绘出此滚子圆的包络线，它就是滚子从动件凸轮机构的实际轮廓线。注意，此时凸轮的基圆半径是指理论轮廓线上的最小半径（见图 5-10(c)）。

对于其他从动件凸轮轮廓曲线的设计，可参照上述方法。

5.4　凸轮机构基本尺寸的确定

设计凸轮机构不仅要满足从动件的运动规律，而且要求传动时受力情况良好，以使机构运转灵活，结构紧凑。因此，需要正确选择凸轮机构的压力角、基圆半径及滚子半径，现讨论如下。

1．凸轮机构的压力角和自锁

压力角是决定凸轮机构能否正常工作的重要参数，确定凸轮机构尺寸时必须考虑对压力角的影响。图 5-11 为滚子直动从动件凸轮机构。凸轮机构与连杆机构一样，从动件运动方向和

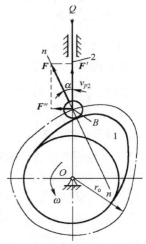

图 5-11　滚子直动从动件凸轮机构

接触轮廓法线方向之间所夹的锐角称为压力角。当不考虑摩擦时，凸轮给从动件的作用力 **F** 是沿法线方向的，从动件运动方向与作用力 **F** 之间的夹角 α 即压力角。作用力 **F** 可分解为沿从动件运动方向的有用分力 **F′** 和使从动件紧压导路的有害分力 **F″**，即

$$F'=F\cos\alpha \tag{5-5}$$

$$F''=F\sin\alpha \tag{5-6}$$

压力角 α 越大，则有害分力 **F″** 越大，由 **F″** 引起的摩擦阻力也越大。当 α 增大到一定程度，由 **F″** 引起的摩擦阻力大于有用分力 **F′** 时，无论凸轮给从动件的作用力多大，从动件都不能运动，这种现象称为自锁。

由以上分析可以看出，为了保证凸轮机构正常工作并具有一定的传动效率，必须对压力角加以限制。凸轮轮廓曲线上各点的压力角是变化的，在设计时应使最大压力角 α_{max} 不超过许用压力角 [α]。根据实践经验，推程许用压力角推荐取以下数值：直动从动件，许用压力角 [α]=30°；摆动从动件，许用压力角 [α]=45°。

常见的依靠外力维持接触的凸轮机构，其从动件是在弹簧或重力作用下返回的，回程不会出现自锁。因此，对于这类凸轮机构，通常只需对其推程的压力角进行校核。

2. 压力角与基圆半径的关系

凸轮机构压力角和凸轮基圆半径有关，由图 5-12 可知：

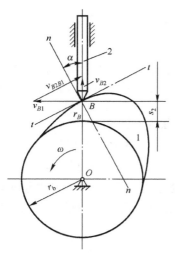

$$\begin{cases} v_2 = v_{B2} = v_{B1}\tan\alpha = r_B\omega\tan\alpha = (r_b + s_B)\omega\tan\alpha \\ \tan\alpha = \dfrac{v_2}{(r_b + s_B)\omega} \end{cases} \tag{5-7}$$

式中，v_2 为从动件的线速度；s_B 为从动件在 B 点处的位移。

由式（5-7）可知，基圆半径 r_b 越小，压力角 α 越大。若基圆半径过小，压力角就会超过许用压力角。反之，基圆半径 r_b 越大，压力角 α 就越小，但整个机构的尺寸也就越大，这将使结构不紧凑。故实际设计中，在保证凸轮机构的最大压力角不超过许用压力角的前提下，将 α 取大一些，以减小基圆半径 r_b 的值。

若对机构尺寸没有严格限制，则基圆半径可取大些，以使 α 减小，改善凸轮受力情况。基圆半径通常可根据结构条件，由下面的经验公式确定：

$$r_b \geq (0.8 \sim 1)d_z \tag{5-8}$$

式中，d_z 为凸轮安装处的轴颈直径。

在根据所选的基圆半径设计出凸轮轮廓曲线后，必要时可对其实际压力角进行检查。若发现压力角的最大值超过许用压力角，则应适当增大 r_b，重新设计凸轮轮廓。

图 5-12　凸轮机构压力角与
凸轮基圆半径的关系

3. 滚子半径的选择

滚子半径的选择要考虑滚子的结构、强度和凸轮轮廓曲线的形状。从减小凸轮与滚子间的接触应力来看，滚子半径越大越好，但滚子半径增大后对凸轮实际轮廓曲线有很大影响，从而使滚子半径的增大受到限制。如图 5-13 所示，对于外凸的理论轮廓曲线，由于实际轮廓曲线的曲率半径等于理论轮廓曲线的曲率半径与滚子半径之差，设理论轮廓外凸部分的最小曲率半径以 ρ_{min} 表示，滚子半径用 r_T 表示，则相应位置实际轮廓的曲率半径 $\rho' = \rho_{min} - r_T$。

当 $\rho_{min} > r_T$ 时，如图 5-13(a)所示，这时 $\rho' > 0$，实际轮廓为一平滑曲线。

当 $\rho_{min} = r_T$ 时，如图 5-13(b)所示，这时 $\rho' = 0$，在凸轮实际轮廓曲线上产生了尖点，这种尖点极易磨损，磨损后就会改变原定的运动规律。

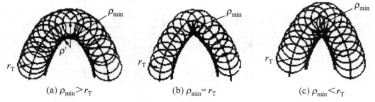

图 5-13　滚子半径的选择

(a) $\rho_{min} > r_T$　　　　(b) $\rho_{min} = r_T$　　　　(c) $\rho_{min} < r_T$

当 $\rho_{min} < r_T$ 时，如图 5-13(c)所示，这时 $\rho' < 0$，产生交叉的轮廓曲线，交叉部分在实际加工时将被切削掉，使这一部分运动规律无法实现，因此从动件的运动将会失真。

由上述分析可知，为了使凸轮轮廓在任何位置既不变尖也不交叉，滚子半径 r_T 必须小于外凸理论轮廓曲线的最小曲率半径 ρ_{min}。另外，滚子半径 r_T 必须小于基圆半径 r_b。

设计时应使 r_T 满足以下经验公式：

$$r_T \leqslant 0.8\rho_{min} \qquad 和 \qquad r_T \leqslant 0.4r_b \tag{5-9}$$

习　题　5

5-1　凸轮与从动件有几种主要形式？尖顶、滚子和平底从动件各有什么优缺点？

5-2　常用的从动件运动规律有哪几种？各有什么特点？如何画出其位移线图？

5-3　绘制平面凸轮轮廓的基本原理是什么？

5-4　何谓凸轮机构的压力角？压力角的大小对凸轮尺寸和受力有什么影响？为什么要规定许用压力角 $[\alpha]$？

5-5　在滚子从动件凸轮机构中，选择滚子半径要考虑哪些因素？

5-6　在从动件运动规律已确定的情况下，凸轮基圆半径与机构压力角有何关系？如何确定凸轮基圆半径？

5-7　图 T5-1 为一偏置直动从动件盘形凸轮机构。已知 AB 段为凸轮的推程轮廓线，试在图上标注推程运动角 δ_0。

5-8　图 T5-2 为一偏置直动从动件盘形凸轮机构。已知凸轮为一以 C 为中心的圆盘，则轮廓上 D 点与尖顶接触时其压力角为多大？试作图加以表示。

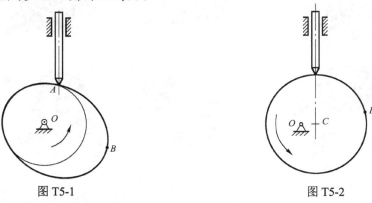

图 T5-1　　　　　　　　　　　　　　图 T5-2

5-9　设计一对心直动滚子从动件盘形凸轮。已知凸轮以等角速度顺时针方向回转，凸轮基圆半径 $r_b = 40$ mm，从动件的升程 $h = 30$ mm，滚子半径 $r_T = 10$ mm，$\delta_0 = 150°$，$\delta_s = 30°$，$\delta_0' = 120°$，$\delta_s' = 60°$，从动件在推程做简谐运动，在回程做等加速等减速运动。试用图解法绘出凸轮的轮廓。

5-10　设计一平底直动从动件盘形凸轮机构。已知凸轮以等角速度 ω_1 逆时针方向回转，凸轮的基圆半径 $r_b = 50$ mm，从动件升程 $h = 10$ mm，$\delta_0 = 120°$，$\delta_s = 30°$，$\delta_0' = 90°$，$\delta_s' = 120°$，从动件在推程和回程均做简谐运动。试绘出凸轮的轮廓。

第6章 齿 轮 传 动

6.1 齿轮机构的特点和分类

齿轮机构是精密机械中应用最广的传动机构之一，其主要优点是：适用的圆周速度和功率范围广，传动效率高，传动比稳定，寿命长，工作可靠，可实现任意两轴之间的传动。其主要缺点是：制造和安装精度要求较高，成本较高，不适宜远距离两轴之间的传动。

精密机械中应用的齿轮，按齿廓曲线分，有渐开线齿轮、摆线齿轮、圆弧齿轮。按照两轴的相对位置和齿向，齿轮机构可分为3种，如图6-1所示。

① 平行轴齿轮机构，包括直齿圆柱齿轮机构、斜齿圆柱齿轮机构和人字齿轮机构。直齿、斜齿圆柱齿轮机构又分为外啮合齿轮机构、内啮合齿轮机构和齿轮与齿条机构（见图 6-1(a)、(b)、(c)、(d)、(i)）。

② 相交轴齿轮机构（圆锥齿轮机构），包括直齿和曲齿圆锥齿轮机构（见图 6-1(e)、(f)）。

③ 交错轴齿轮机构，包括交错轴斜齿轮机构和蜗杆蜗轮机构（见图 6-1(g)、(h)）。

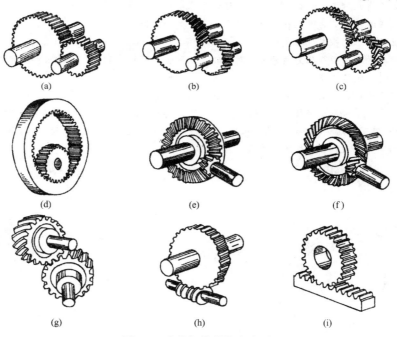

(a)   (b)   (c)

(d)   (e)   (f)

(g)   (h)   (i)

图 6-1 齿轮机构的基本类型

6.2 齿廓啮合基本定理

齿轮传动是靠主动轮轮齿的齿廓依次推动从动轮轮齿的齿廓实现的。齿轮传动的基本要求之一是其瞬时传动比必须保持恒定，否则当主动轮以等角速度转动时，从动轮的角速度为变量，从而产生惯性力，引起齿轮机构的冲击、振动和噪声，不仅影响齿轮的传动精度和平稳性，甚至影响轮齿的强度，使其过早损坏而失效。要保证瞬时传动比恒定不变，齿轮的齿廓必须符合一定条件。

图 6-2 为一对相互啮合的齿轮的齿廓 C_1 和 C_2 在 K 点接触。设主动轮 1 以角速度 ω_1 绕轴 O_1 顺时针方向回转，从动轮 2 受主动轮 1 的推动以角速度 ω_2 绕轴 O_2 逆时针方向回转。它们在 K 点处的线速度分别为 v_{K1}、v_{K2}。过 K 点作两齿廓 C_1、C_2 的公法线 NN，它与连心线 O_1O_2 交于 P 点。要使这一对齿廓能连续地接触传动，则 v_{K1}、v_{K2} 在公法线 NN 方向上的分速度应相等，否则两齿廓将会压坏或分离，即

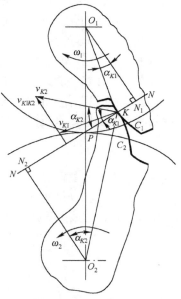

图 6-2 齿廓啮合基本定律

$$v_{K1} \cos\alpha_{K1} = v_{K2} \cos\alpha_{K2}$$

又因 $v_{K1} = \omega_1 \overline{O_1K}$，$v_{K2} = \omega_2 \overline{O_2K}$，则

$$i_{12} = \frac{\omega_1}{\omega_2} = \frac{\overline{O_2K} \cos\alpha_{K2}}{\overline{O_1K} \cos\alpha_{K1}}$$

过点 O_1、O_2 分别作公法线 NN 的垂线，得交点 N_1 和 N_2，由图 6-2 可知

$$\overline{O_1K} \cos\alpha_{K1} = \overline{O_1N_1}，\qquad \overline{O_2K} \cos\alpha_{K2} = \overline{O_2N_2}$$

又因 $\triangle O_1PN_1 \backsim \triangle O_2PN_2$，于是 $\dfrac{\overline{O_2N_2}}{\overline{O_1N_1}} = \dfrac{\overline{O_2P}}{\overline{O_1P}}$，由此可得

$$i_{12} = \frac{\omega_1}{\omega_2} = \frac{\overline{O_2K} \cos\alpha_{K2}}{\overline{O_1K} \cos\alpha_{K1}} = \frac{\overline{O_2N_2}}{\overline{O_1N_1}} = \frac{\overline{O_2P}}{\overline{O_1P}} \tag{6-1}$$

由式（6-1）可知，欲保证瞬时传动比为定值，则比值 $\overline{O_2P}/\overline{O_1P}$ 应为常数。因连心线 O_1O_2 为定长，故欲满足 $\overline{O_2P}/\overline{O_1P}$ 为常数，必须使 P 点为连心线上的定点。

因此，为使齿轮瞬时传动比保持恒定，其齿廓曲线必须符合下述条件，即不论两齿廓在何位置接触，过接触点（啮合点）的公法线必须与两齿轮的连心线交于一定点 P。这就是齿廓啮合基本定律。

定点 P 称为节点。以轴心 O_1、O_2 为圆心，过节点所作的圆称为节圆，O_1P、O_2P 分别为两齿轮的节圆半径，分别用 r'_1 和 r'_2 表示。节点就是两节圆的切点。从图 6-2 可以看出，一对外啮合齿轮的中心距 a 恒等于两节圆半径之和，即 $a = O_1O_2 = r'_1 + r'_2$。

满足齿廓啮合基本定律的一对齿轮的齿廓称为共轭齿廓。从理论上来说，可以作为共轭齿廓的曲线很多，但在生产实践中，必须从设计、制造、安装和使用等方面综合考虑，加以选择，目前常用的齿廓曲线有渐开线、摆线等。由于渐开线齿廓不但容易制造，而且便于安装、互换性好，所以渐开线齿廓应用最广，本章将主要介绍渐开线齿轮。

6.3 渐开线齿廓

1. 渐开线的形成及其性质

如图 6-3 所示，当直线 BK 沿一圆周做纯滚动时，直线上任意一点 K 的轨迹 AK 就是该圆的渐开线。这个圆称为渐开线的基圆，其半径用 r_b 表示。直线 BK 称为渐开线的发生线。渐开线所对应的中心角 θ_K 称为渐开线 AK 段的展角。渐开线齿轮的齿廓就是由同一基圆画出的两段对称的渐开线组成的。由渐开线的形成过程可知渐开线具有下列性质：

① 因为发生线在基圆上做纯滚动，所以它在基圆上滚过的一段长度等于基圆上被滚过的一段弧长，即 $BK = \overset{\frown}{AB}$。

② 渐开线上任意一点的法线恒切于基圆。直线 BK 是渐开线上 K 点的法线，线段 $\overline{BK}$ 为该点的曲率半径，B 点为曲率中心。渐开线离基圆越远的部分，其曲率半径越大而曲率越小，即渐开线越平直；反之，渐开线离基圆越近的部分，其曲率半径越小而曲率越大，即渐开线越弯曲。渐开线在基圆 A 点处的曲率半径等于零。

③ 渐开线上各点的压力角不相等。渐开线上任意一点的法线（压力方向线），与该点速度方向线所夹的锐角 α_K（见图 6-3），称为该点的压力角。由图 6-3 可知

$$\cos \alpha_K = \frac{\overline{OB}}{\overline{OK}} = \frac{r_b}{r_K} \tag{6-2}$$

式中，r_K 为 K 点的向径，向径越大，其压力角越大。基圆上的压力角为零。

④ 渐开线的形状取决于基圆的大小（见图 6-4）。基圆越小，渐开线越弯曲；基圆越大，渐开线越平坦；直线是基圆半径为无穷大的渐开线，齿条的齿廓就是这种直线齿廓。

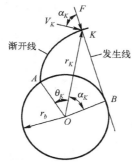

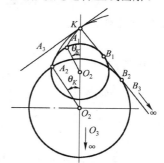

图 6-3　渐开线的形成　　　　　　图 6-4　基圆大小对渐开线形状的影响

⑤ 因渐开线是从基圆开始向外展开的，故基圆以内无渐开线。

2. 渐开线齿廓满足齿廓啮合基本定律

设图 6-5 中渐开线齿廓 C_1 和 C_2 在任意点 K 接触，过 K 点作两齿廓的公法线 NN 与两轮连心线交于 P 点。根据渐开线的特性，NN 必同时与两基圆相切，或者说，过啮合点所作的齿廓公法线为两基圆的内公切线。由于基圆的大小和位置都是不变的，所以同一方向的内公切线只有一条，它与连心线交点的位置是不变的，即无论两齿廓在何处接触，过接触点所作齿廓公法线均通过连心线上同一点 P，故渐开线齿廓满足齿廓啮合基本定律，其瞬时传动比

$$i_{12} = \frac{\omega_1}{\omega_2} = \frac{\overline{O_2 P}}{\overline{O_1 P}} = 常数$$

在图 6-5 中，$\triangle O_1 P N_1 \backsim \triangle O_2 P N_2$，故两轮的传动比还可以写成

$$i_{12} = \frac{\omega_1}{\omega_2} = \frac{\overline{O_2 P}}{\overline{O_1 P}} = \frac{r_2'}{r_1'} = \frac{r_{b2}}{r_{b1}} \tag{6-3}$$

即两轮的传动比不仅与两节圆半径成反比，同时还与两基圆半径成反比。因 $i \geq 1$，故在讨论一对齿轮传动时，下标 1 表示小轮，下标 2 表示大轮。在以后各章中，也按这一规则标注。

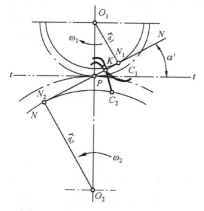

图 6-5　渐开线齿廓的啮合传动

3. 渐开线齿廓的其他啮合特性

渐开线齿轮传动除满足齿廓啮合基本定律外，还有下列特点。

① 啮合线为一直线。齿轮传动时，两齿廓啮合点的轨迹称为啮合线，由前述可知，任何位置的啮合点必在两轮基圆的内公切线上，故渐开线齿轮传动时的啮合线为一直线（见图 6-5 所示的 N_1N_2 线）。

② 啮合角为常数。啮合线与两节圆的公切线 tt 之间所夹的锐角称为啮合角，用 α' 表示，见图 6-5。因啮合线为一条固定直线，故啮合角 α' 为一常数，啮合角在数值上等于节圆上的压力角。

③ 渐开线齿轮传动的可分性。由于齿轮制造和安装的误差及轴承磨损等原因，齿轮的实际中心距与设计中心距往往不相等。由于渐开线齿轮的传动比与两轮基圆半径成反比，且齿轮制成后基圆大小是不变的，所以中心距变化了传动比也不变，这个性质称为渐开线齿轮传动的可分性。

6.4 齿轮各部分名称及渐开线标准直齿圆柱齿轮的几何尺寸计算

6.4.1 齿轮各部分名称

图 6-6 为直齿圆柱齿轮的一部分，其各部分的名称和符号如下。

① 齿顶圆：齿顶所确定的圆称为齿顶圆，其半径用 r_a 表示，直径用 d_a 表示。

② 齿根圆：齿槽底部所确定的圆称为齿根圆，其半径用 r_f 表示，直径用 d_f 表示。

③ 齿槽宽：相邻两齿之间的空间称为齿槽，在任意直径 d_k 的圆周上，齿槽两侧齿廓之间的弧长称为该圆的齿槽宽，用 e_k 表示。

④ 齿厚。在任意直径 d_k 的圆周上，轮齿两侧齿廓之间的弧长称为该圆的齿厚，用 s_k 表示。

⑤ 齿距。在任意直径 d_k 的圆周上，相邻两齿同侧齿廓之间的弧长称为该圆的齿距，用 p_k 表示。在同一圆周上，齿距等于齿厚与齿槽宽之和，即 $p_k=s_k+e_k$。设 z 为齿数，则根据齿距的定义可得 $\pi \cdot d_k=p_k z$，从而

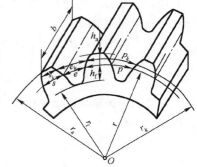

$$d_k = \frac{p_k}{\pi}z \qquad (6\text{-}4)$$

图 6-6 直齿圆柱齿轮的一部分

由式（6-4）可知，在不同直径的圆周上，比值 p_k/π 是不同的，而且包含无理数 π，这不但给计算带来不便，同时对齿轮的制造和检验都很不利。由渐开线性质可知，在不同直径的圆周上，齿廓各点的压力角 α_K 也是不等的。为了便于设计、制造及互换，我们把齿轮某一圆周上的比值 p_k/π 人为地规定为一些简单的数值（如 0.1，0.2，…，1，…），使该圆上的压力角也为标准值。这个圆称为分度圆，其直径用 d 表示。分度圆上的压力角简称为压力角，用 α 表示，我国规定的标准压力角为 20°。分度圆上的齿距 p 对 π 的比值称为模数，用 m（mm）表示，即

$$m = \frac{p}{\pi} \qquad (6\text{-}5)$$

分度圆直径为

$$d = \frac{p}{\pi}z = mz \qquad (6\text{-}6)$$

模数 m 是决定齿轮尺寸的一个重要参数。齿数相同的齿轮，模数越大，轮齿就越大，轮齿的抗弯曲能力也越强，所以模数 m 又是轮齿抗弯能力的重要标志。为了便于计算、制造、检验和互

换使用，齿轮的模数值已经标准化了。表 6-1 为 GB1357—1985 中的一部分。

表 6-1　标准模数系列 GB1357—1985（摘录）　　　　　　（mm）

第一系列	0.1 3	0.12 4	0.15 5	0.2 6	0.25 8	0.3 10	0.4 12	0.5 16	0.6 20	0.8 25	1 32	1.25 40	1.5 50	2	2.5
第二系列	0.35 9	0.7 (11)	0.9 14	1.75 18	2.25 22	2.75 28	(3.25) (30)	3.5 36	(3.75) 45	4.5	5.5	(6.5)	7		

　　注：① 本表适用于渐开线圆柱齿轮，对斜齿轮是指法向模数；② 优先采用第一系列，括号内的模数尽可能不用。

　　分度圆上的齿距、齿厚及齿槽宽分别用 s、e 和 p 表示，而且 $p=s+e=\pi m$。

　　① 齿顶高：轮齿在齿顶圆和分度圆之间的径向高度，用 h_a 表示。

　　② 齿根高：轮齿在齿根圆和分度圆之间的径向高度，用 h_f 表示。

$$\begin{cases} h_a = h_a^* m \\ h_f = (h_a^* + c^*)m \end{cases} \tag{6-7}$$

　　式中，h_a^* 为齿顶高系数（见表 6-2）；c^* 为顶隙系数（见表 6-2）。

　　③ 全齿高：轮齿在齿顶圆和齿根圆之间的径向高度，用 h 表示，故

$$h=h_a+h_f \tag{6-8}$$

表 6-2　渐开线圆柱齿轮的齿顶高系数和顶隙系数

	正常齿制 $m \geqslant 1$	正常齿制 $m < 1$	短齿制
h_a^*	1.0	1.0	0.8
c^*	0.25	0.35	0.3

　　④ 分度圆：齿轮上具有标准模数和标准压力角的圆。

　　⑤ 齿宽：轮齿在齿轮轴向的宽度，用 b 表示。

　　顶隙 $c=c^* m$，是指一对齿轮啮合时，一个齿轮的齿顶圆到另一个齿轮的齿根圆的径向距离。顶隙有利于润滑油的流动。

　　由此可以推出，齿顶圆直径 d_a 和齿根圆直径 d_f 的计算式为

$$d_a=d+2h_a=(z+h_a^*)m \tag{6-9}$$

$$d_f=d-2h_f=(z-2h_a^*-2c^*)m \tag{6-10}$$

　　分度圆上齿厚与齿槽宽相等，且齿顶高和齿根高为标准值的齿轮称为标准齿轮。因此，对于标准齿轮，有

$$s = e = \frac{p}{2} = \frac{\pi m}{2} \tag{6-11}$$

　　分度圆压力角用 α 表示，由式（6-2）可知，有

$$\cos\alpha = \frac{r_b}{r} \tag{6-12}$$

　　基圆直径的计算式为

$$d_b = d\cos\alpha \tag{6-13}$$

　　可以看出：分度圆大小相同的齿轮，如其压力角 α 不同，则基圆大小也不相同，因而其渐开线齿廓的形状也就不同。压力角 α 是决定渐开线齿廓形状的一个基本参数。为了制造、检验和互换使用方便，规定分度圆上的压力角为标准值，一般取 $\alpha=20°$（或 15°）。渐开线齿廓形状决定于模数、齿数和压力角三个基本参数。

6.4.2　标准直齿圆柱齿轮几何尺寸的计算

　　（1）齿轮

　　外啮合标准直齿圆柱齿轮几何尺寸的计算公式列于表 6-3 中。

表 6-3 外啮合标准直齿圆柱齿轮几何尺寸的计算公式

名　　　称	符　号	计　算　公　式
模数	m	根据强度计算或结构需要而定
压力角	α	$\alpha = 20°$
分度圆直径	d	$d_1 = mz_1, d_2 = mz_2$
齿顶圆直径	d_a	$d_{a1} = d_1 + 2h_a = (z_1 + 2h_a^*)m, d_{a2} = d_2 + 2h_a = (z_2 + 2h_a^*)m$
齿根圆直径	d_f	$d_{f1} = d_1 - 2h_f = (z_1 - 2h_a^* - 2c^*)m, d_{f2} = d_2 - 2h_f = (z_2 - 2h_a^* - 2c^*)m$
基圆直径	d_b	$d_{b1} = d_1 \cos\alpha, d_{b2} = d_2 \cos\alpha$
全齿高	h	$h = h_a + h_f = (2h_a^* + c^*)m$
齿顶高	h_a	$h_a = h_a^* m$
齿根高	h_f	$h_f = (h_a^* + c^*)m$
顶隙	c	$c = c^* m$
齿厚	s	$s = \pi m / 2$
齿槽宽	e	$e = \pi m / 2$
齿距	p	$p = \pi m$
基圆节距	p_b	$p_b = p \cos\alpha$
中心距	a	$a = \dfrac{(d_1 + d_2)}{2} = \dfrac{m}{2}(z_1 + z_2)$

（2）齿条

图 6-7 为一齿条，可以看作齿轮的一种特殊形式，即齿数为无穷多的齿轮。其基圆半径无穷大，所以齿条的渐开线齿廓为直线齿廓。其特点如下：

① 由于齿条的齿廓是直线，所以齿廓上各点的法线是平行的。又由于齿条是做直线移动的，齿廓上各点的速度大小和方向一致，故齿廓上各点的压力角相同，其大小等于齿廓的压力角 α（取标准值 20°或 15°）。

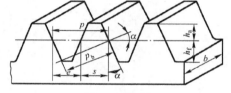

图 6-7 齿条

② 由于齿条上各齿同侧齿廓是平行的，因此分度线上、齿顶线上或与其平行的其他直线上的齿距均相等，即 $p = \pi m$。

齿条的基本尺寸，可参照标准直齿圆柱齿轮几何尺寸的计算公式进行计算，如下式所示。

$$齿条的齿顶高 \ h_a = h_a^* m$$

$$齿条的齿厚 \ s = \frac{\pi m}{2}$$

$$齿条的齿根高 \ h_f = (h_a^* + c^*)m$$

$$齿条的齿槽宽 \ e = \frac{\pi m}{2}$$

6.5 渐开线标准直齿圆柱齿轮的啮合传动

1. 齿轮传动的正确啮合条件

齿轮传动时，一对轮齿仅互相啮合一段时间就分离了，由后一对轮齿继续传动。那么在依次啮合中，一对齿轮的轮齿要实现正确啮合传动应该具备什么条件呢？如图 6-8 所示，一对齿轮要实现正确啮合传动，则应使两齿轮的相邻两齿同侧齿廓在啮合线上的距离相等，即两齿轮的法向齿距应相等。由渐开线性质可知，齿轮的法向齿距与基圆齿距在数值上相等，于是

$$p_{b1}=p_{b2} \tag{6-14}$$

而 $p_{b1}=p_1\cos\alpha_1=\pi m_1\cos\alpha_1$，$p_{b2}=p_2\cos\alpha_2=\pi m_2\cos\alpha_2$，所以 $\pi m_1\cos\alpha_1=\pi m_2\cos\alpha_2$。

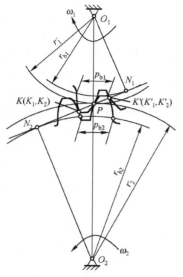

由于齿轮的模数和压力角均已标准化，为满足上式必须有

$$\begin{cases} m_1 = m_2 = m \\ \alpha_1 = \alpha_2 = \alpha \end{cases} \tag{6-15}$$

式（6-15）表明，渐开线齿轮正确啮合条件是两轮分度圆上的模数和压力角必须分别相等。于是，一对齿轮的传动比可写成

$$i_{12} = \frac{\omega_1}{\omega_2} = \frac{d_2'}{d_1'} = \frac{d_{b2}}{d_{b1}} = \frac{d_2}{d_1} = \frac{z_2}{z_1} \tag{6-16}$$

2. 齿轮传动的标准中心距

齿轮传动时，一齿轮节圆上的齿槽宽与另一齿轮节圆上的齿厚之差称为齿侧间隙。为消除齿轮反向传动的空程和减小冲击，要求齿侧间隙等于零。也就是说，一齿轮节圆上的齿厚应等于另一齿轮节圆上的齿槽宽，即 $s_1'=e_2'$，$s_2'=e_1'$。

由前述已知，标准齿轮分度圆的齿厚与齿槽宽相等。又知正确啮合的一对渐开线齿轮模数和压力角分别相等，故

图 6-8　正确啮合条件

$s_1=e_1=s_2=e_2=\pi m/2$。安装时分度圆与节圆重合（即两轮分度圆相切），如图 6-9(a)所示，这种安装是标准安装。此时 $s_1'-e_2'=s_1-e_2=0$，即齿侧间隙为零。

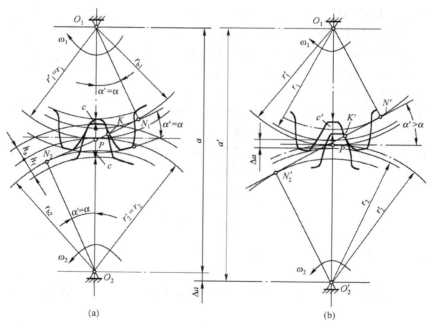

(a)　　　　　　　　　　　　　(b)

图 6-9　渐开线齿轮传动的可分性

一对标准齿轮分度圆相切时的中心距称为标准中心距，以 a 表示：

$$a = r_1' + r_2' = r_1 + r_2 = \frac{m(z_1+z_2)}{2} \tag{6-17}$$

此时，啮合角 α' 等于分度圆上的压力角 α，正确安装时无齿侧间隙。因两轮分度圆相切，

故顶隙
$$c = h_f - h_a = c^* m \qquad (6-18)$$

在生产实际中，由于齿轮制造和安装的误差，齿轮实际中心距与标准中心距往往不同。两轮的分度圆不再相切，这时节圆与分度圆不重合，如图 6-9(b)所示，实际中心距 a' 与标准中心距 a 的关系为 $a'\cos\alpha' = a\cos\alpha$。由于两齿轮制成后，基圆半径不变，所以中心距改变后传动比并不改变。渐开线齿轮传动的这一特性称为传动的可分性。这种传动的可分性对于渐开线齿轮的加工和装配都十分有利。因为一对正确啮合的渐开线齿轮分度圆的压力角大小相等，所以不论齿轮安装是否正确，其传动比均为

$$i_{12} = \frac{\omega_1}{\omega_2} = \frac{d_2'}{d_1'} = \frac{d_{b2}}{d_{b1}} = \frac{d_2}{d_1} = \frac{z_2}{z_1} = 常数$$

3. 齿轮传动的连续传动条件

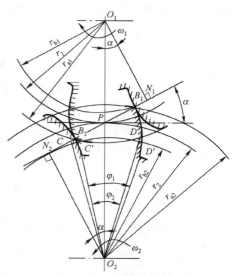

如图 6-10 所示，设齿轮 1 为主动轮，齿轮 2 为从动轮。当两轮的一对齿开始啮合时，是主动轮的齿根推动从动轮的齿顶，所以开始啮合点是从动轮的齿顶圆与啮合线 N_1N_2 的交点 B_1。当两轮继续转动时，啮合点的位置沿啮合线 N_1N_2 向下移动，终止啮合点是主动轮的齿顶圆与啮合线 N_1N_2 的交点 B_2，线段 B_1B_2 为啮合点的实际轨迹，故称为实际啮合线。

当两轮齿顶圆增大时，点 B_1 和 B_2 趋近于点 N_1 和 N_2，但因基圆以内没有渐开线，故实际啮合线不能超过极限啮合点 N_1 和 N_2，线段 N_1N_2 称为理论啮合线。

一对齿轮传动除应满足正确啮合条件外，还应满足连续传动条件。所谓连续传动条件，就是：一对互相啮合的齿轮，当前面一对轮齿开始分离时，其后面的一对轮齿必须进入啮合。若前一对轮齿已退出啮合，后一对轮齿还未进入啮合，那么其间就会有一段时间从动轮将停止转动，致使传动中断，从而做不到连续传动。因此为了保证连续传动，应使 $B_1B_2 \geqslant P_b$。

图 6-10　齿轮的重合度

一对齿由开始啮合到终止啮合，分度圆上任意一点所经过的弧长称为啮合弧，图 6-10 中圆弧 $\overset{\frown}{CD}$ 就是啮合弧。一对轮齿从开始啮合到终止啮合的过程中，该齿在基圆上所经过的弧长为 $\overset{\frown}{C'D'}$，由渐开线性质可知 $\overset{\frown}{C'D'} = \overline{B_1B_2}$。令

$$\varepsilon = \frac{\overline{B_1B_2}}{P_b} = \frac{\overset{\frown}{C'D'}}{P\cos\alpha} = \frac{\overset{\frown}{CD}\cos\alpha}{P\cos\alpha} = \frac{\overset{\frown}{CD}}{P} \geqslant 1 \qquad (6-19)$$

啮合弧与齿距之比称为重合度，用 ε 表示。式（6-19）为齿轮连续传动的条件。显然，重合度越大，表示同时啮合的轮齿的对数越多，则齿轮传动越平稳。考虑到齿轮的制造和安装的误差，为了确保齿轮传动的连续性，应使 $\varepsilon \geqslant 1.2$。

根据齿轮传动的几何关系，可求出重合度的计算公式。对于正确安装的标准齿轮传动

$$\varepsilon = \frac{1}{2\pi}\left[z_1(\tan\alpha_{a1} - \tan\alpha) + z_2(\tan\alpha_{a2} - \tan\alpha)\right] \qquad (6-20)$$

式中，α_{a1} 为齿轮 1 齿顶圆压力角，$\alpha_{a1} = \arccos\dfrac{r_{b1}}{r_{a1}}$；$\alpha_{a1}$ 为齿轮 2 齿顶圆压力角，$\alpha_{a2} = \arccos\dfrac{r_{b2}}{r_{a2}}$。

6.6 渐开线齿轮的切齿原理与根切现象

6.6.1 渐开线齿轮的切齿原理

齿轮的加工方法很多，目前最常用的是切制法，按其切制原理可分为成型法和范成法两种。

1. 成型法

成型法是用渐开线齿形的成型铣刀直接切出齿形，常用的有盘形铣刀（见图 6-11(a)）和指状铣刀（见图 6-11(b)）两种。对于齿数为 z 的齿轮，加工时，铣刀绕本身轴线旋转，同时轮坯沿齿轮轴线方向直线移动。铣出一个齿槽以后，轮坯退回到原来位置，然后利用分度头将轮坯转过 $360°/z$，再铣第二个齿槽，这样逐个铣完所有齿槽。

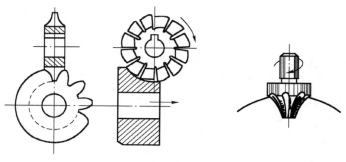

(a) 盘形铣刀   (b) 指状铣刀

图 6-11 成型法切齿

由渐开线的性质可知，渐开线的形状决定于基圆的大小，而基圆的半径 $r_b = \dfrac{mz}{2}\cos\alpha$，所以当 m、α 一定时，齿数 z 不同，齿形就不同。因此，要切出准确的齿廓，在 m、α 相同的情况下，每种齿数的齿轮都需要一把铣刀，显然这是不经济的。所以，在生产中加工 m、α 相同的齿轮时，根据齿数的不同，一般只备有 8 把（或 15 把）齿轮铣刀。表 6-4 为 8 把一组的齿轮铣刀每号铣刀铣制齿轮的齿数范围。

表 6-4 每号铣刀铣制齿轮的齿数范围

刀 号	1	2	3	4	5	6	7	8
加工齿数范围	12~13	14~16	17~20	21~25	26~34	35~54	55~134	135 以上

这种切齿方法简单，不需要专用机床，但由于加工不连续，所以生产率低。另外，因为铣刀的号数有限，各号铣刀的齿形按组内最少齿数的齿形制造，所以被加工齿轮精度较低，仅适用于单件生产及精度要求不高的齿轮加工。

2. 范成法

范成法是利用一对齿轮（或齿轮与齿条）互相啮合时其共轭齿廓互为包络线的原理来切齿的。如果把其中一个齿轮（或齿条）做成刀具，就可以切出与其共轭的渐开线齿廓。范成法切齿的常用刀具如下。

（1）齿轮插刀

齿轮插刀的形状如图 6-12(a)所示，其外形像一个具有刀刃的外齿轮。但刀具顶部比正常齿高出 c^*m，以便切出径向间隙部分。插齿时，插刀沿轮坯轴线方向做往复切削运动，同时强迫插刀与轮坯模仿一对齿轮传动那样以一定的角速比转动（见图 6-12(b)），直至全部齿槽切削完毕。

因齿轮插刀的齿廓是渐开线，所以加工出的齿轮的齿廓也是渐开线。根据齿轮的正确啮合条件，被切齿轮的模数和压力角必与齿轮插刀的模数和压力角相等。若改变插刀与轮坯的传动比，用一把刀具就可以加工出不同齿数的齿轮。故用同一把齿轮插刀加工出的不同齿数的齿轮都能正确啮合传动。

由于用齿轮插刀加工齿轮时切削是不连续的，因而生产率较低。但利用齿轮插刀可以很方便地切制内齿轮。

（2）齿条插刀

当齿轮插刀的齿数增加到无穷多时，齿轮插刀就成为齿条插刀了，齿条插刀又叫梳齿刀。图 6-13 为用齿条插刀切制齿轮的情形。其切齿原理与齿轮插刀加工齿轮的原理相同，刀具顶部比普通齿条多出一段 c^*m，用于在被加工齿轮的齿根部分切出径向间隙。

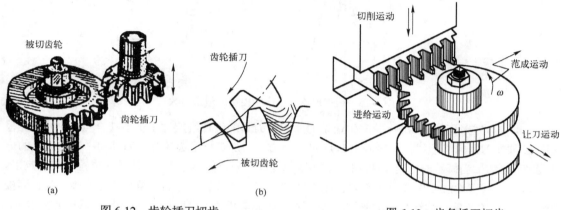

图 6-12　齿轮插刀切齿　　　　　　　　图 6-13　齿条插刀切齿

在切制标准齿轮时，应使轮坯径向进给直至刀具中线与轮坯分度圆相切并保持纯滚动。这样切成的齿轮，分度圆齿厚与分度圆齿槽宽相等，即 $s=e$，且模数和压力角与刀具的模数和压力角分别相等。

（3）齿轮滚刀

以上两种刀具都只能间断地切削，生产率较低，目前广泛采用齿轮滚刀，能连续切削，生产率较高。图 6-14 表示滚刀及其加工齿轮的情况。滚刀形状很像螺旋，它的轴向截面为一齿条。滚刀转动时就相当于齿条移动，所以用滚刀切制齿轮的原理与齿条插刀切制齿轮的原理基本相同。不过，齿条插刀的切削运动和范成运动已被滚刀刀刃的螺旋运动所代替，其切削是连续的，因而滚刀加工较之插刀加工生产率更高。滚刀除旋转外，还沿轮坯的轴向逐渐移动，以便切

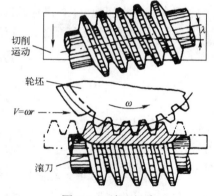

图 6-14　滚刀切齿

出整个齿宽。滚切直齿轮时，为了使刀齿螺旋线方向与被切轮齿方向一致，在安装滚刀时需使其轴线与轮坯端面成一滚刀升角 λ。

用范成法加工齿轮时，只要选用的刀具与被加工齿轮的模数 m 和压力角 α 相同，则不管被加工齿轮齿数的多少，都可以用同一把刀加工，而且生产率较高，因此在大批量生产中多采用这种方法来加工齿轮。

6.6.2 根切现象和最小齿数

一对标准齿轮的模数和传动比一定时，齿数少则机构紧凑。用范成法加工时，如果齿轮的齿数太少，则刀具的齿顶将会把根部已加工好的渐开线齿廓切去一部分，这种现象称为根切现象，如图 6-15(a)所示。显然，根切导致轮齿根部变薄，降低轮齿的弯曲强度；同时，使渐开线变短，破坏了正确齿形，减小重合度，影响传动的平稳性，所以应设法避免根切现象。

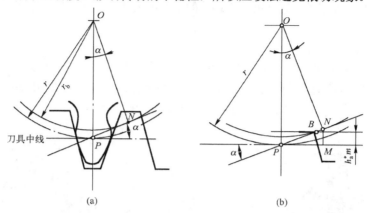

(a)   (b)

图 6-15   根切现象和不产生根切的最小齿数

如图 6-15(b)所示，标准齿轮产生根切的原因是刀具的齿顶线超过了极限啮合点 N。为避免根切，必须使刀具的齿顶线位于极限啮合点 N 的下方。但加工标准齿轮时，刀具的中线与齿轮的分度圆切于点 P。当模数一定时，刀具的齿顶高 $h_a = h_a^* m$ 为一定值，故刀具齿顶线的位置也就确定了。

因此，只有设法使极限啮合点 N 沿啮合线移至刀具齿顶线上方的位置才不会产生根切。而极限啮合点 N 的位置与被切齿轮的基圆半径有关，基圆半径越小，则极限啮合点 N 越接近节点 P，齿条刀具的齿顶线越易超过 N 点，此时越易产生根切现象。又因为基圆半径 $r_b = 0.5mz\cos\alpha$，而 m、α 皆为定值（与刀具的 m、α 相同），所以被切齿轮的齿数越少，越易发生根切现象。由此可知，为了避免发生根切现象，标准齿轮的齿数应有一个最少的限度。用齿条插刀或滚刀加工标准齿轮，要使被切齿轮不产生根切现象，则刀具的齿顶线不得超过 N 点，即 $\overline{PN} \geqslant \overline{PB}$。而

$$\overline{PN} = \frac{mz}{2}\sin\alpha, \qquad \overline{PB} = \frac{h_a^* m}{\sin\alpha}$$

因此

$$z \geqslant \frac{2h_a^*}{\sin^2\alpha} \tag{6-21}$$

所以

$$z_{min} = \frac{2h_a^*}{\sin^2\alpha}$$

当 $\alpha = 20°$，$h_a^* = 1$ 时，$z_{min}=17$。标准齿轮用齿条插刀或滚刀加工时，不产生根切的最小齿数 $z_{min}=17$，因此为了避免根切，应使小齿轮的齿数 $z_1 \geqslant 17$。

6.6.3   变位齿轮

标准齿轮有许多优点，因而得到广泛应用，但也存在不足之处。

① 标准齿轮的齿数 $z_1 \geqslant z_{min}$。如前文所述，当采用范成法加工齿轮时，若被切齿轮的齿数 $z < z_{min}$，则必将产生根切。

② 标准齿轮不适用于实际中心距 a' 不等于标准中心距 a 的场合。若 $a' < a$，则无法安装；若 $a' > a$，

虽可安装，但齿侧间隙增大，重合度减小，传动不平稳。

③ 一对材料相同的标准齿轮传动，由于小齿轮的齿根厚度较薄，而且啮合次数又较多，因而小齿轮轮齿的强度较弱，磨损较严重，也就容易损坏。

为了解决上述矛盾，人们提出对齿轮进行变位修正，即采用变位齿轮。

当被加工齿轮齿数小于 z_{min} 时，为避免根切，可以采用将刀具移离轮坯，使刀具齿顶线低于极限啮合点 N 的办法来切齿。用改变刀具与轮坯的相对位置来切制齿轮的方法称为变位，变位切制所得的齿轮称为变位齿轮。

以切制标准齿轮时的位置为基准，刀具所移动的距离 xm 称为变位量，x 称为变位系数。规定当刀具远离轮坯中心时称为正变位，$x>0$；当刀具移近轮坯中心时称为负变位，$x<0$。

变位齿轮与标准齿轮相比具有如下特点。

① 切制变位齿轮与标准齿轮所用刀具和分度运动传动比是一样的，因而它们的模数和压力角相同，分度圆和基圆也相同。齿廓曲线是同一个基圆展出的渐开线，只是两者所截取的区段不同，如图 6-16 所示。因为各区段渐开线的曲率半径不同，所以可用变位的方法来改善齿轮传动的质量。

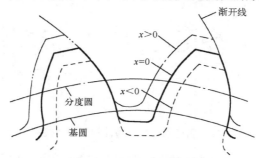

图 6-16 变位齿轮与标准齿轮的比较

② 标准齿轮分度圆齿厚与齿槽宽相等 $s=e$，正变位齿轮 $s>e$，而负变位齿轮 $s<e$。

③ 正变位齿轮的齿根高减小了，而齿顶高增大了；负变位齿轮与此正好相反。

④ 正变位齿轮的齿根变厚了，而负变位齿轮的齿根变薄了，因此采用正变位齿轮可提高轮齿的强度。

变位系数选择与齿数有关，对于 $h_a^*=1$ 的齿轮，最小变位系数为

$$x_{min} = \frac{17-z}{17} \tag{6-22}$$

6.7 斜齿圆柱齿轮机构

平行轴齿轮传动相当于一对节圆柱的纯滚动，所以平行轴斜齿轮又称为斜齿圆柱齿轮，简称斜齿轮。

6.7.1 斜齿圆柱齿轮齿廓曲面的形成及其啮合特点

如图 6-17(a)所示，直齿圆柱齿轮的齿廓曲面是发生面 S 在基圆柱上做纯滚动时，由其上任一与基圆柱母线 NN 平行的直线 KK 所展出的渐开线曲面。当一对直齿圆柱齿轮啮合时，轮齿的接触线是与轴线平行的直线，如图 6-17(b)所示，轮齿沿整个齿宽突然同时进入啮合和退出啮合，所以容易引起冲击、振动和噪声，传动平稳性差。

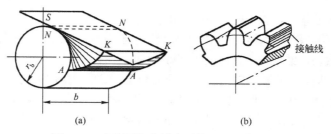

图 6-17　直齿圆柱齿轮齿面的形成及接触线

斜齿圆柱齿轮齿廓曲面形成的原理和直齿轮类似，不同的是，形成渐开线齿面的直线 KK 不平行于 NN 而与它成一个角度 β_b。如图 6-18(a)所示，当发生面 S 沿基圆柱滚动时，斜直线 KK 的轨迹为一渐开线螺旋面，即斜齿圆柱齿轮的齿廓曲面。直线 KK 与基圆柱母线的夹角 β_b 称为基圆柱上的螺旋角。由斜齿圆柱齿轮齿廓曲面的形成可见，其端面（垂直于其轴线的截面）的齿廓曲线为渐开线。从端面看，一对渐开线斜齿轮传动就相当于一对渐开线直齿轮传动，所以也满足定角速比的要求。

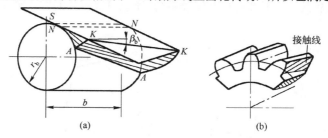

图 6-18　斜齿圆柱齿轮齿面的形成及接触线

如图 6-18(b)所示，斜齿轮啮合传动时，齿廓曲面的接触线是与轴线倾斜的直线，接触线的长度是变化的，开始时接触线长度由短变长，然后由长变短，直至脱离啮合。这说明斜齿轮的啮合情况是沿着整个齿宽逐渐进入和退出啮合的，故与直齿圆柱齿轮相比，传动平稳，冲击和噪声小。

6.7.2　斜齿圆柱齿轮的基本参数和几何尺寸的计算

（1）螺旋角

螺旋角 β 的大小表示斜齿圆柱齿轮轮齿的倾斜程度，是反映斜齿轮特征的一个重要参数。斜齿圆柱齿轮的各圆柱面上的螺旋角是不同的，通常所说的斜齿圆柱齿轮螺旋角如不特别指明，是指分度圆上的螺旋角。螺旋角 β 越大，轮齿越倾斜，则重合度越大，传动的平稳性越好，但轴向力也越大。一般设计时常取 $\beta=8°\sim20°$。

（2）法面参数与端面参数间的关系

由于斜齿圆柱齿轮的齿向倾斜，故有端面和法面之分。垂直于轴线的平面称为端面，与分度圆柱螺旋线垂直的平面则称为法面。

图 6-19 为斜齿圆柱齿轮分度圆柱面的展开图，可知端面齿距 p_t 与法面齿距 p_n 的关系为

$$p_n=p_t\cos\beta \tag{6-23}$$

若以 m_t、m_n 分别表示端面模数和法面模数，因为 $p_t=\pi m_t$，$p_n=\pi m_n$，故有

$$m_n=m_t\cos\beta \tag{6-24}$$

法面压力角 α_n 与端面压力角 α_t 的关系由图 6-20 可知

$$\tan\alpha_t=\frac{\overline{BD}}{\overline{AB}}, \qquad \tan\alpha_n=\frac{\overline{B_1D}}{\overline{A_1B_1}}$$

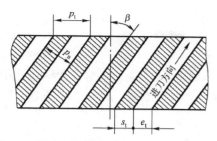

图 6-19　斜齿圆柱齿轮分度圆柱面的展开图

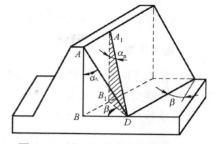

图 6-20　端面压力角和法面压力角

而 $B_1D=BD\cos\beta$，$A_1B_1=AB$，所以

$$\tan\alpha_n=\tan\alpha_t\cos\beta \qquad\qquad (6-25)$$

端面齿顶高系数和端面顶隙系数：因为无论是从法面来看还是从端面来看，轮齿的齿顶高是相同的，顶隙也是相同的，可以得到

$$h_{at}^*=h_{an}^*\cos\beta \qquad\qquad (6-26)$$

$$c_t^*=c_n^*\cos\beta \qquad\qquad (6-27)$$

用铣刀切制斜齿轮时，铣刀的齿形应等于齿轮的法面齿形；在强度计算时，也需要研究法面齿形，因此国标规定斜齿轮的法面参数 m_n、α_n、h_{an}^*、c_n^* 取为标准值，而端面参数为非标准值。

（3）斜齿圆柱齿轮几何尺寸的计算

一对斜齿轮传动在端面上相当于一对直齿轮传动，故可将直齿轮的几何尺寸计算公式用于斜齿轮的端面。渐开线标准斜齿轮的几何尺寸可按表 6-5 进行计算。

表 6-5　渐开线标准斜齿轮几何尺寸计算公式

名　称	符　号	计算公式和说明
螺旋角	β	一般取 $\beta=8°\sim20°$
端面模数	m_t	$m_t=\dfrac{m_n}{\cos\beta}$　（m_n 为标准值）
端面压力角	α_t	$\tan\alpha_t=\dfrac{\tan\alpha_n}{\cos\beta}$　（$\alpha_n=20°$）
端面齿顶高系数	h_{at}^*	$h_{at}^*=h_{an}^*\cos\beta$，$h_{an}^*=1$
端面顶隙系数	c_t^*	$c_t^*=c_n^*\cos\beta$
齿顶高	h_a	$h_a=h_{an}^*m_n=m_n$　（h_{an}^* 为标准值）
齿根高	h_f	$h_f=(h_{an}^*+c_n^*)m_n=1.25m_n$　（c_n^* 为标准值）
全齿高	h	$h=h_a+h_f=2.25m_n$
顶隙	c	$c=h_f-h_a=0.25m_n$
分度圆直径	d_1，d_2	$d_1=m_tz_1=\dfrac{m_nz_1}{\cos\beta}$，$d_2=m_tz_2=\dfrac{m_nz_2}{\cos\beta}$
齿顶圆直径	d_{a1}，d_{a2}	$d_{a1}=d_1+2h_a$，$d_{a2}=d_2+2h_a$
齿根圆直径	d_{f1}，d_{f2}	$d_{f1}=d_1-2h_f$，$d_{f2}=d_2-2h_f$
中心距	a	$a=\dfrac{d_1+d_2}{2}=\dfrac{m_t}{2}(z_1+z_2)=\dfrac{m_n(z_1+z_2)}{2\cos\beta}$

由表 6-5 可知，斜齿圆柱齿轮传动的中心距 a 除与模数 m_n、两齿数和有关外，还与螺旋角 β 有关，因此可通过改变螺旋角 β 的大小调整中心距，而不一定采用变位的方法。

6.7.3 斜齿圆柱齿轮的正确啮合条件和重合度

1. 正确啮合条件

一对斜齿轮的正确啮合，除两轮的模数和压力角必须相等以外，外啮合时两轮分度圆柱螺旋角（以下简称螺旋角）β 也必须大小相等、方向相反，即一个为左旋，另一个为右旋。

正确啮合条件为

$$\begin{cases} m_{n1} = m_{n2} \\ \alpha_{n1} = \alpha_{n2} \\ \beta_1 = \pm\beta_2 \end{cases} \tag{6-28}$$

式（6-28）表明，平行轴斜齿轮传动两轮螺旋角大小相等，外啮合时旋向相反，取 "–"，内啮合时旋向相同，取 "+"。

2. 重合度

由于斜齿轮啮合的特点，计算斜齿轮重合度时必须考虑螺旋角 β 的影响。图 6-21 为两个端面参数（齿数、模数、压力角、齿顶高系数及顶隙系数）完全相同的标准直齿轮和标准斜齿轮的分度圆柱面展开图。直线 B_1B_1 和 B_2B_2 之间的区域表示啮合区。

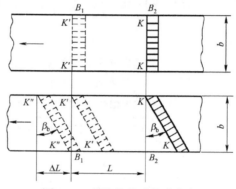

图 6-21　斜齿轮传动的重合度

直齿轮运转时，齿轮在 KK 线处沿整个齿宽同时开始啮合，而在 $K'K'$ 处沿整个齿宽同时脱离。斜齿轮运转时，齿轮也是在 KK 线处开始啮合，但仅是从一端进入啮合，当转到 $K'K'$ 位置时，轮齿从一端开始脱离，直到继续转到 $K''K''$ 位置时，才全部脱离啮合。显然，斜齿轮比直齿轮多转过一段弧长 ΔL，因此斜齿轮传动重合度的增量为

$$\Delta\varepsilon = \frac{\Delta L}{p_{bt}} = \frac{b\tan\beta_b}{p_{bt}} = \frac{b\tan\beta\cos\alpha_t}{p_t\cos\alpha_t} = \frac{b\tan\beta}{p_t}$$

式中，p_{bt} 为端面基节。

设 ε_t 为端面重合度，即与斜齿轮端面参数相同的直齿轮的重合度，则斜齿轮的重合度为

$$\varepsilon = \varepsilon_t + \Delta\varepsilon = \varepsilon_t + \frac{b\tan\beta}{p_t} \tag{6-29}$$

由式（6-29）可见，斜齿轮的重合度随螺旋角 β 和齿宽 b 的增大而增大，其值可以达到很大。这是斜齿轮传动平稳、承载能力较高的主要原因之一。

6.7.4 斜齿圆柱齿轮的当量齿数

用成型法加工斜齿圆柱齿轮时，铣刀是沿螺旋齿槽方向进刀的。而进行强度计算时，也必须

知道斜齿轮的法面齿形。因此，刀具需按斜齿轮的法面齿形来选择。但要精确计算法面齿形较困难，通常用下述近似齿形代替。

如图 6-22 所示，过斜齿轮分度圆柱面上的任一点 C 作轮齿螺旋线的法面，该法面与分度圆柱的交线为一椭圆。在此剖面上，点 C 附近的齿形可近似地看成斜齿圆柱齿轮的法面齿廓。其长半轴 $a=d/(2\cos\beta)$，短半轴 $b=d/2$。椭圆在 C 点处的曲率半径 $\rho=\dfrac{a^2}{b}=\dfrac{d}{2\cos^2\beta}$。

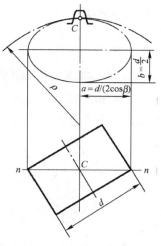

若以曲率半径 ρ 为分度圆半径，以斜齿轮法面模数 m_n 为模数，取法面压力角 α_n 作一直齿圆柱齿轮，此直齿圆柱齿轮的齿形与斜齿圆柱齿轮的法面齿廓十分相近。该直齿圆柱齿轮称为斜齿圆柱齿轮的当量齿轮，其齿数称为斜齿轮的当量齿数，用 z_v 表示，即

$$z_v=\frac{2\rho}{m_n}=\frac{d}{m_n\cos^2\beta}=\frac{m_n z}{m_n\cos^3\beta}=\frac{z}{\cos^3\beta} \qquad (6\text{-}30)$$

用成型法加工时，应按当量齿数选择铣刀刀号；强度计算时，可按一对当量直齿轮传动近似计算一对斜齿轮传动。正常标准斜齿轮不发生根切的齿数可按下式求得

$$z_{min}=z_{vmin}\cos^3\beta=17\cos^3\beta \qquad (6\text{-}31)$$

图 6-22　斜齿轮的当量齿轮

6.7.5　斜齿圆柱齿轮的优缺点

与直齿轮相比，斜齿轮具有以下优点：

① 齿廓接触线是斜线，轮齿是逐渐进入啮合和逐渐脱离啮合的，故运转平稳，冲击和噪声小。

② 重合度较大，且随齿宽和螺旋角的增大而增大，故承载能力较强，运转平稳，适于高速传动。

③ 斜齿轮最小齿数小于直齿轮的最小齿数 z_{min}。

斜齿轮的主要缺点是斜齿齿面受法向力时会产生轴向分力 F_a（见图 6-23(a)），需要安装推力轴承，从而使结构复杂化。为了克服这一缺点，可以采用人字齿轮（见图 6-23(b)）。人字齿轮可看成螺旋角大小相等、方向相反的两个斜齿轮合并而成，因左右对称而使轴向力互相抵消。人字齿轮的缺点是制造较困难，成本较高。

图 6-23　斜齿轮的轴向力

由上述可知，螺旋角 β 的大小对斜齿轮传动性能影响很大，若 β 太小，则斜齿轮的优点不能充分体现；若 β 太大，则会产生很大的轴向力。设计时一般取 $\beta=8°\sim20°$。

6.8　圆锥齿轮机构

圆锥齿轮用于相交两轴之间的传动，其轮齿有直齿、曲齿等类型，直齿圆锥齿轮的设计、制造和安装均较简便，故应用最为广泛。圆锥齿轮的轮齿分布在圆锥面上，所以齿形从大端到小端逐渐缩小。与圆柱齿轮传动相似，一对圆锥齿轮的运动相当于一对节圆锥的纯滚动。除节圆锥以外，圆锥齿轮还有分度圆锥、齿顶圆锥和基圆锥。图 6-24 表示一对正确安装的标准直齿圆锥齿轮，其节圆锥与分度圆锥重合。设 δ_1 和 δ_2 分别为小齿轮和大齿轮的分度圆锥角，Σ 为两轴线的交角。

本节仅介绍应用最广泛的两轴交角 $\Sigma=\delta_1+\delta_2=90°$ 的直齿圆锥齿轮传动。

1. 直齿圆锥齿轮的传动比

δ_1、δ_2 为两轮分度圆锥角，两轮大端分度圆直径分别为 d_1、d_2，齿数分别为 z_1、z_2。当 $\delta_1+\delta_2=90°$ 时，传动比为

$$i=\frac{\omega_1}{\omega_2}=\frac{d_2}{d_1}=\frac{z_2}{z_1}=\frac{\sin\delta_2}{\sin\delta_1}=\tan\delta_2 \tag{6-32}$$

2. 直齿圆锥齿轮的背锥和当量齿数

如图 6-25 所示，平面 S（发生面）与基圆锥相切，并在其上进行纯滚动时，该平面上任意点 B 描绘出的轨迹为球面渐开线 AB，所以圆锥齿轮的理论齿廓曲线就是以锥顶 O 为球心的球面渐开线。

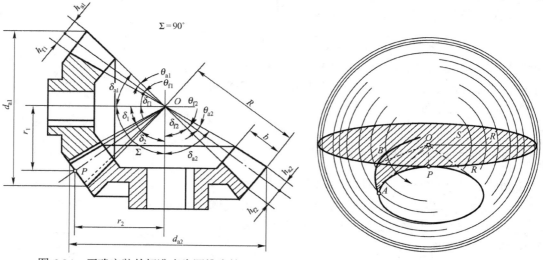

图 6-24　正确安装的标准直齿圆锥齿轮　　　　图 6-25　圆锥齿轮的理论齿廓曲线

（1）背锥

圆锥齿轮的齿廓曲线在理论上是球面曲线，但是球面不能展成平面，这给圆锥齿轮的设计和

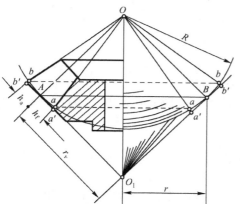

图 6-26　具有球面渐开线齿廓的直齿圆锥齿轮

制造带来很多困难，因此通常采用近似曲线代替。

图 6-26 为一具有球面渐开线齿廓的直齿圆锥齿轮，OAB 表示分度圆锥，$\overset{\frown}{bA}$ 和 $\overset{\frown}{aA}$ 为球面上齿形的齿顶高和齿根高。过分度圆锥上的点 A 作球面的切线 AO_1，与分度圆锥的轴线交于点 O_1。以 OO_1 为轴，O_1A 为母线作一圆锥体，该圆锥称为背锥。显然，背锥与球面切于圆锥齿轮大端的分度圆上，如图 6-26 右半部所示。将球面渐开线齿形投影到背锥上，自点 A 和点 B 取齿顶高和齿根高得 b' 点和 a' 点。由图可见，在点 A 和点 B 附近，背锥面与球面非常接近。因此，可近似地用背锥上的齿形来代替球面齿形，同时背锥面可以展成平面，这样将给圆锥齿轮的设计和制造带来极大的方便。

（2）当量齿数

将背锥面展成一扇形平面，故圆锥齿轮传动可以转化为平面扇形齿轮传动，如图 6-27 所示。

将扇形齿轮补足成完整的直齿圆柱齿轮，则该齿轮即为直齿圆锥齿轮的当量齿轮，其齿数称为当量齿数，用 z_v 表示。

由图 6-27 可知，当量齿轮的分度圆半径为

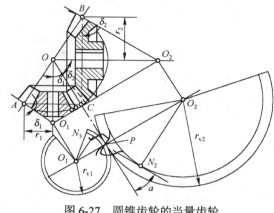

$$r_{v1} = \frac{r_1}{\cos\delta_1} = \frac{mz_1}{2\cos\delta_1}$$

$$r_{v2} = \frac{r_2}{\cos\delta_2} = \frac{mz_2}{2\cos\delta_2}$$

式中，m 为圆锥齿轮大端模数。

又 $r_{v1} = \dfrac{mz_{v1}}{2}$，$r_{v2} = \dfrac{mz_{v2}}{2}$，故

$$\begin{cases} z_{v1} = \dfrac{z_1}{\cos\delta_1} \\[2mm] z_{v2} = \dfrac{z_2}{\cos\delta_2} \end{cases} \quad (6\text{-}33)$$

图 6-27　圆锥齿轮的当量齿轮

式中，z_1、z_2 为两直齿圆锥齿轮的实际齿数；δ_1、δ_2 为两齿轮的分度圆锥角。

在选择齿轮铣刀的刀号、轮齿弯曲强度计算及确定不产生根切的最小齿数时，都是以 z_v 为依据的。

直齿圆锥齿轮的正确啮合条件由当量圆柱齿轮的正确啮合条件得到，即两齿轮的大端模数和压力角分别相等，即 $m_1 = m_2 = m$，$\alpha_1 = \alpha_2 = \alpha$。除此以外，二轮的锥距还必须相等。

3. 直齿圆锥齿轮几何尺寸计算

为了便于计算和测量，圆锥齿轮的参数和几何尺寸均以大端为准，取大端模数 m 为标准值，大端压力角 $\alpha=20°$，齿顶高系数 $h_a^* = 1$，顶隙系数 $c^*=0.2$。标准直齿圆锥齿轮的参数和几何尺寸计算公式见表 6-6。

表 6-6　标准直齿圆锥齿轮的参数和几何尺寸计算公式（$\sum=\delta_1+\delta_2=90°$）

名　称	符　号	计算公式和说明
齿数	z	根据工作要求定出
模数	m	取标准值
压力角	α	$\alpha=20°$
传动比	i	$i = \dfrac{n_1}{n_2} = \dfrac{z_2}{z_1} = \tan\delta_2 = \dfrac{1}{\tan\delta_1} = u$
分度圆（节圆）锥角	δ	$\delta_1 = \arctan\dfrac{z_1}{z_2}$，$\delta_2 = 90° - \delta_1$
当量齿数	z_v	$z_{v1} = \dfrac{z_1}{\cos\delta_1}$，$\qquad z_{v2} = \dfrac{z_2}{\cos\delta_2}$
分度圆（节圆）直径	d	$d_1 = mz_1$，$d_2 = mz_2$
外锥距	r	$R = \dfrac{d_1}{2\sin\delta_1} = \dfrac{d_2}{2\sin\delta_2} = \dfrac{m}{2}\sqrt{z_1^2 + z_2^2}$
齿宽	b	$b \leqslant R/3$ 或 $b \leqslant 10m$，取其中较小值
齿顶高系数	h_a^*	$h_a^* = 1$
顶隙系数	c^*	$c^* = 0.2$
齿顶高	h_a	$h_{a1} = h_{a2} = h_a^* \cdot m = m$
齿根高	h_f	$h_{f1} = h_{f2} = (h_a^* + c^*) \times m = 1.2m$
全齿高	h	$h_1 = h_2 = h_a + h_f = 2.2m$
齿顶圆直径	d_a	$d_{a1} = d_1 + 2m\cos\delta_1$，$\qquad d_{a2} = d_2 + 2m\cos\delta_2$

名　称	符　号	计算公式和说明
齿根圆直径	d_f	$d_{f1} = d_1 - 2.4m\cos\delta_1$, $\qquad d_{f2} = d_2 - 2.4m\cos\delta_2$
齿顶角	θ_a	$\theta_a = \arctan\dfrac{h_a}{R}$
齿根角	θ_f	$\theta_f = \arctan\dfrac{h_f}{R}$
顶锥角	δ_a	$\delta_{a1} = \delta_1 + \theta_a$, $\qquad \delta_{a2} = \delta_2 + \theta_a$
根锥角	δ_f	$\delta_{f1} = \delta_1 - \theta_f$, $\qquad \delta_{f2} = \delta_2 - \theta_f$

6.9　蜗杆蜗轮机构

蜗杆蜗轮机构主要由蜗杆和蜗轮组成（见图 6-28），主要用于传递空间交错轴之间的运动和动力，通常两轴交错角 $\Sigma = 90°$。一般情况下，蜗杆为主动件，蜗轮为从动件。

蜗杆与螺旋相似，也有左旋与右旋之分，通常采用右旋居多。按螺旋线的头数分，蜗杆又分为单头蜗杆和多头蜗杆。蜗杆螺旋线与垂直于蜗杆轴线的平面之间的夹角称为导程角 γ，蜗杆螺旋线的导程角 γ 与蜗轮齿螺旋角 β 大小相等、方向相同。

1. 蜗杆蜗轮机构的传动特点

与齿轮机构相比，蜗杆蜗轮机构的主要特点如下。

① 传动平稳，振动、冲击和噪声均很小。这是因为蜗杆的轮齿是连续螺旋齿。

② 能获得较大的单级传动比，故结构比较紧凑。在传递动力时，传动比一般为 8～100，常用范围为 15～50，用于分度机构中，传动比可达 1000。

③ 当蜗杆的导程角 γ 小于啮合轮齿间的当量摩擦角 φ_v 时，机构具有自锁性。在此情况下只能由蜗杆带动蜗轮，而蜗轮不能带动蜗杆。

④ 由于啮合轮齿间的相对滑动速度较高，使得摩擦损耗较大，因而传动效率较低。此外，在传动中易出现发热和温升过高的现象，磨损也较严重，故常需用耐磨材料（如锡青铜等）来制作蜗轮，因而成本较高。

2. 蜗杆蜗轮传动的类型

蜗杆蜗轮传动按照蜗杆的形状不同，可分为圆柱蜗杆传动、圆弧面蜗杆传动和锥面蜗杆传动，在各种机械中广泛采用的是普通圆柱蜗杆传动。根据蜗杆的螺旋面形状，圆柱蜗杆又可分为阿基米德蜗杆（其端面齿形为阿基米德螺旋线）、渐开线蜗杆（其端面齿形为渐开线）等。由于阿基米德蜗杆容易制造，应用广泛，故本节主要讨论这类蜗杆，如图 6-29 所示。

车铣镗钻，工匠绝活

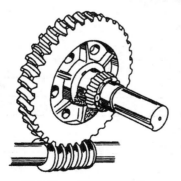

图 6-28　蜗杆蜗轮机构

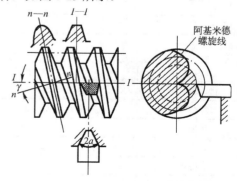

图 6-29　阿基米德蜗杆

3．蜗杆蜗轮传动的正确啮合条件

图6-30为阿基米德蜗杆传动的主要参数。

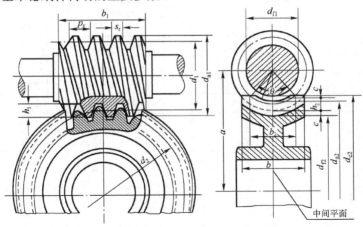

图 6-30　阿基米德蜗杆传动的主要参数

我们将通过蜗杆轴线并与蜗轮轴线垂直的平面定义为中间平面。在此平面内，蜗杆齿廓为直线，相当于齿条，蜗轮齿廓为渐开线，相当于齿轮。所以在中间平面内，蜗杆传动就相当于齿条齿轮传动。因此，蜗杆传动的正确啮合条件为：蜗杆的轴面模数 m_{x1} 等于蜗轮的端面模数 m_{t2}；蜗杆的轴面压力角 α_{x1} 等于蜗轮的端面压力角 α_{t2}；蜗杆导程角 γ 等于蜗轮螺旋角 β，且旋向相同，即

$$\begin{cases} m_{x1} = m_{t2} = m \\ \alpha_{x1} = \alpha_{t2} = \alpha \\ \gamma = \beta \end{cases} \tag{6-34}$$

4．蜗杆蜗轮传动的主要参数和几何尺寸

蜗杆蜗轮传动的主要参数和几何尺寸有如下几项。

（1）模数 m 和压力角 α

蜗杆模数系列与齿轮模数系列有所不同。圆柱蜗杆传动的模数系列如表 6-7 所示，其中仅列出 $m \geqslant 1 \sim 25$ mm 的模数值。根据蜗杆传动的正确啮合条件，蜗杆的轴面模数 m_{x1} 应与蜗轮的端面模数 m_{t2} 相等，并符合表中规定的模数值 m。

国标 GB10087－1988 规定，阿基米德蜗杆的标准压力角 α=20°。在动力传动中，允许增大压力角，推荐用 25°；在分度传动中，允许减小压力角，推荐用 15°或 12°。

（2）蜗杆分度圆直径 d_1 和蜗杆直径系数 q

蜗杆分度圆直径亦称蜗杆中圆直径。在用蜗轮滚刀滚切蜗轮时，蜗轮滚刀几何参数必须与蜗杆的几何参数相匹配，因此加工不同尺寸的蜗轮，就需要不同的蜗轮滚刀。为了限制蜗轮滚刀的数量，便于刀具的标准化，国家标准规定将蜗杆的分度圆直径定为标准值，即对应每一标准模数 m 规定了一定数量的蜗杆分度圆直径 d_1。我们把蜗杆分度圆直径与模数的比值称为蜗杆直径系数，用 q 表示，即 $q = d_1/m$。

由于 d_1 与 m 均为标准值，故 q 不一定是整数。对于动力蜗杆传动，q 值为 7～18；对于分度蜗杆传动，q 值为 16～30。模数一定时，q 值增大则蜗杆的直径 d_1 增大、刚度提高。

因此，为保证蜗杆有足够的刚度，小模数蜗杆的 q 值一般较大。蜗杆基本参数的搭配见表 6-7。

表 6-7　蜗杆基本参数

模数 m/mm	蜗杆分度圆直径 d_1/mm	蜗杆头数 z_1	直径系数 q	m^2d_1/mm³	模数 m/mm	蜗杆分度圆直径 d_1/mm	蜗杆头数 z_1	直径系数 q	m^2d_1/mm³
1	18	1	18.000	18	6.3	(80)	1,2,4	12.698	3175
1.25	20	1	16.000	31.25		112	1	17.778	4445
	22.4	1	17.920	35	8	(63)	1,2,4	7.875	4032
1.6	20	1,2,4	12.500	51.2		80	1,2,4,6	10.000	5120
	28	1	17.500	71.68		(100)	1,2,4	12.500	6400
2	(18)	1,2,4	9.000	72		140	1	17.500	8960
	22.4	1,2,4	11.200	89.6	10	(71)	1,4,6	7.100	7100
	(28)	1,2,4	14.000	112		90	1,2,4	9.000	9000
	35.5	1	17.750	142		(112)	1,2,4	11.200	11200
2.5	(22.4)	1,2,4	8.960	140		160	1	16.000	16000
	28	1,2,4,6	11.200	175	12.5	(90)	1,2,4	7.200	14062
	(35.5)	1,2,4	14.200	221.9		112	1,2,4	8.960	17500
	45	1	18.000	281		(140)	1,2,4	11.200	21875
3.15	(28)	1,2,4	8.889	277.8		200	1	16.000	31250
	35.5	1,2,4,6	11.270	352.2	16	(112)	1,2,4	7.000	28672
	(45)	1,2,4	14.286	446.5		140	1,2,4	8.750	35840
	56	1	17.778	556		(180)	1,2,4	11.250	46080
4	(31.5)	1,2,4	7.875	504		250	1	15.625	64000
	40	1,2,4,6	10.000	640	20	(140)	1,2,4	7.000	56000
	(50)	1,2,4	12.500	800		160	1,2,4	8.000	64000
	71	1	17.750	1136		(224)	1,2,4	11.200	89600
5	(40)	1,2,4	8.000	1000		315	1	15.750	126000
	50	1,2,4,6	10.000	1250	25	(180)	1,2,4	7.200	112500
	(63)	1,2,4	12.600	1575		200	1,2,4	8.000	125000
	90	1	18.000	2250		(280)	1,2,4	11.200	175000
6.3	(50)	1,2,4	7.936	1985		400	1	16.000	250000
	63	1,2,4,6	10.000	2500					

注：① 本表摘自 GB10085—1988，其中 m^2d_1 值是根据教学需要予以补充的；② 表中带括号的蜗杆分度圆直径尽可能不用，加粗的为 $\gamma < 3°40'$ 的自锁蜗杆。

（3）蜗杆导程角 γ

设蜗杆的头数为 z_1，蜗杆分度圆上的导程角为 γ，由图 6-31 得

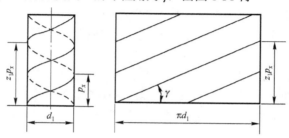

图 6-31　蜗杆导程角 γ

$$\begin{cases} \tan\gamma = \dfrac{z_1 p_x}{\pi d_1} = \dfrac{z_1 \pi m}{\pi d_1} = \dfrac{m z_1}{d_1} = \dfrac{z_1}{q} \\[3mm] d_1 = \dfrac{m z_1}{\tan\gamma} \end{cases} \tag{6-35}$$

式中，p_x 为蜗杆轴向齿距；z_1 为蜗杆头数。

通常，蜗杆的导程角 $\gamma = 3.5° \sim 27°$，导程角大，传动效率高，但蜗杆加工难度大；导程角小，则传动效率低。导程角在 $3.5° \sim 4.5°$ 范围的蜗杆可实现自锁。

（4）传动比 i、蜗杆头数 z_1 和蜗轮齿数 z_2

通常，蜗杆为主动件，蜗杆与蜗轮之间的传动比为

$$i = \frac{n_1}{n_2} = \frac{z_2}{z_1} \tag{6-36}$$

蜗杆头数 z_1 取得小，易于得到大传动比，但导程角小，效率低，发热多，故重载传动不宜采用单头蜗杆。当要求反行程自锁时，可取 $z_1=1$。蜗杆头数 z_1 增大，导程角大，可以提高传动效率，但加工制造难度增加。常用蜗杆头数为 1、2、4、6。

蜗轮齿数根据传动比和蜗杆头数确定，蜗轮齿数一般取 $z_2=28 \sim 80$。若 $z_2 < 28$，传动的平稳性会下降，且易产生根切；若 z_2 过大，蜗轮的直径 d_2 增大，与之相应的蜗杆长度增加、刚度降低，从而影响啮合的精度。

（5）齿面间的滑动速度 v_s

如图 6-32 所示，设 v_1 代表蜗杆的圆周速度，v_2 代表蜗轮的圆周速度，则其齿面啮合处的相对滑动速度为

$$v_s = \frac{v_1}{\cos\gamma} = \frac{\pi d_1 n_1}{60 \times 1000 \cos\gamma} \tag{6-37}$$

式中，γ 为蜗杆螺旋线导程角，d_1 为蜗杆分度圆直径，n_1 为蜗杆转速。

（6）中心距

蜗杆传动的中心距为

$$a = \frac{1}{2}(d_1 + d_2) = \frac{m}{2}(q + z_2) \tag{6-38}$$

蜗杆传动中心距标准系列为：40，50，63，80，100，125，160，(180)，200，(225)，250，(280)，315，(355)，400，(450)，500。

（7）圆柱蜗杆蜗轮传动的几何尺寸计算

普通圆柱蜗杆蜗轮传动的几何尺寸计算公式见表 6-8。

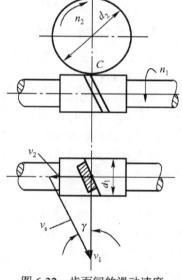

图 6-32　齿面间的滑动速度

表 6-8　普通圆柱蜗杆蜗轮传动的几何尺寸计算公式

名　称	计　算　公　式	
	蜗　杆	蜗　轮
齿顶高	$h_{a1}=m$	$h_{a2}=m$
齿根高	$h_{f1}=1.2m$	$h_{f2}=1.2m$
分度圆直径	$d_1=mq$	$d_1=mz_2$
齿顶圆直径	$d_{a1}=m(q+2)$	$d_{a2}=m(z_2+2)$
齿根圆直径	$d_{f1}=m(q-2.4)$	$d_{f1}=m(z_2-2.4)$

名　　称	计　算　公　式	
	蜗　杆	蜗　轮
顶隙	$c=0.2m$	
蜗杆轴向齿距 蜗轮端面齿距	$p_{x1}=p_{t2}=\pi m$	
蜗杆导程角	$\tan\gamma=z_1/q$	—
中心距	$a=\dfrac{1}{2}(d_1+d_2)=\dfrac{m}{2}(q+z_2)$	

6.10　齿轮传动的失效形式及设计准则

接下来学习齿轮传动的失效形式和强度计算问题，即如何设计出满足工作要求的齿轮传动。齿轮传动不仅用来传递运动，而且用来传递动力，是一种主要的机械传动形式。

根据齿轮传动的工作条件不同，齿轮传动可以分为开式齿轮传动和闭式齿轮传动。开式齿轮传动的齿轮完全暴露在外边，工作时，环境中的粉尘、杂物易侵入啮合齿间，润滑条件较差，轮齿容易磨损，只适于低速传动。闭式齿轮传动的齿轮都装在经过精确加工而且封闭严密的箱体内，因而能保证良好的润滑和工作条件。重要的齿轮传动都采用闭式传动。

1．齿轮传动的失效形式

齿轮传动的主要失效形式有轮齿折断、齿面点蚀、齿面胶合、齿面磨损、齿面塑性变形等。

（1）轮齿折断

轮齿折断是指齿轮的一个齿或多个齿的整体或局部断裂，一般发生在齿根部分。轮齿折断有两种：一种是由于短时意外的严重过载或冲击载荷的作用而发生的突然折断，称为过载折断；另一种是由于多次重复载荷作用，在齿根处弯曲应力大而且有应力集中，当弯曲应力超过弯曲疲劳极限时，齿根部位产生疲劳裂纹，裂纹的逐渐扩展引起疲劳折断（见图 6-33）。增大齿根圆角半径、降低表面粗糙度值、采用表面强化处理（如喷丸、碾压）等都有利于提高轮齿的抗疲劳折断能力。

（2）齿面点蚀

齿面点蚀是指齿面接触应力超出材料的接触疲劳极限，在载荷的多次重复作用下，齿面表层就会产生细微的疲劳裂纹，裂纹的蔓延扩展使金属微粒剥落下来而形成凹坑。出现疲劳点蚀的齿面将失去正确的齿形，使得传动精度下降，引起附加动载荷，产生噪声和振动，并加快齿面磨损和降低齿轮寿命。实践表明，齿面点蚀多出现在靠近节线的齿根表面（见图 6-34）。

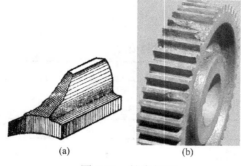

图 6-33　轮齿折断　　　　　　　　　　　图 6-34　齿面点蚀

软齿面（不大于 350 HBS）的闭式齿轮传动常因齿面点蚀而失效。在开式齿轮传动中，由于齿面磨损较快，点蚀还来不及出现或扩展即被磨掉，所以一般看不到点蚀现象。

齿面抗点蚀能力主要与齿面硬度有关，齿面硬度越高，则抗点蚀能力就越强。提高齿面的硬度和降低表面粗糙度值，采用合理的变位系数，以及增大润滑油黏度与减小动载荷等，都可提高齿面的接触疲劳强度。

（3）齿面胶合

胶合是比较严重的粘连磨损。在高速重载传动中，由于相对滑动速度高而产生的瞬时高温会使油膜破裂，致使两齿面金属直接接触并相互粘连。当两齿面相对运动时，较软的齿面沿滑动方向被撕下而形成沟纹（见图 6-35），这种现象称为齿面胶合。在低速重载传动中，由于齿面间的润滑油膜不易形成，也可能产生胶合破坏。

提高齿面硬度和降低表面粗糙度值、采用抗胶合能力强的润滑油、选用抗胶合性能好的齿轮副材料等，均可减缓或防止齿面胶合。

（4）齿面磨损

齿面磨损是指齿轮啮合过程中，由于灰尘、硬屑粒等进入齿面间而引起的磨粒磨损，这在开式齿轮传动中是难以避免的。过度磨损后（见图 6-36），工作齿面材料大量磨掉，齿廓形状破坏，常导致严重噪声和振动，最终使传动失效。采用闭式齿轮传动、提高齿面硬度、降低齿面粗糙度值、注意润滑油的清洁及保持良好的润滑，可以防止或减轻这种磨损。

图 6-35　齿面胶合

图 6-36　齿面磨损

（5）齿面塑性变形

在重载下，较软的齿面上可能产生局部的塑性变形，使齿面失去正确的齿形（见图 6-37）。提高齿面硬度、采用黏度较高或含减摩添加剂的润滑油，有助于减轻或防止齿面塑性变形。

塑性变形(凹)

(a)

塑性变形(凸)

(b)

图 6-37　齿面塑性变形

2. 齿轮传动的设计准则

轮齿的失效形式很多，它们不大可能同时发生，但又相互联系、相互影响。例如，轮齿表面产生点蚀后，实际接触面积减小，将导致磨损的加剧，而过大的磨损又会导致轮齿的折断。在一定条件下，必有一种失效形式为主要失效形式。

在进行齿轮传动的设计计算时，应分析具体的工作条件，判断可能发生的主要失效形式，以确定相应的设计准则。

在闭式齿轮传动中，软齿面（硬度不大于 350 HBS）齿轮的主要失效形式是齿面点蚀，因此通常按齿面接触疲劳强度进行设计，然后校核齿根弯曲疲劳强度。硬齿面（硬度大于 350 HBS）齿轮的主要失效形式是轮齿折断，因此通常按齿根弯曲疲劳强度进行设计，然后校核齿面接触疲劳强度。

在开式齿轮传动中，轮齿的主要失效形式是齿面磨损和轮齿折断，因目前尚无成熟的磨损计算方法，所以只进行齿根弯曲疲劳强度计算，用适当加大模数（10%～20%）的办法考虑磨损的影响。

在仪器仪表中，由于齿轮传递的扭矩较小，故其模数一般不必按照强度设计计算，可根据结构、工艺和精度条件选定，并尽可能使齿轮的模数在 0.3～1 mm 范围内。

6.11　齿轮材料及热处理

为了保证齿轮工作的可靠性，提高其使用寿命，齿轮的材料及其热处理应根据工作条件和材料的特点来选取。

1. 齿轮材料

对齿轮材料的基本要求是：齿面有足够的硬度和耐磨性，轮齿有足够的抗弯曲强度和冲击韧性，易于加工和热处理，从而改善材料的机械性能，提高齿面硬度，发挥材料的潜力。

常用的齿轮材料是各种牌号的优质碳素钢、合金结构钢、铸钢、铸铁和非金属材料等，一般采用锻件或轧制钢材。当齿轮直径大于 500 mm 时，其轮坯不易锻造，可采用铸钢制造；开式低速齿轮传动可采用灰铸铁或球墨铸铁；低速重载齿轮传动易产生齿面塑性变形，轮齿也易折断，宜选用综合性能较好的钢材；受冲击载荷的齿轮易发生轮齿折断，应选用韧性较好的材料；高速、轻载而又要求低噪声的齿轮传动也可采用非金属材料，如夹布胶木、尼龙等。表 6-9 列出了常用的齿轮材料及其热处理后的硬度。

2. 齿轮的热处理

钢制齿轮常采用调质、正火、整体淬火、表面淬火，以及渗碳、渗氮等方法进行热处理。各种热处理方法适用的钢种、可达硬度、特点及适用场合见表 6-10。

上述几种热处理方法中，调质和正火后的齿面硬度较低（不大于 350 HBS），称为软齿面，其他热处理可获得硬齿面（大于 350 HBS）。当大小齿轮都是软齿面时，考虑到小齿轮受载次数多，故在选择材料及热处理时，一般小齿轮材料比大齿轮材料选得好些或齿面硬度稍高些（约 30～50 HBS）。当大、小齿轮都是硬齿面时，小齿轮的硬度可略高，也可与大齿轮的硬度大致相等。

表 6-9　常用的齿轮材料及其热处理后的硬度

类　别	牌　号	热 处 理	硬　度
优质碳素钢	35	正火	150～180 HBS
		调质	180～210 HBS
		表面淬火	40～45 HRC
	45	正火	170～210 HBS
		调质	210～230 HBS
		表面淬火	43～48 HRC
	50	正火	180～220 HBS
合金结构钢	40Cr	调质	240～285 HBS
		表面淬火	52～56 HRC
	35SiMn	调质	200～260 HBS
		表面淬火	40～45 HRC
	40MnB	调质	240～280 HBS
	20Cr	渗碳淬火回火	56～62 HRC
	20CrMnTi	渗碳淬火回火	56～62 HRC
	38CrMoAlA	渗氮	60 HRC
铸钢	ZG270-500	正火	140～170 HBS
	ZG310-570	正火	160～200 HBS
	ZG340-640	正火	180～220 HBS
	ZG35 SiMn	正火	160～220 HBS
		调质	200～250 HBS
灰铸铁	HT200		170～230 HBS
	HT300		187～255 HBS
球墨铸铁	QT500-5		147～241 HBS
	QT600-2		229～302 HBS

表 6-10　各种热处理方法适用的钢种、可达硬度、特点及适用场合

热 处 理	适用钢种	可达硬度	主要特点和适用场合
调质	中碳钢及中碳合金钢	整体 220～280HBS	硬度适中，具有一定强度、韧度，综合性能好；热处理后可由滚齿或插齿进行精加工。适于单件、小批量生产，或对传动尺寸无严格限制的场合
正火	中碳钢及铸钢	整体 160～210HBS	消除内应力，细化晶粒，改善力学性能和切削性能，工艺简单。适于因条件限制不便进行调质的大尺寸齿轮及不太重要的齿轮
表面淬火	中碳钢及中碳合金钢	齿面 48～54HRC	通常在调质或正火后进行；齿面承载能力较强，芯部韧度好；轮齿变形小，可不磨齿；齿面硬度难以保证均匀一致。适于承受中等冲击的齿轮
渗碳淬火	低碳钢及低碳合金钢	齿面 58～62HRC	渗碳深度一般取 0.3 m（模数），但不小于 1.5～1.8mm。齿面硬度较高，耐磨损，承载能力较强，芯部韧性好、耐冲击；轮齿变形大，需要磨齿。适于重载、高速及受冲击载荷的齿轮
渗氮	渗氮钢	齿面 65 HRC	齿面硬，变形小，可不磨齿；工艺时间长，硬化层薄（0.05～0.3 mm），不耐冲击。适于不受冲击且润滑良好的齿轮
碳氮共渗	渗碳钢		工艺时间短，兼有渗碳和渗氮的优点，比渗氮处理硬化层厚，生产率高，可代替渗碳淬火

6.12　齿轮传动精度

齿轮传动可应用于多种场合，根据不同的工作条件，对齿轮传动的基本使用要求可概括为以下 4 个方面。

① 传动的准确性。从理论上讲，用渐开线作为轮齿的工作齿廓，可使其在传动中传动比为一常数，以便精确地传递运动。但齿轮在加工和安装中都会产生误差，因此实际齿轮在传动中难以保持传动比恒定。为了保证齿轮传递运动的准确性，要求齿轮在一转范围内的最大转角误差应限制在一定的范围内。

② 传动的平稳性，即要求齿轮传动的瞬时传动比变化不要过大。这对于高速传动的齿轮是非常重要的，不仅影响齿轮的使用寿命，而且影响精密机械的工作精度。如果传动平稳性差，则齿轮传动时，将产生过大的冲击、振动和噪声。因此，为了保证齿轮传动的平稳性，要求齿轮在转一齿的过程中所出现的瞬时传动比的变化应限制在一定的范围内。

③ 载荷分布的均匀性，即要求齿轮啮合时齿面接触良好。理论上，直齿轮的一对轮齿在啮合过程中，从齿根到齿顶每一瞬间都在全齿宽上接触。实际上，由于齿轮的制造和安装误差，轮齿表面并不是在全齿宽上接触，这样就造成了齿面受力不均匀，从而引起轮齿的损坏或加速磨损，影响齿轮的使用寿命，因此必须要求齿轮齿面沿齿高和齿宽方向都接触良好。

④ 齿侧间隙，即要求齿轮啮合时，非工作表面间应留有一定的间隙，以便存储润滑油，补偿齿轮的制造和安装误差及受力变形等影响，从而保证传动灵活。

为了保证机器或仪器中齿轮传动具有较好的使用性能，对上述 4 方面均有一定的要求，根据齿轮的工作条件不同，对 4 方面的要求并不是等同的，可以有所侧重。

用于测量仪器的读数齿轮、机床的分度齿轮、自动控制系统和计算机构中的齿轮，首先应满足传递运动（角位移）的准确性高的要求。当齿轮需要可逆传动时，还要有较小的齿侧间隙，以避免由此产生的空回误差。这类齿轮由于传动功率小、速度低，所以对传动平稳性和载荷分布的均匀性一般没有过高的要求。用于机床、汽车等的变速箱中的齿轮，主要要求是传动的平稳性和载荷分布的均匀性，齿侧应留有一定的间隙，而对传递运动的准确性的要求则可稍低一些。

用于高速重载下工作的齿轮（如汽轮机减速器的齿轮等），其传递运动的准确性、传动平稳性和载荷分布的均匀性都有很高的要求，以减小因传动比变化而引起的振动和噪声。

用于低速重载下工作的齿轮（如起重机械、矿山机械等的齿轮），其主要使用要求是啮合的齿面应有最大的接触面积，同时齿侧间隙一般也要求较大。而对传递运动的准确性和平稳性的要求，则可降低一些。

国家标准 GB10095—1988 对齿轮及齿轮副规定了 12 个精度等级，其精度由 1～12 级依次降低。目前，1、2 级精度的齿轮用机械加工实现还相当困难。精度一般划分为：3～5 级属于高精度，6～8 级属于中等精度，9～12 级属于低精度。齿轮副的两个配对齿轮的精度等级一般取成相同的，也允许取成不相同的。

齿轮精度的选用与齿轮的用途、工作条件和技术要求有关，应根据对齿轮传递运动准确性的要求，以及圆周速度、载荷大小等一系列因素来决定。目前，在工程设计中主要根据经过实践验证的齿轮精度所适用的产品性能、工作条件等经验及统计资料，参照对比来进行精度的选择。表 6-11 所列资料可供选用时参考。

表 6-11　齿轮精度等级的适用范围

精度等级	应用范围	精度等级	应用范围	精度等级	应用范围
2～5	测量齿轮	6～7	内燃机、电气机车	6～10	轧钢机
3～8	金属切削机床	6～8	通用减速器	7～10	起重机械
4～7	航空发动机	6～9	载重汽车	8～10	矿用绞车
5～8	轻型汽车	6～10	拖拉机	8～11	农业机械

6.13 直齿圆柱齿轮传动的强度计算

6.13.1 受力分析

进行齿轮的强度计算，首先要求得轮齿上的受力，因此要对轮齿进行受力分析。直齿圆柱齿轮传动的受力分析如图 6-38 所示。

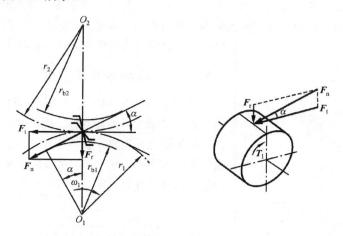

图 6-38 直齿圆柱齿轮传动的受力分析

如果忽略齿面间的摩擦力，则沿啮合线作用在齿面上的法向载荷 F_n 垂直于齿面，法向力 F_n 可分解为圆周力 F_t 和径向力 F_r，三个力的计算公式如下：

$$\begin{cases} F_t = \dfrac{2T_1}{d_1} \\ F_r = F_t \tan\alpha \\ F_n = \dfrac{F_t}{\cos\alpha} = \dfrac{2T_1}{d_1\cos\alpha} \end{cases} \tag{6-39}$$

式中，d_1 为小齿轮分度圆直径，单位为 mm；α 为分度圆压力角；T_1 为小齿轮传递的名义转矩，$T_1 = 9.55\times10^6 \dfrac{P_1}{n_1}$ N·mm，其中，P_1 为传递的功率，单位为 kW，n_1 为小齿轮的转速，单位为 r/min。

圆周力 F_t 的方向在主动轮上与运动方向相反，在从动轮上与运动方向相同。径向力 F_r 的方向对两轮都是由作用点指向轮心。

6.13.2 计算载荷

上述法向力 F_n 为理想状况下的名义载荷。理论上，F_n 应沿齿宽均匀分布，但由于轴和轴承的变形、传动装置的制造、安装误差等原因，载荷沿齿宽的分布并不是均匀的，而是在某些地方大于或某些地方小于名义载荷，即出现载荷集中的现象。另外，由于各种原动机和工作机的特性不同、齿轮制造误差，以及轮齿变形等原因，还会引起附加动载荷。齿轮精度越低，圆周速度越高，附加动载荷就越大。考虑上述因素的影响，在计算齿轮强度时，通常用计算载荷 F_{nc} 代替名义载荷 F_n，K 为载荷系数，其值可由表 6-12 查取。计算载荷 F_{nc} 大小按下式确定：

$$F_{nc} = KF_n \tag{6-40}$$

表 6-12 载荷系数 K

原动机	工作机械的载荷特性		
	平稳或轻微冲击	中等冲击	较大冲击
电动机	1~1.2	1.2~1.6	1.6~1.8
多缸内燃机	1.2~1.6	1.6~1.8	1.9~2.1
单缸内燃机	1.6~1.8	1.8~2.0	2.2~2.4

注意: 当斜齿、圆周速度低、精度高、齿宽系数小时,K 取小值;当直齿、圆周速度高、精度低、齿宽系数大时,K 取大值。当齿轮在两轴承之间对称布置时,K 取小值;当齿轮在两轴承之间不对称布置及悬臂布置时,K 取大值。

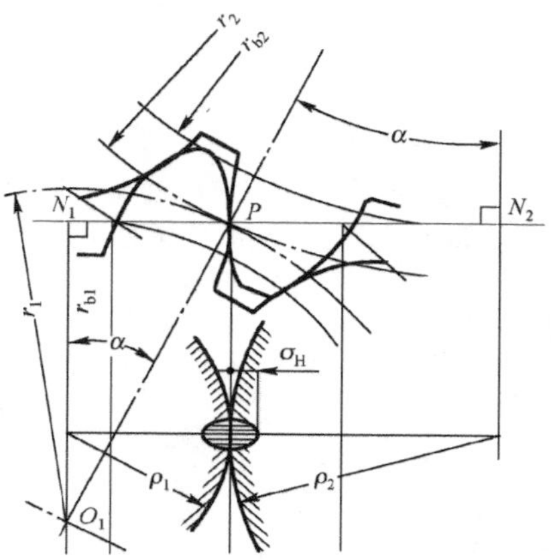

图 6-39 齿面接触强度计算简图

6.13.3 齿面接触强度计算

如图 6-39,在一般闭式(软齿面)齿轮传动中,轮齿的主要失效形式是齿面点蚀,因此计算齿面接触强度主要是避免齿面点蚀现象,设计依据为 $\sigma_H \leq [\sigma_H]$。齿面点蚀与齿面接触应力的大小有关,而齿面最大接触应力 σ_H 可以用赫兹公式近似计算,即

$$\sigma_H = \sqrt{\frac{F_n}{\pi b} \times \frac{\dfrac{1}{\rho_1} \pm \dfrac{1}{\rho_2}}{\dfrac{1-\mu_1^2}{E_1} + \dfrac{1-\mu_2^2}{E_2}}} \quad (\text{MPa}) \qquad (6\text{-}41)$$

式中,F_n 为作用在齿面上的法向力,单位为 N;b 为两齿轮接触长度,单位为 mm;E_1、E_2 为两齿轮材料的弹性模量,单位为 MPa;ρ_1、ρ_2 为两齿轮啮合点的曲率半径,单位为 mm;μ_1、μ_2 为两齿轮材料的泊松比;"+"、"−"表示外啮合和内啮合。

实践表明,齿根部分靠近节线处最易发生点蚀,故常取节点处的接触应力为计算依据。由图 6-39 可知,在节点处的齿廓曲率半径为

$$\rho_1 = \overline{N_1 P} = \frac{d_1}{2}\sin\alpha \qquad \rho_2 = \overline{N_2 P} = \frac{d_2}{2}\sin\alpha$$

设两齿轮的齿数比 $u = \dfrac{z_2}{z_1} = \dfrac{d_2}{d_1} \Rightarrow d_2 = ud_1$,其中 u 为大齿轮与小齿轮的齿数比。

又 $a = \dfrac{1}{2}(d_2 \pm d_1)$,故 $d_1 = \dfrac{2a}{u \pm 1}$。由式(6-39)可知 $F_n = \dfrac{F_t}{\cos\alpha} = \dfrac{2T_1}{d_1\cos\alpha}$,将以上各式代入式(6-41),并引入载荷系数 K,可得

$$\sigma_H = \sqrt{\frac{1}{\pi\left(\dfrac{1-\mu_1^2}{E_1} + \dfrac{1-\mu_2^2}{E_2}\right)} \times \frac{2}{\sin\alpha\cos\alpha} \times \frac{u \pm 1}{u} \times \frac{2KT_1}{bd_1^2}}$$

或

$$\sigma_H = Z_E Z_H \sqrt{\frac{u \pm 1}{u} \times \frac{2KT_1}{bd_1^2}} = Z_E Z_H \sqrt{\frac{(u \pm 1)^3 KT_1}{2uba^2}} \leq [\sigma_H] \qquad (6\text{-}42)$$

式中,Z_H 为节点啮合系数,$Z_H = \sqrt{\dfrac{2}{\sin\alpha\cos\alpha}}$;$Z_E$ 为弹性系数,$Z_E = \sqrt{\dfrac{1}{\pi\left(\dfrac{1-\mu_1^2}{E_1} + \dfrac{1-\mu_2^2}{E_2}\right)}}$;$a$

为齿轮中心距,单位为 mm;K 为载荷系数;T_1 为小齿轮传递的名义转矩,单位为 N·mm;b 为大

齿轮的齿宽，$b=b_2$，$b_2+5 \leqslant b_1 \leqslant b_2+10$，单位为 mm；$u$ 为大齿轮与小齿轮的齿数比。

当两轮皆为钢制齿轮，$\mu_1=\mu_2=0.3$，$E_1=E_2=2.06\times10^5$ MPa，标准压力角 $\alpha=20°$ 时，可得一对钢制标准齿轮传动的齿面接触强度的校核公式为

$$\sigma_H = 336\sqrt{\frac{(u \pm 1)^3 KT_1}{uba^2}} \leqslant [\sigma_H] \quad \text{（MPa）} \tag{6-43}$$

式中，$[\sigma_H]$ 为许用接触应力，单位为 MPa。

将齿宽系数 $\psi_a=b/a$ 代入式（6-43），整理可得到齿面接触强度的设计公式为

$$a \geqslant (u \pm 1)\sqrt[3]{\left(\frac{336}{[\sigma_H]}\right)^2 \frac{KT_1}{\psi_a u}} \quad \text{（mm）} \tag{6-44}$$

由式（6-43）和式（6-44）可见，当一对齿轮的材料、传动比及齿宽系数一定时，由齿面接触强度所决定的承载能力，仅与中心距 a 或齿轮直径有关。一对齿轮啮合，两齿面接触应力相等，但两轮的许用接触应力 $[\sigma_H]$ 可能不同，计算时应代入 $[\sigma_{H1}]$ 和 $[\sigma_{H2}]$ 中的较小值。

由式（6-44）还可以看出，齿宽系数 ψ_a 值越大，则中心距越小。如果结构的刚性不够，齿轮制造、安装不准确，则齿宽过大容易发生载荷集中现象，使轮齿折断。轻型减速器可取 $\psi_a=0.2\sim0.4$，中型减速器可取 $\psi_a=0.4\sim0.6$，重型减速器可取 $\psi_a=0.8$，特殊情况下可取 $\psi_a=1\sim1.2$（如人字齿轮）。$\psi_a>0.4$ 时，通常采用斜齿或人字齿。

若配对齿轮材料改变，则以上两式中系数 336 应加以修正。许用接触应力 $[\sigma_H]$ 按下式计算

$$[\sigma_H] = \frac{\sigma_{H\lim}}{S_H} \quad \text{（MPa）} \tag{6-45}$$

式中，$\sigma_{H\lim}$ 为试验齿轮的齿面接触疲劳极限，单位为 MPa，用各种材料的齿轮试验测得，与材料和硬度有关，可按图 6-40 查取；S_H 为齿面接触疲劳强度安全系数，由表 6-13 查取。

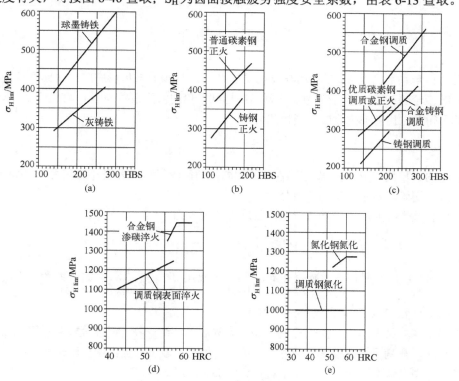

图 6-40 齿面的接触疲劳极限 $\sigma_{H\lim}$

表 6-13　齿面接触疲劳强度和齿根弯曲疲劳强度安全系数 S_H 和 S_F

安全系数	软 齿 面	硬 齿 面	重要的传动、渗碳淬火齿轮或铸造齿轮
S_H	1.0～1.1	1.1～1.2	1.3
S_F	1.3～1.4	1.4～1.6	1.6～2.2

6.13.4　齿根弯曲强度计算

进行齿根弯曲疲劳强度计算的目的是防止轮齿发生疲劳折断。

计算齿根弯曲强度时，假定全部载荷仅由一对轮齿承担。显然当载荷作用于齿顶时，齿根所受弯矩最大。计算时将轮齿看作悬臂梁，如图 6-41 所示。其危险截面可用 30°切线法确定，即作与轮齿对称中心线成 30°夹角并与齿根圆角相切的斜线，认为两切点连线是危险截面位置，此截面处齿厚为 S_F。

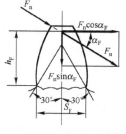

图 6-41　齿根危险截面

作用于齿顶的法向力 F_n 与轮齿对称中心线的垂线的夹角为 α_F，F_n 可分解为互相垂直的两个分力：$F_1 = F_n \cos\alpha_F$，$F_2 = F_n \sin\alpha_F$。F_1 在齿根产生弯曲应力，F_2 则产生压缩应力，因后者较小故通常略去不计。齿根危险截面的弯曲力矩为 $M = KF_n h_F \cos\alpha_F$。其中，$K$ 为载荷系数，h_F 为弯曲力臂。危险截面的弯曲截面系数为 $W = bS_F^2 / 6$。

齿根最大弯曲应力 σ_F 为

$$\sigma_F = \frac{M}{W} = \frac{6KF_n h_F \cos\alpha_F}{bS_F^2} = \frac{KF_t}{bm} \times \frac{6\left(\dfrac{h_F}{m}\right)\cos\alpha_F}{\left(\dfrac{S_F}{m}\right)^2 \cos\alpha}$$

令

$$Y_F = \frac{6\left(\dfrac{h_F}{m}\right)\cos\alpha_F}{\left(\dfrac{S_F}{m}\right)^2 \cos\alpha} \tag{6-46}$$

Y_F 称为齿形系数，因 h_F 和 S_F 均与模数成正比，故 Y_F 值只与齿形中的尺寸比例有关而与模数无关，标准齿轮的 Y_F 仅决定于齿数。正常齿制标准齿轮的齿形系数如图 6-42 所示。

由此可得到轮齿弯曲强度的校核公式为

$$\sigma_F = \frac{2KT_1 Y_F}{bd_1 m} = \frac{2KT_1 Y_F}{bm^2 z_1} \leqslant [\sigma_F] \quad \text{（MPa）} \tag{6-47}$$

通常，两齿轮的齿形系数 Y_{F1} 和 Y_{F2} 并不相同，两齿轮材料的许用弯曲应力$[\sigma_{F1}]$和$[\sigma_{F2}]$也不相同，因此应分别验算两个齿轮的弯曲强度。

引入齿宽系数 $\psi_a = b/a$，得到齿根弯曲强度设计公式为

$$m \geqslant \sqrt[3]{\frac{4KT_1 Y_F}{\psi_a (u \pm 1) z_1^2 [\sigma_F]}} \tag{6-48}$$

式（6-48）中的负号用于内啮合传动，$\dfrac{Y_F}{[\sigma_F]}$ 应代入 $\dfrac{Y_{F1}}{[\sigma_{F1}]}$ 和 $\dfrac{Y_{F2}}{[\sigma_{F2}]}$ 中的较大者，比值大者强度较弱，算得的模数应按表 6-1 圆整为标准模数。

影响齿根弯曲强度的主要参数有模数 m、齿宽 b、齿数 z_1 等，而加大模数对降低齿根弯曲应力效果最显著。在满足弯曲强度的条件下，可适当地选取较多的齿数使传动平稳；在中心距 a 一定时，齿数增多则模数减小，有利于节省材料和加工工时。

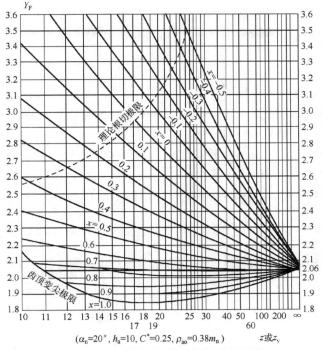

图 6-42　正常齿制标准齿轮的齿形系数

许用弯曲应力$[\sigma_F]$按下式计算：

$$[\sigma_F] = \frac{\sigma_{Flim}}{S_F} \tag{6-49}$$

式中，σ_{Flim}为试验齿轮的齿根弯曲疲劳极限，单位为 MPa，按图 6-43 查取；对于双侧工作的齿轮传动，齿根承受对称循环弯曲应力，应将图中数据乘以 0.7；S_F为齿根弯曲疲劳强度安全系数，由表 6-13 查取。

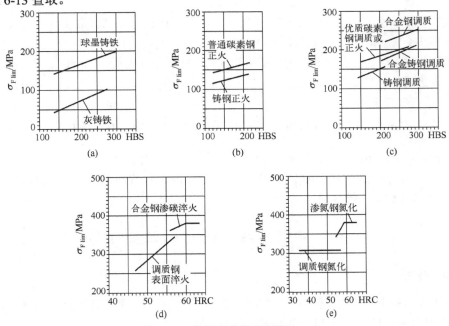

图 6-43　齿根弯曲疲劳极限 σ_{Flim}

【例 6-1】 试设计两级减速器中的低速级直齿轮传动。已知：用电动机驱动，载荷有中等冲击，齿轮相对于支撑位置不对称，单向运转，传递功率 P=10 kW，低速级主动轮转速 n_1=400 r/min，传动比 i=3.5。

解：

（1）选择材料，确定许用应力

根据表 6-9，小轮选用 45 钢调质，硬度为 220 HBS；大轮选用 45 钢正火，硬度为 190 HBS。由图 6-40(c) 和图 6-43(c) 分别查得：

$$\sigma_{H\,lim1}=555\ \text{MPa}, \qquad \sigma_{H\,lim2}=530\ \text{MPa}, \qquad \sigma_{F\,lim1}=190\ \text{MPa}, \qquad \sigma_{F\,lim2}=180\ \text{MPa}$$

由表 6-13 查得 S_H=1.1，S_F=1.4，故

$$[\sigma_{H1}]=\frac{\sigma_{H\,lim1}}{S_H}=\frac{555}{1.1}\approx504.5\ (\text{MPa}) \qquad\qquad [\sigma_{H2}]=\frac{\sigma_{H\,lim2}}{S_H}=\frac{530}{1.1}\approx481.8\ (\text{MPa})$$

$$[\sigma_{F1}]=\frac{\sigma_{F\,lim1}}{S_F}=\frac{190}{1.4}\approx135.7\ (\text{MPa}) \qquad\qquad [\sigma_{F2}]=\frac{\sigma_{F\,lim2}}{S_F}=\frac{180}{1.4}\approx128.5\ (\text{MPa})$$

因硬度小于 350 HBS，属软齿面，按齿面接触强度设计，再校核齿根弯曲强度。

（2）按接触强度设计，计算中心距

$$a\geqslant(u\pm1)\sqrt[3]{\left(\frac{336}{[\sigma_H]}\right)^2\frac{KT_1}{\psi_a u}}\quad(\text{mm})$$

取 $[\sigma_H]$=$[\sigma_{H2}]$=481.8 MPa，则小轮转矩为

$$T_1=9.55\times10^6\times\frac{10}{400}\approx2.38\times10^5\ (\text{N}\cdot\text{mm})$$

取齿宽系数 ψ_a=0.4，i=u=3.5，由于原动机为电动机，中等冲击，支撑不对称布置，故选 8 级精度。由表 6-12 查得选 K=1.5。将以上数据代入，初算中心距 a=223.7 mm。

（3）确定基本参数，计算主要尺寸

① 选择齿数。取 z_1=20，则 z_2=uz_1=3.5×20=70。
② 确定模数。由公式 a=$m(z_1+z_2)/2$，可得 m=4.98。由表 6-1 查得标准模数，取 m=5。
③ 确定中心距。a=$m(z_1+z_2)/2$=225 mm。
④ 计算齿宽。b=$\psi_a a$=90 mm。为补偿两轮轴向尺寸误差，取 b_1=95 mm，b_2=90 mm。
⑤ 计算齿轮几何尺寸（略）。

（4）校核弯曲强度

$$\sigma_{F1}=\frac{2KT_1Y_{F1}}{bm^2z_1}\quad(\text{MPa}), \qquad\qquad \sigma_{F2}=\frac{2KT_1Y_{F2}}{bm^2z_1}=\sigma_{F1}\frac{Y_{F2}}{Y_{F1}}\quad(\text{MPa})$$

按 z_1=20，z_2=70，由图 6-42 查得 Y_{F1}=2.80，Y_{F2}=2.24，代入上式，得

$$\sigma_{F1}=44.4\ \text{MPa}<[\sigma_{F1}]\quad\text{（安全）} \qquad\qquad \sigma_{F2}=35.5\ \text{MPa}<[\sigma_{F2}]\quad\text{（安全）}$$

（5）设计齿轮结构，绘制齿轮工作图（略）

6.14　斜齿圆柱齿轮传动强度计算

1. 受力分析

图 6-44 表示斜齿圆柱齿轮轮齿受力情况，忽略摩擦力影响，轮齿所受法向力 $\boldsymbol{F}_n$ 可分解为 3 个分力：圆周力 $\boldsymbol{F}_t$、径向力 $\boldsymbol{F}_r$ 和轴向力 $\boldsymbol{F}_a$。各力计算公式如下：

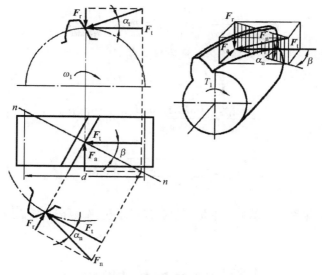

图 6-44 斜齿圆柱齿轮轮齿受力情况

$$\begin{cases} F_t = \dfrac{2T_1}{d_1} \\[2mm] F_r = \dfrac{F_t \tan \alpha_n}{\cos \beta} \\[2mm] F_a = F_t \tan \beta \\[2mm] F_n = \dfrac{2T_1}{d_1 \cos \alpha_n \cos \beta} \end{cases} \qquad (6\text{-}50)$$

各分力的方向如下：圆周力和径向力的判断方法与直齿圆柱齿轮传动相同；轴向力的方向决定于轮齿螺旋线方向和齿轮的回转方向，可用主动轮左右手法则判断。左旋用左手，右旋用右手。握住主动轮轴线，四指弯曲方向表示主动轮回转方向，拇指的指向即是主动轮上轴向力方向。主动轮轴向力的方向确定后，从动轮的轴向力则与主动轮上轴向力大小相等、方向相反。

2. 强度计算

斜齿圆柱齿轮传动的强度计算是按轮齿法面上的当量齿轮进行的，其基本原理与直齿圆柱齿轮传动相似。在此直接给出钢制标准斜齿轮传动强度计算公式。

（1）齿面接触疲劳强度

一对钢制标准斜齿轮传动的齿面接触应力及强度条件如下。

校核公式

$$\sigma_H = 305 \sqrt[3]{\dfrac{4KT_1 Y_F}{y_a(u\pm1)z_1^2 [S_F]}} \leqslant [\sigma_H] \quad (\text{MPa}) \qquad (6\text{-}51)$$

设计公式

$$a \geqslant (u\pm1)\sqrt[3]{\left(\dfrac{305}{[\sigma_H]}\right)^2 \dfrac{KT_1}{\psi_a u}} \quad (\text{mm}) \qquad (6\text{-}52)$$

式中参数的意义同直齿圆柱齿轮。

求出中心距 a 后，可选定齿数 z_1、z_2 和螺旋角 β（或模数 m_n），按下式求出模数 m_n（或螺旋角 β）：

$$m_n = \frac{2a\cos\beta}{z_1 + z_2} \qquad \beta = \arccos\frac{m_n(z_1 + z_2)}{2a}$$

求得的模数应按表 6-1 圆整为标准值，通常螺旋角 $\beta=8°\sim20°$。

（2）齿根弯曲疲劳强度

校核公式

$$\sigma_F = \frac{1.6KT_1Y_F}{bm_nd_1} = \frac{1.6KT_1Y_F\cos\beta}{bm_n^2z_1} \leqslant [\sigma_F] \text{（MPa）} \tag{6-53}$$

设计公式

$$m_n \geqslant \sqrt[3]{\frac{3.2KT_1Y_F\cos^2\beta}{\psi_a(u\pm1)z_1^2[\sigma_F]}} \text{（mm）} \tag{6-54}$$

式中，m_n 为法向模数，计算后应取标准值。齿形系数 Y_F 应按当量齿数 $z_v = \dfrac{z}{\cos^3\beta}$ 由图 6-42 查得。

6.15　直齿圆锥齿轮传动

1. 受力分析

图 6-45 表示直齿圆锥齿轮主动轮的受力分析。作用在轮齿上的法向力 F_n 可视为集中作用在齿宽中点的分度圆直径上。

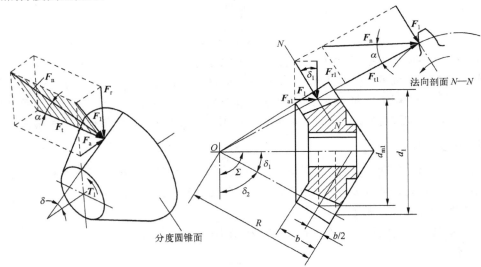

图 6-45　直齿圆锥齿轮主动轮受力图

法向力分解为圆周力 F_t、径向力 F_r 和轴向力 F_a，3 个分力的大小分别为

$$\begin{cases} F_t = \dfrac{2T_1}{d_{m1}} \\ F_r = F_t\tan\alpha\cos\delta \\ F_a = F_t\tan\alpha\sin\delta \end{cases} \tag{6-55}$$

式中，d_{m1} 为小齿轮齿宽中点的分度圆直径，按下式计算

$$d_{m1} = d_1 - b\sin\delta_1 \tag{6-56}$$

圆周力和径向力方向的确定方法与直齿轮相同,两个齿轮轴向力的方向均指向大端。当两轴交角 $\Sigma=90°$ 时,$F_{t1}=-F_{t2}$,$F_{r1}=-F_{a2}$,$F_{a1}=-F_{r2}$,负号表示两力的方向相反。

2. 强度计算

近似地认为,一对直齿圆锥齿轮传动与位于齿宽中点的一对当量直齿圆柱齿轮传动的强度相当,因此直接给出两轴交角 $\Sigma=90°$ 的一对钢制标准直齿圆锥齿轮的强度计算公式。

(1)齿面接触疲劳强度

校核公式

$$\sigma_H = \frac{335}{R - 0.5b} \sqrt[3]{\frac{\sqrt{(u^2+1)^3}KT_1}{ub}} \leqslant [\sigma_H] \quad (\text{MPa}) \tag{6-57}$$

设计公式

$$R \geqslant \sqrt{u^2+1} \sqrt[3]{\left[\frac{335}{(1-0.5\psi_R)[\sigma_H]}\right]^2 \times \frac{KT_1}{\psi_R u}} \quad (\text{mm}) \tag{6-58}$$

式中,ψ_R 为齿宽系数,$\psi_R = b/R$,一般 $\psi_R = 0.25\sim0.3$。其余各项符号的意义与直齿轮相同。求得的锥距须满足以下几何关系,即 $R = \frac{m}{2}\sqrt{z_1^2 + z_2^2}$。注意,所求得的锥距不可圆整,$m$ 为大端模数。

(2)齿根弯曲疲劳强度

校核公式

$$\sigma_F = \frac{2KT_1 Y_F}{bd_{m1}m_m} = \frac{2KT_1 Y_F}{bm_m^2 z_1} \leqslant [\sigma_F] \quad (\text{MPa}) \tag{6-59}$$

式中,m_m 为平均模数,单位为 mm;Y_F 为齿形系数,按当量齿数 $z_v = \frac{z}{\cos\delta}$ 从图 6-42 中查取。

平均模数 m_m 与大端模数 m 的关系为

$$\frac{d_1}{d_{m1}} = \frac{R}{R - 0.5b} = \frac{m}{m_m}$$

$$m = \frac{m_m}{1 - 0.5\psi_R} \tag{6-60}$$

设计公式

$$m_m \geqslant \sqrt[3]{\frac{4KT_1 Y_F(1-0.5\psi_R)}{\sqrt{u^2+1} \times \psi_R z_1^2 [\sigma_F]}} \quad (\text{mm}) \tag{6-61}$$

直齿圆锥齿轮大端模数为标准值。计算出平均模数 m_m 后,应将其换算为大端模数 m,并圆整为标准模数。

齿轮的制造工艺复杂,大尺寸的锥齿轮加工更困难,因此在设计时应尽量减小其尺寸。如在传动中同时有圆锥齿轮传动和圆柱齿轮传动,应尽可能将圆锥齿轮传动放在高速级,这样可使设计的锥齿轮的尺寸较小,便于加工。为了使大圆锥齿轮的尺寸不至于过大,通常齿数比 $u=1\sim5$。

6.16 蜗杆传动

1. 受力分析

蜗杆传动的受力分析和斜齿轮相似,轮齿所受法向力 F_n 仍可分解为三个相互垂直的分力:圆周力 F_t、径向力 F_r 和轴向力 F_a(见图 6-46)。由于蜗杆轴和蜗轮轴交错成 90°,故蜗杆圆周力 F_{t1} 等于蜗轮轴向力 F_{a2},蜗杆轴向力 F_{a1} 等于蜗轮圆周力 F_{t2},蜗杆径向力 F_{r1} 等于蜗轮径向力 F_{r2},即

$$\begin{cases} F_{t1} = -F_{a2} = \dfrac{2T_1}{d_1} \\[2mm] F_{a1} = -F_{t2} = \dfrac{2T_2}{d_2} \\[2mm] F_{r1} = -F_{r2} = F_{t2}\tan\alpha \\[2mm] T_2 = T_1\eta \end{cases} \qquad (6\text{-}62)$$

式中，$\alpha = 20°$，η 为蜗杆传动的效率。

蜗杆受力方向：轴向力 $\boldsymbol{F}_{a1}$ 的方向由左右手法则确定。蜗杆为右旋蜗杆，则用右手握住蜗杆，四指所指方向为蜗杆转向，拇指所指方向为轴向力 $\boldsymbol{F}_{a1}$ 的方向；圆周力 $\boldsymbol{F}_{t1}$ 与主动蜗杆转向相反；径向力 $\boldsymbol{F}_{r1}$ 指向蜗杆中心。蜗轮上各力的方向可由图 6-46 所示的关系定出。

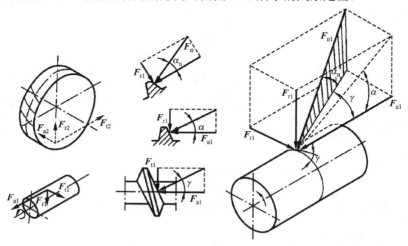

图 6-46　蜗杆传动受力分析

2. 蜗杆传动的失效形式和材料的选择

（1）失效形式

蜗杆传动的失效形式有疲劳点蚀、胶合、磨损和轮齿折断等。在一般情况下，蜗杆的轮齿强度总要高于蜗轮的轮齿强度，因此失效总是在蜗轮上发生。由于在传动中蜗杆和蜗轮之间的相对滑动速度较大，更容易产生胶合和磨损。

（2）材料选择

基于蜗杆传动的特点，蜗杆副的材料首先应具有良好的减摩耐磨性能和抗胶合的能力，同时还要有足够的强度。因此，常采用青铜材料制作蜗轮的齿冠，并与淬硬磨削的钢制蜗杆相匹配。

蜗杆大多采用碳素钢或合金钢制造，经淬火处理后可提高表面硬度，增强齿面的抗磨损、抗胶合的能力。对于高速重载的蜗杆常用 20Cr、20CrMnTi 渗碳淬火到 58～63 HRC；或用 45、40Cr 表面淬火到 45～55 HRC；一般蜗杆可采用 40、45 钢调质处理，硬度为 200～250 HBS。

蜗轮常用材料是锡青铜 ZCuSn10P1，具有较好的减摩性、抗胶合性和耐磨性，允许的滑动速度可达 25 m/s，且易于切削加工，但价格较昂贵，所以主要用于重要的高速蜗杆传动。在滑动速度较小的传动中，可用铸铁或球墨铸铁制作蜗轮。

3. 强度计算

在中间平面内，蜗杆与蜗轮的啮合相当于齿条与斜齿轮啮合，因此蜗杆传动的强度计算方法与齿轮传动相似。

钢制蜗杆与青铜或铸铁制造的蜗轮配对，其蜗轮齿面接触强度校核公式为

$$\sigma_{\mathrm{H}} = 500 \sqrt{\frac{KT_2}{m^2 d_1 z_2^2}} \leqslant [\sigma_{\mathrm{H}}] \qquad (6\text{-}63)$$

设计公式为

$$m^2 d_1 \geqslant \left(\frac{500}{z_2 [\sigma_{\mathrm{H}}]} \right)^2 \times KT_2 \qquad (6\text{-}64)$$

式中，K 为载荷系数，考虑载荷性质、载荷集中及动载荷的影响，一般取 $K=1.1 \sim 1.3$；T_2 为蜗轮上的转矩，单位 N·mm；z_2 为蜗轮齿数；$[\sigma_{\mathrm{H}}]$ 为蜗轮许用接触应力，可查表 6-14、表 6-15 获得。

表 6-14　锡青铜蜗轮的许用接触应力$[\sigma_{\mathrm{H}}]$（单位：MPa）

蜗轮材料	铸造方法	适用的滑动速度 v_s /(m/s)	蜗杆齿面硬度	
			≤350 HBS	> 45 HRC
ZCuSn10P1	砂　型	≤12	180	200
	金属型	≤25	200	220
ZCuSn6Zn6Pb3	砂　型	≤10	110	125
	金属型	≤12	135	150

表 6-15　铝铁青铜及铸铁蜗轮的许用接触应力$[\sigma_{\mathrm{H}}]$（单位：MPa）

蜗轮材料	蜗杆材料	滑动速度 v_s /(m/s)						
		0.5	1	2	3	4	6	8
ZCuAl10Fe3	淬火钢	250	230	210	180	160	120	90
HT150 HT200	渗碳钢	130	115	90	—	—	—	—
HT150	调质钢	110	90	70	—	—	—	—

*蜗杆未经淬火时，需将表中许用应力值降低 20%。

根据式（6-64）求出 $m^2 d_1$ 后，由表 6-7 确定 m 和 d_1 的标准值。蜗轮轮齿弯曲强度所限定的承载能力，多数都超过齿面点蚀和热平衡所限定的承载能力。只有在少数情况下，如在受强烈冲击的传动中或蜗轮采用脆性材料时，计算其弯曲强度才有意义。需要计算时可参阅有关书籍。

6.17　齿轮传动链的设计

在精密机械中，齿轮传动链的设计，大致可按下列步骤进行：① 根据传动的要求和工作特点，正确选择传动形式；② 决定传动级数，并分配各级传动比；③ 确定各级齿轮的齿数和模数，计算齿轮的主要几何尺寸；④ 对于精密齿轮传动链，有时需进行误差分析和估算；⑤ 传动的结构设计，其中包括齿轮的结构、齿轮与轴的连接方法等。对于精密齿轮传动链，有时需设计消除空回的结构。

6.17.1　齿轮传动形式的选择

如前文所述，齿轮的传动形式很多，设计时要根据齿轮传动的使用要求、工作特点，正确地选择最合理的传动形式。在一般情况下，可根据以下几点进行选择：① 结构条件对齿轮传动的要求，如空间位置对传动布置的限制、各传动轴的相互位置关系等；② 对齿轮传动的精度要求；

③ 齿轮传动的工作速度及传动平稳性和无噪声的要求；④ 齿轮传动的工艺性因素（这一点必须和具体的生产设备条件及生产批量结合起来考虑）；⑤ 考虑传动效率和润滑条件等。

对传动形式的选择，常需要拟定出几种不同的传动方案，根据技术经济指标，分析对比后，决定取舍。

6.17.2 传动比的分配

传动比的分配是齿轮传动链设计中的重要问题之一。传动比分配是否合理将影响整个传动链的结构布局及其工作性能，因此，在设计中必须根据使用要求合理地进行传动比的分配。

齿轮传动链的总传动比往往根据具体要求事先给定。总传动比给出之后，据此确定传动级数，并分配各级传动比。

一般来说，齿轮传动链的传动级数少些较好。因为传动级数越多，传动链的结构就越复杂。传动级数少，不但可以使结构简化，同时有利于提高传动效率，减小传动误差和提高工作精度。

在总传动比一定的情况下，传动级数的减少，势必引起各级传动比数值的增大。各级传动比（单级传动比）数值过大，将会使传动链的结构不紧凑。同时，当单级传动比过大时，从动轮的直径就会很大，使齿轮的转动惯量随之增加，这对于要求转动惯量较小的齿轮传动链是不利的。因此，应根据齿轮传动链的具体工作要求，合理地确定其传动级数。

设计时可参考下列原则进行传动比的分配。

1. 按先小后大的原则分配传动比

所谓"先小后大"，就是指在分配传动比时，应使靠近输入轴的前几级齿轮的传动比取得小一些，而后面靠近输出轴的齿轮传动比取得大一些。

图 6-47 为总传动比相同的两种传动比分配方案，它们都具有完全相同的两对齿轮 A、B 及 C、D。其中，$i_{AB}=2$，$i_{CD}=3$。显然，两种方案的不同点是：在图 6-47(a)中，齿轮副 A、B 布置为第一级；在图 6-47(b)中，齿轮副 C、D 布置为第一级。如果各对齿轮的转角误差相等，则 $\Delta\varphi_{AB}=\Delta\varphi_{CD}$。

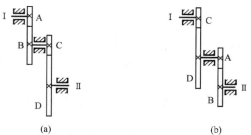

(a)   (b)

图 6-47 总传动比相同的两种传动比分配方案

在图 6-47(a)方案中，从动轴 II 的转角误差为

$$\Delta\varphi_a = \Delta\varphi_{CD} + \Delta\varphi_{AB}\frac{1}{i_{CD}} = \Delta\varphi_{CD} + \frac{1}{3}\Delta\varphi_{AB}$$

在图 6-47(b)方案中，从动轴 II 的转角误差为

$$\Delta\varphi_b = \Delta\varphi_{AB} + \Delta\varphi_{CD}\frac{1}{i_{AB}} = \Delta\varphi_{AB} + \frac{1}{2}\Delta\varphi_{CD}$$

比较以上两式，可知 $\Delta\varphi_b > \Delta\varphi_a$，故按图 6-47(a)方案（先小后大）分配传动比，比按图 6-47(b)方案（先大后小）分配传动比好，因前者的从动轴总的转角误差小。这说明传动比按"先小后大"

的原则分配，可获得较高的传动精度。

在精密机械中，作为示数传动的精密齿轮传动链（减速链），多数按照"先小后大"的原则分配传动比。

2. 按最小体积的原则分配传动比

精密机械大都要求体积小、重量轻，因此在设计这一类型的齿轮传动链时，应按最小体积的原则分配传动比。

为了简化计算，假定传动中各齿轮的宽度相同，各级小齿轮的分度圆直径（此时取节圆直径等于分度圆直径）也相同，并忽略轴与支撑的体积。

可以推导出，在按最小体积原则分配传动比时，应使传动链中各级传动比相等。

按照上述原则进行传动比的分配，不但可以达到体积小的目的，而且传动链中齿轮的种类也少，故其工艺性较好。

3. 按最小转动惯量原则分配传动比

在精密机械中，用作随动系统的齿轮传动链，要求各齿轮在正反向传动中运转灵活，启动快，停止也快。

由理论力学可知，一个绕定轴回转的构件，当受外力矩 M 作用时，其角加速度为 $a=M/I$，I 为构件的转动惯量。当外力矩 M 一定时，回转构件的转动惯量 I 越小，则角加速度 a 越大，即构件转动越灵活。因此，在设计需要经常正反向回转的齿轮传动链时，应使整个传动链的转动惯量最小。

可以推导出两级齿轮传动链，在满足转动惯量最小条件下的各级传动比为

$$\begin{cases} i_{2'3} = \sqrt{\dfrac{i_{12}^4 - 1}{2}} \\ i = i_{12} i_{2'3} \end{cases} \tag{6-65}$$

如为三级齿轮传动链，在转动惯量最小条件下，求得各级传动比为

$$\begin{cases} i_{2'3} = \sqrt{\dfrac{i_{12}^4 - 1}{2}} \\ i_{3'4} = \sqrt{\dfrac{i_{2'3}^4 - 1}{2}} \\ i = i_{12} i_{2'3} i_{3'4} \end{cases} \tag{6-66}$$

上述传动比分配的原则是从提高齿轮传动链的精度、减小体积和保证运转灵活等角度提出的。应当指出，按这些原则分配传动比时，彼此之间是会有矛盾的。例如，按最小体积的原则分配传动比时，要求各级传动比大小尽可能相同，但这与"先小后大"原则相矛盾。所以，应根据使用要求、结构要求和工作条件等区分主次，灵活运用这些原则，合理进行各级传动比的分配。

6.17.3 齿数、模数的确定

1. 齿数的确定

为避免根切，若压力角 $\alpha = 20°$，标准直齿圆柱齿轮最小齿数 $z_{min}=17$，斜齿圆柱齿轮最小齿数 $z_{min}=17\cos\beta$。如果齿数必须取得较少，可采用变位齿轮。

中心距一定时，增加齿数能使重合度增大，提高传动平稳性；在满足弯曲强度的前提下，应适当减小模数，增大齿数。高速齿轮传动或对噪声有严格要求的齿轮传动建议取 $z_1>25$。对于重

要的传动或重载高速传动，大小轮齿数互为质数，这样轮齿磨损均匀，有利于提高寿命。

蜗杆螺旋线的头数一般可取 1~4。在蜗杆直径和模数一定时，增加蜗杆螺旋线的头数可增大分度圆柱螺旋导程角，因而提高了传动效率，但此时加工工艺性较差。用于示数传动的精密蜗杆传动则应采用单头蜗杆，以避免由于相邻两螺旋线的齿距误差而引起周期性的传动误差。另外，蜗杆螺旋线头数的增加将会丧失自锁性。

2．模数的确定

在精密机械中，若齿轮传动仅用来传递运动或传递的转矩很小，齿轮的模数一般不宜按照强度计算的方法确定，而是根据结构条件选定，一般都是依传动装置的外廓尺寸选定齿轮的中心距。如果齿轮传动的传动比和齿数也已选定，则齿轮的模数为

$$m = \frac{2a}{z_1\left(1 + i_{12}\right)} \tag{6-67}$$

需要注意的是，求出的模数 m 应圆整为标准模数。

对于传递转矩较大的齿轮，其模数需按强度计算方法确定。

6.17.4 齿轮传动的空回及消除方法

1．空回和产生空回的因素

空回是当主动轮反向转动时从动轮滞后的一种现象，滞后的转角即为空回误差角。产生空回的主要原因是一对齿轮有侧隙存在。理论上讲，一对啮合齿轮可以是无侧隙的。但在某些情况下，侧隙对传动的正常工作是必要的。侧隙的存在，可以避免由于零件的加工误差而使轮齿卡住的情况；此外，它还提供了储存润滑油的空间，并考虑到由于温度变化而引起零件尺寸的变化等因素。但是，侧隙在反向传动中引起的空回误差将直接影响传动精度。

产生空回的主要因素就齿轮本身而言，有中心距变大、齿厚偏差、基圆偏心和齿形误差等。此外，齿轮装在轴上时的偏心、滚动轴承转动座圈的径向偏摆和固定座圈与壳体的配合间隙等也会对空回产生影响。

在减速链中，最后一级（或最后几级）齿轮的空回误差对整个传动链的空回误差影响最大。因此，提高最后一级（或最后几级）齿轮的制造精度，对降低整个传动链的空回误差是有重要意义的。同时，各级传动比按先小后大进行排列较为合理。

2．消除或减小空回的方法

在精密齿轮传动链或小功率随动系统中，往往对空回提出严格的要求。减小空回当然可以从提高齿轮的制造精度着手，但要制造没有误差的齿轮显然是不可能的。从结构方面采用各种消除空回的方法，可以使一般精度的齿轮达到高质量的传动要求，这在降低精密机械的制造成本上是很重要的。

传动链中的空回是由于侧隙的存在而产生的，因此减小或消除空回，可以通过控制或消除侧隙的影响来达到。现将经常采用的一些方法叙述如下。

（1）利用弹簧力

利用弹簧力的方法通过剖分齿轮实现，该齿轮的两部分之间可以沿周向相互错动，但轴向移动受到约束，利用拉伸弹簧或扭转弹簧迫使两部分错开，直至充满与之相啮合齿轮的全部齿间，这样就完全消除了侧隙的影响。图 6-48 为此种齿轮的结构，其优点是能够很方便地消除齿的侧隙，因此应用广泛。

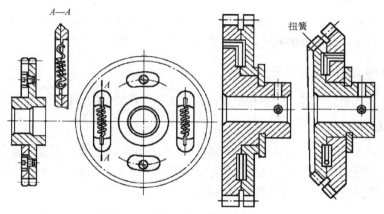

图 6-48　利用弹簧力消除侧隙的齿轮

（2）利用固定双片齿轮

固定双片齿轮的结构与上述相似，也是剖分的，其不同之处在于不用弹簧，而是调整好侧隙后，用螺钉将齿轮的两部分紧固（见图 6-49）。此方法较之利用弹簧力方法的优点是能传递较大的力矩，结构简单，不足之处是磨损后不能自动调整。

（3）利用接触游丝

图 6-50 为常见的百分表结构。其消除侧隙的方法是利用接触游丝产生的反力矩，迫使各级齿轮在传动时总在固定的齿面啮合，从而消除侧隙对空回的影响。接触游丝应安装在传动链的最后一环，这样才能保持传动链中所有的齿轮都单面压紧，而不出现测量值变化指示值不变的情况。该方法结构简单，工作可靠，因此在小型仪表齿轮传动链中得到广泛应用。

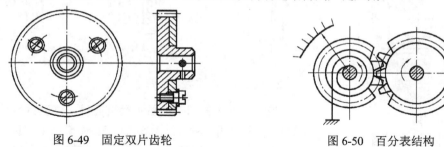

图 6-49　固定双片齿轮　　　　　　　图 6-50　百分表结构

（4）调整中心距法

调整中心距法是在装配时根据啮合情况调整中心距，以达到尽量减小侧隙的目的。图 6-51 是一种可调中心距齿轮，利用转动偏心轴来调整两齿轮之间的中心距，以微小地改变侧隙。

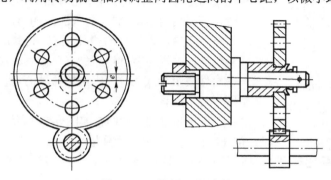

图 6-51　可调中心距齿轮

由于齿轮的支撑采用悬臂式结构，最后一级齿轮侧隙对总的空回误差影响最大，因此，当传动链只有最后一级齿轮侧隙要调整时，采用此法最有利。

6.17.5 齿轮传动链的结构设计

齿轮传动链结构设计的基本问题在于如何正确选择齿轮的结构、齿轮与轴的连接方法等。

1. 齿轮的结构设计

通过齿轮传动的强度计算，只能确定出齿轮的主要尺寸，如齿数、模数、齿宽、螺旋角、分度圆直径等，而齿圈、轮辐、轮毂等的结构形式及尺寸大小通常都是由结构设计而定的。

图 6-52 为精密机械中圆柱齿轮的典型结构。

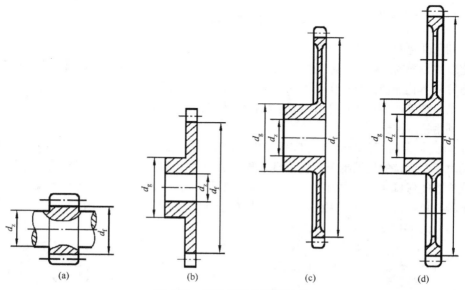

图 6-52 圆柱齿轮的典型结构

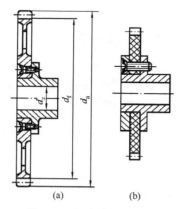

图 6-53 组合式齿轮结构

当齿轮的齿根圆直径与轴径接近时，可以将齿轮和轴做成整体，称为齿轮轴（见图 6-52(a)）。如果齿轮的直径比轴的直径大得多，则应把齿轮和轴分开来制造。直径较小的齿轮可做成实心的（见图 6-52(b)）。顶圆直径 $d_a \leqslant 500\ mm$ 的齿轮可以是锻造的或铸造的，常采用腹板式结构。有时为了减轻齿轮的重量，可在腹板上开孔（见图 6-52(c)）。当齿轮大而薄时，可采用组合式结构（见图 6-53(a)）。这种齿轮最适于需用有色金属制造轮缘的情况，此时轮毂用钢制造而轮缘用板料制造，这样能节省贵重的有色金属。对于非金属齿轮，也考虑做成组合式的，否则齿轮与轴的连接常会产生困难（见图 6-53(b)）。

圆锥齿轮的典型结构如图 6-54 所示，当直径较小时，可采用齿轮轴形式；当直径较大时，可在腹板上开孔以减轻重量。

常见的蜗杆、蜗轮典型结构如图 6-55、图 6-56 所示。一般将蜗杆和轴做成一体，称为蜗杆轴。

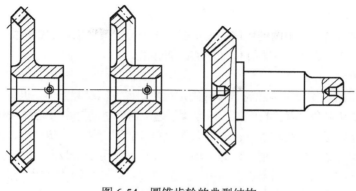

图 6-54　圆锥齿轮的典型结构

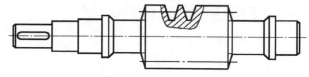

图 6-55　蜗杆轴

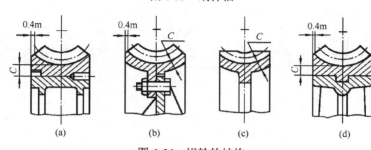

图 6-56　蜗轮的结构

蜗轮的结构一般为组合式结构，齿圈用青铜制造，轮芯用铸铁或钢制造。图 6-56(a)为组合式过盈连接，这种结构常由青铜齿圈与铸铁轮芯组成，多用于尺寸不大或工作温度变化较小的蜗轮。图 6-56(b)为组合式螺栓连接，这种结构装拆方便，多用于尺寸较大或易磨损的蜗轮。图 6-56(c)为整体式连接，主要用于铸铁蜗轮或尺寸很小的青铜蜗轮。图 6-56(d)为拼铸式连接，将青铜齿圈浇铸在铸铁轮芯上，常用于成批生产的蜗轮。

2．齿轮与轴的连接

齿轮与轴的连接方法是传动链结构设计中重要内容之一，因为连接方法将直接影响传动精度和工作可靠性。

由于齿轮传动链的工作条件（传递转矩、拆卸的频繁程度等）、结构的空间位置、装配的可能性等情况的不同，齿轮与轴的连接方式也是多种多样的。总的来说，齿轮与轴的连接要求连接牢固，能够传递的转矩大，能保证轴与齿轮的同轴度和垂直度。

不同的连接方法，对以上要求的满足程度各不相同，因此应根据传动链的特点合理选择。常用的连接方法有以下几种。

（1）销连接

销连接如图 6-57(a)所示，在小型精密机械中用得较多。其优点是结构简单，工作可靠，能传递中等大小的转矩，不易产生空回。其缺点是，装配时齿轮不能自由绕轴转动到适合的位置以减小偏心的有害影响；同时，不宜用在齿轮直径太大之处，因为轮缘会挡住钻卡，以致不能顺利钻出销钉孔。

若齿轮需经常拆换，可用圆锥销连接（见图 6-57(b)）。圆柱销和圆锥销的直径一般取轴径的 1/4，最大不超过 1/3，以免过多地削弱轴的强度和刚度。

（2）螺钉连接

图 6-58(a)为用紧定螺钉沿齿轮轮毂径向固定齿轮，该方法装卸方便，但传递转矩小，螺钉容易松动，且拧紧螺钉时会引起齿轮的偏心，因此不适于精密传动链中齿轮与轴的连接。图 6-58(b) 为在齿轮和轴的分界面上钻孔攻螺纹，并拧入紧定螺钉的固定结构。传动时，紧定螺钉受剪切和挤压作用。其优点是结构简单，便于装卸，轴向尺寸小，宜用于轮毂很短（或无轮毂）而外径小的齿轮。其缺点是传递转矩小，且易在使用中产生空回，故也不宜用于精密齿轮传动链中。图 6-58(c) 为用螺钉直接将齿轮固定在轴套凸缘上的结构。齿轮的定心靠其内孔与轴套外圆的配合保证，垂直度则靠轴肩的端面与齿轮端面的贴紧来保证。这种结构主要用于非金属齿轮的连接，在保证同轴度和垂直度方面较好。

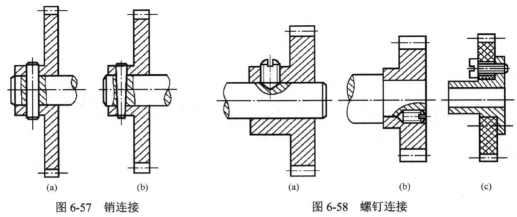

| (a) | (b) | (a) | (b) | (c) |

图 6-57　销连接　　　　　　　　图 6-58　螺钉连接

（3）键连接

键连接如图 6-59 所示，最常用的是平键和半圆键。键连接一般用于传递转矩较大和尺寸较大的齿轮传动。其优点是装卸方便、工作可靠。其缺点是同轴度较差，沿圆周方向不能调整。

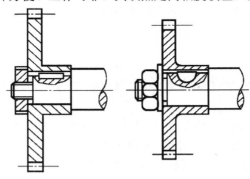

图 6-59　键连接

习 题 6

6-1　渐开线有哪些重要性质？在研究渐开线齿轮啮合的哪些原理时曾经用到这些性质？

6-2　节圆与分度圆、啮合角与压力角有何区别？

6-3 试比较正常齿制渐开线标准直齿圆柱齿轮的基圆和齿根圆，在什么条件下基圆大于齿根圆？在什么条件下基圆小于齿根圆？

6-4 何谓重合度？影响重合度大小的因素有哪些？

6-5 齿轮传动为什么有最少齿数的限制？对于 $\alpha=20°$ 的正常齿制直齿圆柱齿轮和斜齿圆柱齿轮，其 z_{min} 各等于多少？

6-6 齿轮为什么要变位？齿轮正变位后和变位前相比较，其参数 z、m、α、h_a、h_f、d、d_a、d_f、d_b、s、e 有无变化？作何变化？

6-7 试述一对直齿圆柱齿轮、一对斜齿圆柱齿轮、一对直齿圆锥齿轮、蜗杆蜗轮的正确啮合条件。

6-8 蜗杆传动有哪些特点？为何要规定蜗杆分度圆直径为标准值？

6-9 试说明蜗杆传动效率低的原因，蜗杆头数对效率有何影响。为什么？

6-10 已知一正常齿制标准直齿圆柱齿轮 $\alpha=20°$，$m=5$ mm，$z=40$，试分别求出分度圆、基圆、齿顶圆上渐开线齿廓的曲率半径和压力角。

6-11 已知一标准渐开线直齿圆柱齿轮，其齿顶圆直径 $d_{a1}=77.5$ mm，齿数 $z_1=29$。现要求设计一个大齿轮与其相啮合，传动的安装中心距 $a=145$ mm，试计算这对齿轮的主要参数及大齿轮的主要尺寸。

6-12 两个标准直齿圆柱齿轮，已测得齿数 $z_1=22$、$z_2=98$，小齿轮齿顶圆直径 $d_{a1}=240$ mm，大齿轮全齿高 $h=22.5$ mm，试判断这两个齿轮能否正确啮合传动？

6-13 有一对外啮合标准直齿圆柱齿轮，其主要参数为：$z_1=24$，$z_2=120$，$m=2$ mm，$\alpha=20°$，$h_a^*=1$，$c^*=0.25$。试求其传动比 $i=12$ 时，两轮的分度圆直径 d_1 和 d_2，齿顶圆 d_{a1} 和 d_{a2}，全齿高 h，标准中心距 a 及分度圆齿厚 s 和齿槽宽 e；并求出这对齿轮的实际啮合线 B_1B_2、基圆齿距 p_b 及重合度 ε 的大小。

6-14 已知一对正常齿标准斜齿圆柱齿轮的模数 $m=3$ mm，齿数 $z_1=23$，$z_2=76$，分度圆螺旋角 $\beta=8°6'34"$。试求其中心距、端面压力角、当量齿数、分度圆直径、齿顶圆直径和齿根圆直径。

6-15 已知一对直齿圆锥齿轮 $\Sigma=90°$，$z_1=17$，$z_2=43$，$m=3$ mm，$h_a^*=1$，试确定这对圆锥齿轮的几何尺寸。

6-16 有一标准圆柱蜗杆传动，已知模数 $m=8$ mm，传动比 $i=20$，蜗杆分度圆直径 $d_1=80$ mm，蜗杆头数 $z_1=2$。试计算该蜗杆传动的主要几何尺寸。

6-17 试说明齿轮的几种主要失效形式产生的原因。闭式软齿面、闭式硬齿面和开式齿轮传动各以产生何种失效形式为主？设计准则是什么？

6-18 蜗杆传动的主要失效形式有哪几种？选择蜗杆和蜗轮材料组合时，较理想的蜗杆副材料是什么？

6-19 选择齿轮材料时，应考虑哪些问题？为何小齿轮的材料要选得比大齿轮好些（或小齿轮的齿面硬度取得大些）？

6-20 比较直齿圆柱齿轮、斜齿圆柱齿轮、直齿圆锥齿轮及蜗杆蜗轮的受力情况，说明各分力的大小和方向。

6-21 齿形系数的含义是什么？它与什么参数有关？

6-22 在直齿圆柱齿轮传动中，小齿轮的齿宽为什么比大齿轮宽 5~10 mm？直齿圆锥齿轮传动中小轮是否也应加宽，为什么？

6-23 在一般传动中，如果同时有圆锥齿轮传动和圆柱齿轮传动，圆锥齿轮传动应放在高速级还是低速级？为什么？

6-24 图 T6-1 为二级斜齿圆柱齿轮减速器。已知主动轮 1 的螺旋角及转向，为了使装有齿轮 2 和齿轮 3 的中间轴的轴向力较小。

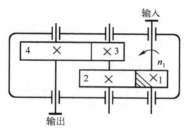

图 T6-1

（1）试在图中画出齿轮 2、3、4 的轮齿螺旋角旋向和各齿轮产生的轴向力方向。

（2）已知 $m_{n2}=3$ mm，$z_2=57$，$\beta_2=15°$，$m_{n3}=4$ mm，$z_3=20$，试求 β_3 为多少时，才能使中间轴上两齿轮产生的轴向力互相抵消？

6-25 如图 T6-2 所示，蜗杆传动均以蜗杆为主动件，试在图上标出蜗轮（或蜗杆）的转向、蜗轮的旋向、蜗杆和蜗轮所受各分力的方向。

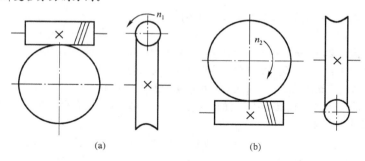

图 T6-2

6-26 试分析图 T6-3 中蜗杆传动中各轴的转动方向、蜗轮轮齿的螺旋方向，以及蜗杆、蜗轮所受各力的作用位置和方向。

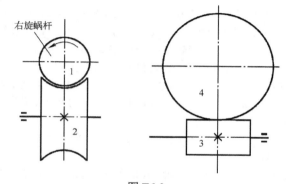

图 T6-3

6-27 某一级减速装置中的一对闭式标准直齿圆柱齿轮传动，用电动机驱动，单向连续运转，载荷平稳，传动比 $i=u=4.5$，输入功率 $P=10$ kW，转速 $n_1=960$ r/min。试设计此直齿圆柱齿轮传动。

6-28 试设计斜齿圆柱齿轮减速器中的一对斜齿轮。已知两齿轮的转速 $n_1=720$ r/min，$n_2=200$ r/min，传递的功率 $P=10$ kW，单向传动，载荷有中等冲击，由电动机驱动。

6-29 设计一闭式标准直齿圆锥齿轮传动。已知传动功率 $P=3$ kW，$n_1=960$ r/min，传动比 $i=u=2.5$，材料已选定，其许用接触应力 $[\sigma_H]=584$ MPa，$[\sigma_{F1}]=284$ MPa，$[\sigma_{F2}]=245$ MPa。

6-30 设计一闭式蜗杆传动。已知传动功率 $P=1.5$ kW，蜗杆转速 $n_1=1410$ r/min，传动比 $i=u=20$，载荷平稳。

第7章 轮 系

7.1 轮系的类型

由一对齿轮组成的机构是齿轮传动的最简单形式。但是在精密机械中，为了将输入轴的一种转速变换为输出轴的多种转速，或者为了获得很大的传动比，常采用一系列互相啮合的齿轮（包括圆柱齿轮、圆锥齿轮和蜗杆蜗轮等各种类型的齿轮）将输入轴和输出轴连接起来。这种由一系列齿轮组成的传动系统称为轮系。

按轮系运动时齿轮轴线位置是否固定，轮系分为定轴轮系和周转轮系两种。

如图 7-1 所示，轮系在传动时，所有齿轮轴线的位置都是固定的，这种轮系称为定轴轮系。

如图 7-2 所示，轮系在传动时，齿轮 2 既绕本身的轴线自转，又绕齿轮 1 的固定轴线公转。这种至少有一个齿轮的轴线可以绕另一齿轮的固定轴线转动的轮系称为周转轮系。

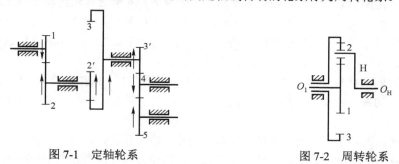

图 7-1　定轴轮系　　　　　　　　　　图 7-2　周转轮系

此外，在某些复杂的轮系中，既包含有定轴轮系部分又包含有周转轮系部分，这种轮系称为复合轮系。

7.2 定轴轮系传动比计算

在轮系中，输入轴与输出轴的角速度（或转速）之比称为轮系的传动比，用 i_{ab} 表示。下标 a、b 为输入轴和输出轴的代号，即

$$i_{ab} = \frac{\omega_a}{\omega_b} = \frac{n_a}{n_b} \tag{7-1}$$

计算传动比时，不仅要计算其数值大小，还要确定输入轴与输出轴的转向关系，这样才能完整表达输入轴与输出轴间的关系。

表示齿轮传动的转向关系有两种：用正负号表示或用画箭头表示。对于平行轴定轴轮系，其转向关系用正、负号表示：转向相同，传动比取正；转向相反，传动比则取负。对于非平行轴定轴轮系，各轮转动方向用画箭头表示。

图 7-1 所示的定轴轮系由圆柱齿轮组成，各轮的轴线互相平行。输入轴与主动轮 1 固联，输出轴与齿轮 5 固联，该轮系传动比 $i_{15}=\omega_1/\omega_5=n_1/n_5$ 就是输入轴与输出轴的转速比。

若已知轮系中各轮的齿数，则为了计算轮系的传动比，可先计算各级齿轮的传动比，分

别为

$$\begin{cases} i_{12}=\dfrac{\omega_1}{\omega_2}=\dfrac{n_1}{n_2}=-\dfrac{z_2}{z_1} \\[2mm] i_{2'3}=\dfrac{\omega_{2'}}{\omega_3}=\dfrac{n_{2'}}{n_3}=\dfrac{z_3}{z_{2'}} \\[2mm] i_{3'4}=\dfrac{\omega_{3'}}{\omega_4}=\dfrac{n_{3'}}{n_4}=-\dfrac{z_4}{z_{3'}} \\[2mm] i_{45}=\dfrac{\omega_4}{\omega_5}=\dfrac{n_4}{n_5}=-\dfrac{z_5}{z_4} \end{cases}$$

式中，$\omega_2=\omega_{2'}$，$\omega_3=\omega_{3'}$；"–"表示外啮合时主、从动轮转向相反；"+"表示内啮合时主、从动轮转向相同。将上述各式相乘后得

$$i_{12}i_{2'3}i_{3'4}i_{45}=\frac{\omega_1\omega_{2'}\omega_{3'}\omega_4}{\omega_2\omega_3\omega_4\omega_5}=\frac{\omega_1}{\omega_5}=i_{15}$$

故轮系的传动比为

$$i_{15}=\frac{\omega_1}{\omega_5}=i_{12}i_{2'3}i_{3'4}i_{45}=(-1)^3\frac{z_2z_3z_4z_5}{z_1z_{2'}z_{3'}z_4}=(-1)^3\frac{z_2z_3z_5}{z_1z_{2'}z_{3'}}$$

上式表明，定轴轮系传动比的数值等于组成该轮系的各对啮合齿轮传动比的连乘积，也等于各对啮合齿轮中所有从动轮齿数的连乘积与所有主动轮齿数的连乘积之比，而传动比的正负（首末两轮转向相同或相反）则取决于外啮合的次数，式中等号右边的指数 3 为该轮系中外啮合齿轮的对数，传动比 i_{15} 为负值，表示轮 1 与轮 5 的转向相反。

轮系传动比的正负号（首、末两轮的转向），还可在图 7-1 上根据内啮合（转向相同）、外啮合（转向相反）的关系依次画上箭头来确定。由图 7-1 可以看出，齿轮 1 和齿轮 5 的转向相反，所以 i_{15} 为负。

在图 7-1 所示的轮系中，齿轮 4 同时与两个齿轮啮合，它既是前一级的从动轮，又是后一级的主动轮。齿轮 4 的齿数不影响轮系传动比的大小，却使外啮合次数改变，从而改变了传动比的符号，即改变了轮系的从动轮转向。这种齿轮称为惰轮。

将以上分析推广到一般的定轴轮系，若定轴轮系的首轮以 1 表示，末轮以 k 表示，齿轮外啮合的次数用 m 表示，则轮系传动比

$$i_{1k}=\frac{\omega_1}{\omega_k}=\frac{n_1}{n_k}=(-1)^m\frac{\text{所有从动轮齿数乘积}}{\text{所有主动轮齿数乘积}} \tag{7-2}$$

应当指出，用 $(-1)^m$ 判断转向，只限于所有轴线都平行的定轴轮系。若定轴轮系中含有蜗杆蜗轮、交错轴斜齿轮或圆锥齿轮等轴线不平行的空间齿轮机构，其传动比的大小仍用式（7-2）来计算。由于一对空间齿轮机构的轴线不平行，不能说两轮的转向是相同还是相反，故不能用 $(-1)^m$ 加以判别，而需要在运动简图中用画箭头的方法表示各轮的转向。如果轮系的输入轴与输出轴相互平行，则在用画箭头的方法判断其转向之后，仍应在传动比符号之前冠以正、负号表示两轮转向相同或相反。

【例 7-1】 在图 7-1 所示的轮系中，已知 $z_1=20$，$z_2=40$，$z_{2'}=30$，$z_3=60$，$z_{3'}=25$，$z_4=30$，$z_5=50$，均为标准齿轮传动。若轮 1 的转速 $n_1=1440$ r/min，试求轮 5 的转速。

解：
此定轴轮系各轮轴线相互平行，且齿轮 4 为惰轮，齿轮系中有 3 对外啮合齿轮，由式（7-2）得

$$i_{15}=\frac{n_1}{n_5}=(-1)^3\frac{z_2z_3z_4z_5}{z_1z_{2'}z_{3'}z_4}=(-1)^3\frac{40\times60\times30\times50}{20\times30\times25\times30}=-8$$

$$n_5 = \frac{n_1}{i_{15}} = -180 \text{ r / min}$$

负号表示轮 1 和轮 5 的转向相反。

【例 7-2】 图 7-3 所示的含有空间齿轮的定轴轮系，已知 z_1=16，z_2=32，$z_{2'}$=20，z_3=40，$z_{3'}$=2，z_4=40，均为标准齿轮传动。若轮 1 的转速 n_1=1000 r/min，试求轮 4 的转速及转动方向。

解：

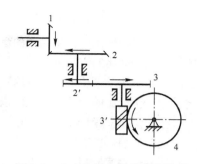

图 7-3 含有空间齿轮的定轴轮系

图 7-3 所示的定轴轮系中含有空间齿轮机构，其传动比的大小仍可用定轴轮系的传动比计算公式计算。但因各轮轴线并不全部相互平行，故不能用(-1)^{m}来确定主动轮与从动轮的转向，必须用画箭头的方式在图上标注出各轮的转向。

一对互相啮合的圆锥齿轮传动时，在其节点处的圆周速度是相同的，所以表示两轮转向的箭头要么同时指向啮合点，要么同时背离啮合点。由式（7-2）得

$$i_{14} = \frac{n_1}{n_4} = \frac{z_2 z_3 z_4}{z_1 z_{2'} z_{3'}} = \frac{32 \times 40 \times 40}{16 \times 20 \times 2} = 80$$

$$n_4 = \frac{n_1}{i_{14}} = 12.5 \text{ r / min}$$

轮 4 的转向如图 7-3 所示，为逆时针方向转动。

7.3 周转轮系传动比计算

1. 周转轮系的组成

在如图 7-4 所示的轮系中，齿轮 1 和 3 以及构件 H 各绕固定的且互相重合的几何轴线 O_1、O_3 及 O_H 转动，而齿轮 2 则空套在构件 H 的小轴上。当构件 H 转动时，齿轮 2 一方面绕自身的几何轴线 O_2 转动（自转），同时随构件 H 绕固定的几何轴线 O_H 转动（公转）。从轮系的定义可知，这是一个周转轮系。在周转轮系中，既做自转又做公转的齿轮 2 称为行星轮；支持行星轮做自转和公转的构件 H 称为转臂或行星架；而轴线位置固定的齿轮 1 和 3 则称为中心轮或太阳轮。每个单一的周转轮系具有一个转臂，中心轮的数目不超过 2 个。注意，单一周转轮系中转臂与两个中心轮的几何轴线必须重合，否则不能传动。

图 7-4(a)所示的周转轮系，两个中心轮都能转动，轮系的自由度为 2，即需要两个原动件。这种周转轮系称为差动轮系。若固定住其中一个中心轮，如图 7-4(b)所示，只有一个中心轮能转动，则轮系的自由度为 1，即只需要一个原动件。这种周转轮系称为行星轮系。

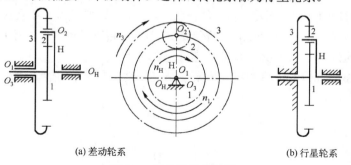

(a) 差动轮系   (b) 行星轮系

图 7-4 周转轮系的类型

2．周转轮系传动比的计算

由于周转轮系中行星轮 2 的运动不是绕固定轴线的简单转动，所以其传动比不能直接用求解定轴轮系传动比的方法来计算。但是，如果能使转臂 H 变为固定不动，并保持周转轮系中各构件之间的相对运动不变，则周转轮系就转化成为一个假想的定轴轮系，便可由式（7-2）列出该假想定轴轮系传动比的计算式，从而求出周转轮系的传动比。

在如图 7-5(a)所示的周转轮系中，设 n_1、n_2、n_3 及 n_H 为齿轮 1、2、3 及转臂 H 的转速。根据相对运动原理，当给整个周转轮系加上一个绕轴线 O_H 的公共转速 "$-n_H$" 后，转臂 H 便静止不动了，而各构件间的相对运动并不改变。这样一来，所有齿轮几何轴线的位置全部固定，原来的周转轮系便成了定轴轮系，如图 7-5(b)所示。

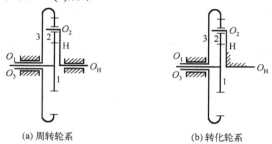

(a) 周转轮系　　　　　　　　　(b) 转化轮系

图 7-5　周转轮系和转化轮系

这一定轴轮系称为原周转轮系的转化轮系。现将各构件转化前后的转速列表 7-1 如下。

表 7-1　各构件转化前后的转速

构　件	原来的转速	转化轮系中的转速
1	n_1	$n_1^H = n_1 - n_H$
2	n_2	$n_2^H = n_2 - n_H$
3	n_3	$n_3^H = n_3 - n_H$
H	n_H	$n_H^H = n_H - n_H = 0$

转化轮系中各构件的转速 n_1^H、n_2^H、n_3^H 及 n_H^H 的右上角都带有上角标 H，表示这些转速是各构件对转臂 H 的相对转速。

既然周转轮系的转化轮系是一个定轴轮系，就可应用求解定轴轮系传动比的方法，求出其中任意两个齿轮的传动比。齿轮 1 和齿轮 3 间的传动比可表达为

$$i_{13}^H = \frac{n_1^H}{n_3^H} = \frac{n_1 - n_H}{n_3 - n_H} = (-1)\frac{z_2 z_3}{z_1 z_2} = -\frac{z_3}{z_1} \tag{7-3}$$

等式右边的 "−" 表示齿轮 1 与齿轮 3 在转化轮系中的转向相反。

当然，我们的目的并非是求转化机构的传动比。由式（7-3）可见，在各齿轮的齿数已知的条件下，对于三个活动构件 1、3 及 H，只要给定 n_1、n_3 及 n_H 中任意两个，就可求出另外一个。于是，原周转轮系的传动比 i_{13}（或 i_{1H}、i_{3H}）也可随之求出。

在如图 7-4(b)所示的行星轮系中，若齿轮 3 固定不动，则轮系的传动比为

$$i_{13}^H = \frac{n_1^H}{n_3^H} = \frac{n_1 - n_H}{n_3 - n_H} = \frac{n_1 - n_H}{0 - n_H} = 1 - i_{1H} = -\frac{z_3}{z_1}$$

所以

$$i_{1H} = 1 - i_{13}^H \tag{7-4}$$

式（7-4）表明，只要已知 1 和 H 中任一构件的速度，则另一构件的速度便可求出。

现将以上分析推广到一般情形。设 n_G 和 n_K 为周转轮系中任意两个齿轮 G 和 K 的转速，它们与转臂 H 的转速 n_H 之间的关系为

$$i_{GK}^H = \frac{n_G^H}{n_K^H} = \frac{n_G - n_H}{n_K - n_H} = (\pm)\frac{转化轮系中从G至K间所有从动轮齿数的连乘积}{转化轮系中从G至K间所有主动轮齿数的连乘积} \tag{7-5}$$

应用式（7-5）时，取 G 为输入构件，K 为输出构件，中间各轮的主从地位应按这一假定去判别。转化轮系传动比的正负号，要根据在定轴轮系中决定传动比正负号的方法来决定。

应当指出，只有两轴平行时，两轴转速才能代数相加，因此式（7-5）只适用于齿轮 G、K 和转臂 H 的轴线互相平行的场合。

将已知转速的数值代入公式求解未知转速时，必须注意数值的正、负号。在假定某一转向为正后，其相反方向的转速必须在数值前冠以负号，即必须将转速数值的大小连同它的符号一同代入式（7-5）进行计算。

下面举例说明周转轮系的传动比计算方法和步骤。

【例 7-3】 在图 7-6 所示的周转轮系中，已知各轮的齿数为 $z_1=15$，$z_2=25$，$z_3=20$，$z_4=60$，$n_1=200$ r/min，$n_4=50$ r/min，且齿轮 1 和齿轮 4 的转向相反。试求 n_H 的大小和方向。

解：

由式（7-5）得

$$i_{14}^H = \frac{n_1^H}{n_4^H} = \frac{n_1 - n_H}{n_4 - n_H} = (-1)^1\frac{z_2 z_4}{z_1 z_3}$$

代入已知数值时必须将自身的符号一同代入。由于齿轮 1 和齿轮 4 的转向相反，设 n_1 为正，则 n_4 为负，所以 $\dfrac{200 - n_H}{(-50) - n_H} = -\dfrac{25 \times 60}{15 \times 20}$，解得 $n_H = -\dfrac{50}{6} = -8.33$ (r/min)。

n_H 为负，说明转臂 H 与齿轮 1 转向相反，与齿轮 4 转向相同。

【例 7-4】 在图 7-7(a)所示的由锥齿轮组成的周转轮系中，已知：$z_1=48$，$z_2=48$，$z_{2'}=18$，$z_3=24$，$n_1=250$ r/min，$n_3=100$ r/min，齿轮 1 和齿轮 3 的转向如图 7-7(a)所示。试求 n_H 的大小和方向。

解：

如图 7-7(b)所示，画出转化轮系中各轮的转向，如虚线箭头所示。

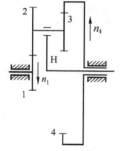

图 7-6 例 7-3 周转轮系

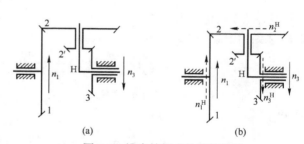

图 7-7 锥齿轮组成的周转轮系

由式（7-5）得

$$i_{13}^H = \frac{n_1^H}{n_3^H} = \frac{n_1 - n_H}{n_3 - n_H} = -\frac{z_2 z_3}{z_1 z_{2'}}$$

上式等号右边的"–"是由转化轮系中齿轮 1 和齿轮 3 虚线箭头反向而确定的，与实线箭头无关。设 n_1 为正，则 n_3 为负。代入上式得

$$\frac{250 - n_H}{(-100) - n_H} = -\frac{48 \times 24}{48 \times 18}$$

解得
$$n_H = \frac{350}{7} = 50 \ (\text{r/min})$$

正号表示 n_H 的转向与 n_1 相同。注意，本例中行星齿轮 $2-2'$ 的轴线和齿轮 1（或齿轮 3）及转臂 H 的轴线不平行，故不能利用式（7-5）来计算 n_2。

7.4 复合轮系传动比计算

在实际的机械传动中，除了单一的定轴轮系或单一的周转轮系外，还经常将定轴轮系和周转轮系或几个单一的周转轮系组合在一起使用，这种复杂的轮系称为复合轮系。因为复合轮系是由运动性质不同的轮系组成的，所以在计算其传动比时，首先必须将各单一的周转轮系和定轴轮系正确区分开来，然后分别按周转轮系和定轴轮系列出传动比计算式，并根据它们的组合关系找出其运动联系，最后联立解出复合轮系传动比。

查找定轴轮系的方法是：如果一系列互相啮合的齿轮的几何轴线是固定不动的，则这些齿轮便组成一个定轴轮系。

查找周转轮系的方法是：先找行星轮，即找出那些几何轴线是绕另一几何轴线转动的齿轮。当找到行星轮后，支持行星轮的构件就是转臂 H，与行星轮相啮合且几何轴线固定的齿轮就是中心轮。这些行星轮、中心轮和转臂 H 便组成了一个周转轮系。

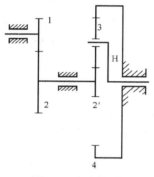

图 7-8 复合轮系

【例 7-5】 在图 7-8 所示的复合轮系中，已知各轮齿数 $z_1=20$，$z_2=40$，$z_2'=20$，$z_3=30$，$z_4=60$，试求 i_{1H}。

解：

（1）分解轮系

在图 7-8 所示的复合轮系中，齿轮 3 在绕自身轴线转动的同时，又随转臂 H 的轴线转动，故齿轮 3 为行星轮，与行星轮 3 相啮合的齿轮 $2'$ 和 4 为中心轮，它们一起组成一个周转轮系。剩下的齿轮 1 和 2 为定轴轮系，即：周转轮系，$2'-34H$；定轴轮系，12。

（2）分析轮系中各轮之间的内在关系，由图 7-8 可知

$$n_4=0 \qquad n_2=n_{2'}$$

（3）计算各轮系的传动比

对定轴轮系：由式（7-2）得

$$\begin{cases} i_{12} = \frac{n_1}{n_2} = (-1)\frac{z_2}{z_1} = -\frac{40}{20} = -2 \\ n_1 = -2n_2 \end{cases} \tag{7-6}$$

对周转轮系：由式（7-5）得

$$i_{2'4}^H = \frac{n_{2'}^H}{n_4^H} = \frac{n_{2'} - n_H}{n_4 - n_H} = -\frac{z_4 z_3}{z_3 z_{2'}} = -\frac{60}{20} = -3 \tag{7-7}$$

联立式（7-6）和式（7-7），代入 $n_4=0$，$n_2=n_{2'}$，得

$$\frac{n_2 - n_H}{0 - n_H} = -3$$

又 $n_1=-2n_2$，最后求得

$$i_{1H} = \frac{n_1}{n_H} = \frac{-2n_2}{\dfrac{n_2}{4}} = -8$$

7.5 轮系的功能

轮系广泛应用于各种机械中，其主要功能如下。

1. 相距较远两轴之间的传动

如图 7-9 所示，当两轴相距较远时，若仅用一对齿轮来传动（如图中双点划线所示），则齿轮的尺寸就很大，既占空间，又费材料，而且制造安装都不方便。若改用轮系传动（如图中点划线所示），则可以避免上述缺点，而且结构紧凑。

2. 可获得大的传动比

当需要获得较大的传动比时，若仅用一对齿轮传动，则两轮直径相差过大，齿数必然相差过多，不但齿轮传动尺寸会加大，还会引起小齿轮轮齿过早磨损，大齿轮的工作能力不能充分发挥。若改用轮系实现同样传动比，则不仅外廓尺寸小，且小齿轮不易损坏，结构紧凑。

若采用行星轮系，则只需要很少几个齿轮，就可获得很大的传动比。例如，如图 7-10 所示的行星轮系，当各轮的齿数为 $z_1=100$，$z_2=101$，$z_{2'}=100$，$z_3=99$，$z_4=60$ 时，其传动比可达 10000，由式（7-5）得 $i_{13}^H = \dfrac{n_1^H}{n_3^H} = \dfrac{n_1 - n_H}{n_3 - n_H} = \dfrac{z_2 z_3}{z_1 z_{2'}}$，代入已知数值 $\dfrac{n_1 - n_H}{0 - n_H} = \dfrac{z_2 z_3}{z_1 z_{2'}} = \dfrac{101 \times 99}{100 \times 100}$，解得

$$i_{1H} = \frac{n_1}{n_H} = \frac{1}{10000} \qquad\qquad i_{H1} = \frac{n_H}{n_1} = \frac{1}{i_{1H}} = 10000$$

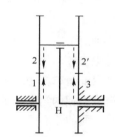

图 7-9 相距较远的两轴传动　　　　　　图 7-10 大传动比行星轮系

3. 实现变速、换向传动

在主动轴转速和转向不变的情况下，从动轴可获得多种转速或改变转向。汽车、机床、起重设备等多种机器设备都需要变速、换向传动。

图 7-11 为汽车变速箱，轴 Ⅰ 为动力输入轴，轴 Ⅱ 为输出轴，A-B 为牙嵌式离合器，轮 4-6 为滑移齿轮。该变速箱利用滑移齿轮和牙嵌式离合器可使输出轴获得四档不同的转速。当变速箱内齿轮的啮合传动关系是 1→B→A→4 或 1→2→5→6 或 1→2→3→4 时，从动轴获得三种转速。当传动关系为 1→2→7→8→6 时，从动轴获得第四种转速并反向转动。

4. 实现分路传动

在实际机械中，有时需要一个主动轴带动几个从动轴一起运动，这时必须采用轮系。图 7-12 所示的钟表传动系统中，当由发条 K 驱动齿轮 1 转动时，通过齿轮 1 与 2 相啮合使分针 M 转动；由齿轮 1、2、3、4、5 和 6 组成的轮系可使秒针 S 获得一种转速；由齿轮 1、2、9、10、11 和 12 组成的轮系可使时针 H 获得另一种转速。

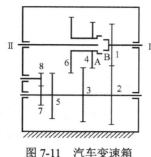

图 7-11　汽车变速箱

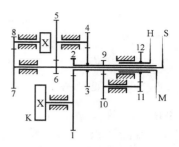

图 7-12　钟表传动系统

5. 实现运动的合成与分解

利用差动轮系可以把两个独立的运动合成为一个运动，或者将一个运动按确定的关系分解为两个独立的运动。

图 7-13 所示的差动轮系就是最简单的合成运动，其中 $z_1=z_3$。由式（7-5）得

$$i_{13}^H = \frac{n_1^H}{n_3^H} = \frac{n_1 - n_H}{n_3 - n_H} = -\frac{z_3}{z_1} = -1$$

解得 $2n_H=n_1+n_3$。这表明，1、3 两构件的运动可以合成为构件 H 的运动；也可以在构件 H 输入一个运动，分解为 1、3 两构件的运动。这类轮系称为差速器。由于输出转速为两个输入转速之和，因此称该机构为加法机构。当齿轮 1 及齿轮 3 的轴分别输入被加数和加数的相应转角时，行星架 H 转角的两倍就是它们的和。这种合成作用广泛应用在机床、计算装置、补偿调整装置中。

图 7-14 所示的汽车后桥差速器是运动分解的实例。当汽车直线行驶时，左、右两轮转速相同，行星轮不发生自转，齿轮 1、2、3 作为一个整体，随齿轮 4 一起转动，此时 $n_1=n_3=n_4$。当汽车拐弯时，为了保证两车轮相对于地面做纯滚动，显然左、右两轮行走的距离应不相同，即要求左、右轮的转速也不相同。此时可通过差动轮系 1、2、3 和 4（即行星架 H）将发动机传到齿轮 5 的转速分配给后面的左右两轮，从而实现运动分解，故有

$$2n_4=n_1+n_3 \tag{7-8}$$

又由图 7-14 可见，当车身绕瞬时回转中心 P 转动时，左右两轮走过的弧长与它们到 P 点的距离成正比，即

$$\frac{n_1}{n_3} = \frac{r-L}{r+L} \tag{7-9}$$

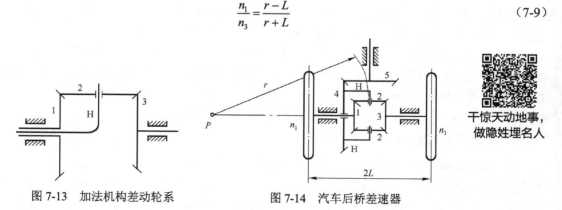

图 7-13　加法机构差动轮系

图 7-14　汽车后桥差速器

当发动机传递的转速 n_4、两轮距离 $2L$ 和转弯半径 r 已知时，可由式（7-8）和式（7-9）算出左右两轮的转速 n_1 和 n_3。

7.6 几种特殊的行星齿轮传动简介

除前面几节介绍的一般行星轮系之外，精密机械中还经常使用下面几种特殊行星齿轮传动。它们的基本原理与行星轮系相同，只是中心轮固定，行星轮的运动由输出轴同步输出。

1. 少齿差行星齿轮传动

图 7-15 为少齿差行星齿轮传动机构的运动简图。该机构由固定中心轮 1、行星轮 2、行星架（输入轴）、输出轴 X、机架，以及等速比机构 M（双万向联轴器）组成。其中，等速比机构的功能是，将轴线可动的行星轮 2 的运动同步地传送给轴线固定的输出轴 X，以便将运动和动力输出。因齿轮 1 和 2 的齿数相差很少（一般为 1～4），故称为少齿差。这种传动与前述各种行星轮系不同的地方表现在它输出的运动是行星轮的绝对转速，而前述各种行星轮系的输出运动是中心轮的绝对转速。其传动比为

$$\begin{cases} i_{12}^{H} = \dfrac{n_1 - n_H}{n_2 - n_H} = \dfrac{z_2}{z_1} \\[2mm] \dfrac{0 - n_H}{n_2 - n_H} = \dfrac{z_2}{z_1} \end{cases}$$

故

$$i_{H2} = -\frac{z_2}{z_1 - z_2}$$

上式表明，当齿数差 $z_1 - z_2$ 很小时，传动比 i_{H2} 很大。当 $z_1 - z_2 = 1$ 时，需要"一齿差"行星齿轮传动，其传动比 $i_{H2} = -z_2$。由此可见，这种轮系用很少几个构件，就可获得相当大的传动比。少齿差行星齿轮传动机构，按齿廓形状可以分为采用渐开线作齿廓的渐开线少齿差行星齿轮传动机构和采用摆线作齿廓的摆线少齿差行星齿轮传动机构。

图 7-16 为摆线少齿差行星齿轮传动示意图。行星轮 2 采用摆线作齿廓，与渐开线少齿差行星齿轮传动相比，制造和装配难度增大。固定中心轮 1 的齿形在理论上呈针状，但实际上制成滚子，固定在壳体上，称为针轮。故这种传动又称为摆线针轮行星传动。

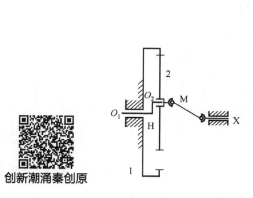

创新潮涌秦创原

图 7-15 少齿差行星齿轮传动

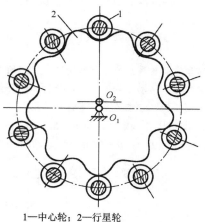

1—中心轮；2—行星轮

图 7-16 摆线少齿差行星齿轮传动

渐开线少齿差行星齿轮传动的主要优点为：传动比大，一级减速传动比可达 135，两级减速传动比可达 10000 以上；结构简单，体积小，重量轻；与同样传动比和同样功率的普通齿轮传动相比，重量可减轻 1/3 以上；加工与维修简便，只需要一种插齿机就可加工其齿轮。渐开线少齿差行星齿轮传动适用于中小型动力传动，在轻工、化工等机械中应用广泛。

摆线针轮传动的主要优点：传动比大，结构比较简单，体积小，重量轻，与同样传动比和同样功率的普通齿轮传动相比，其体积和重量可减少到原来的 1/3～1/2；效率高，一般可达 0.9～0.95；传动的齿数差 z_1-z_2 为 1，啮合齿数多，摩擦、磨损小，承载能力强，运转平稳，工作可靠，使用寿命长，其寿命较普通齿轮传动可提高 2～3 倍。由于以上优点，摆线针轮传动多制成减速器，可代替二级或三级普通齿轮减速器和蜗杆减速器，这种减速器多应用于军工、矿山、冶金、化工、造船等工业的机械设备上。

2. 谐波齿轮传动

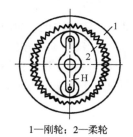

1—刚轮；2—柔轮

图 7-17　谐波齿轮传动

图 7-17 是谐波齿轮传动的示意图。其传动部分由三个基本构件组成：谐波发生器 H（相当于行星架 H）、刚轮 1（相当于中心轮）和柔轮 2（相当于行星轮）。刚轮 1 是一个刚性内齿轮，柔轮 2 是一个容易变形的薄壁圆筒外齿轮，它们的齿距相等，但柔轮 2 比刚轮 1 少一个或几个齿。为了获得滚动摩擦，减轻磨损，通常在谐波发生器上镶装有薄壁滚动轴承，这种轴承的座圈较一般标准滚动轴承的座圈要薄，以降低刚性，增加柔性，使其更易于满足变形的需要。

谐波发生器 H 为主动件，柔轮为从动件，刚轮 1 固定。当谐波发生器装入柔轮后，迫使柔轮的端面从原始的圆形变成椭圆形。其长轴两端附近的齿与刚轮的齿完全啮合；短轴两端附近的齿与刚轮的齿完全脱开；在周长上其余不同区段内的齿，有的处于逐渐啮入状态，有的处于逐渐啮出状态。当谐波发生器连续转动时，柔轮的变形部位也随之变动，使柔轮的轮齿依次进入啮合，再依次退出啮合，从而实现啮合传动。

由于在传动过程中，柔轮产生的弹性变形波近似于谐波，因此这种传动被称为谐波齿轮传动。

谐波齿轮传动除传动比大、体积小、重量轻和效率高外，因为不需等角速比机构，故零件数少，结构更为简单，同时参加啮合的齿数很多（可达 30%），故承载能力强，传动平稳，但需要选用疲劳强度高、弹性和热处理性能好的材料。因此，其加工和热处理工艺复杂。

谐波齿轮传动已广泛应用于仪器仪表、船舶、能源及军事装备中。

习　题　7

7-1　何谓定轴轮系？何谓周转轮系？它们的本质区别是什么？

7-2　定轴轮系传动比如何计算？传动比的符号表示什么意义？如何确定轮系的转向关系？

7-3　何谓惰轮？它在轮系中有什么作用？

7-4　在图 T7-1 轮系中，已知 $z_1=15$，$z_2=25$，$z_{2'}=15$，$z_3=30$，$z_{3'}=15$，$z_4=30$，$z_{4'}=2$（右旋），$z_5=60$，$z_{5'}=20$（$m=4$ mm），若 $n_1=500$ r/min，求齿条 6 的线速度 v 的大小和方向。

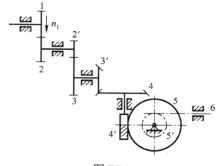

图 T7-1

7-5 图 T7-2 所示轮系中，蜗杆 1 为双头左旋蜗杆，$z_1=2$，转向如图 T7-2 所示。蜗轮的齿数为 $z_2=50$，蜗杆 2′为单头右旋蜗杆，$z_2=1$，蜗轮 3 的齿数为 $z_3=40$，其余各轮齿数为 $z_3=30$，$z_4=20$，$z_4=26$，$z_5=18$，$z_5=46$，$z_6=16$，$z_7=22$，求 i_{17}。

7-6 为什么要引入转化轮系？使用转化轮系传动比计算公式时应注意哪些问题？

7-7 如何把复合轮系分解为单一轮系？

7-8 图 T7-3 为由圆锥齿轮组成的行星轮系，已知 $z_1=60$，$z_2=40$，$z_2=z_3=20$，$n_1=n_3=120$ r/min。设中心轮 1、3 的转向相反，试求 n_H 的大小与方向。

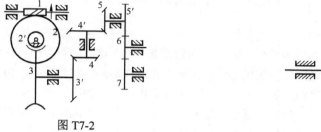

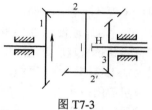

图 T7-2

图 T7-3

7-9 在图 T7-4 所示的输送带行星轮系中，已知各齿轮的齿数分别为 $z_1=12$，$z_2=33$，$z_2=30$，$z_4=75$。电动机的转速 $n_1=1450$ r/min。试求输出轴转速 n_4 的大小和方向。

7-10 在图 T7-5 所示的轮系中，各齿轮均为标准齿轮，且其模数均相等。已知各齿轮的齿数分别为 $z_1=20$，$z_2=48$，$z_2=20$，试求齿数 z_3 及传动比 i_{1H}。

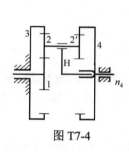

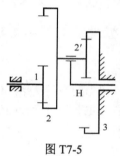

图 T7-4

图 T7-5

第8章 设计概论与精度设计

8.1 精密机械设计的要求、程序与方法

精密机械是现代科学技术的基础，是仪器仪表工业的一个重要支柱。精密机械设备一般是指结合光、电、气、液原理设计的"精密加工设备""精密测量仪器"等。随着生产和科学技术的发展，精密机械设备越来越广泛地应用在国民经济和国防工业的许多部门和领域中，如各种精密仪器仪表、精密加工机床、医疗器械、智能机器人等。随着光电技术、传感技术、微电子技术、通信技术和计算机应用技术的发展，精密仪器设备沿着光机电一体化、智能化的方向蓬勃发展，形成了一些新的研究领域和技术，如微机械系统、微光电系统。

一般来说，精密机械设备中的机械系统和结构与普通机械设备没有截然不同的区别，因此，衡量精密仪器设备中机械系统和结构的质量标准同样是技术性能指标和经济指标两方面。但是由于精密机械设备与普通机械设备的功能和使用环境条件不同，所以这两方面的内容和侧重点各有不同。通常，精密机械设计的基本要求可归纳为如下几方面。

8.1.1 精密机械设计的基本要求

1．功能要求

功能是指用户提出的需要满足的使用上的特性和能力，是精密机械设计的基本出发点。在设计过程中，设计者一定要使所设计的仪器设备实现预定的功能，满足运动和动力性能的要求。

2．精度要求

精度是精密机械的一项重要技术指标，应根据实际需要来定，一般分为中等精度、高精度、超高精度三类。设计时，必须保证所组成的精密机械系统机构在加工、安装和使用过程中所要求的精度。精密机械设备的工作精度应当是稳定的，并在一定期限内保持不变，要求设备本身具有一定的几何精度、传动精度和动态精度。

3．可靠性和安全性要求

要使精密机械在规定的使用条件下，在规定的时间内有效地实现预期的功能，则要求其工作安全可靠、操作方便。为此，零部件应具有一定的强度、刚度、耐磨性和振动稳定性等特质。

4．经济性要求

经济性好体现在三方面：生产成本低、使用消耗小、维护费用低。成本的高低主要取决于结构设计的好坏，所以设计时，要求机械零部件结构简单、材料选择合理、工艺性好，在可能的情况下，尽量采用标准设计尺寸和标准零件。

5．其他特殊要求

根据使用条件的不同，对精密机械提出的附加设计要求：产品外观要求造型美观大方、色泽柔和；航空航天仪表要求体积小、质量轻；恶劣环境中的仪表要求耐高温、耐腐蚀等。

8.1.2 精密机械设计的一般程序

精密机械产品与普通机械产品一样，都必须经过设计过程。产品设计大体上有三种：开发性设计，即利用新原理、新技术设计新产品；适应性设计，即基本保留原有产品的原理及方案，为适应市场需要，只对某些零件或部件进行重新设计；变参数设计，即保留原有产品的功能、原理方案和结构，仅改变零部件的尺寸或结构布局形成系列产品。

新产品开发设计一般可按如下程序进行（如图 8-1 所示）。

（1）调查决策阶段

① 确定设计任务。根据用户要求、市场需求等来确定设计任务。

② 调查研究。调查研究国内外同类产品的性能和特性技术指标，收集有关的技术资料及新技术、新工艺、新材料的应用情况等。

③ 制定设计任务书。在调查研究的基础上，对设计任务进行分析，制定新产品开发计划书。

（2）研究设计阶段

① 方案设计。根据机械产品的性能要求，提出若干可行方案，对方案进行对比分析、可行性分析，必要时进行试验分析，以选取最佳方案。

② 技术设计。方案确定之后，就要进行技术设计，其中包括运动设计、动力设计、总体结构设计和零部件设计。这一时期应完成装配图、零件工作图、各种系统图（传动系统、液压系统、电路系统、光路系统等）以及详细的计算说明书、使用说明书和验收规程等技术文件。以上各部分内容常需互相配合，设计工作也常需多次修改，逐步逼近，以设计出技术先进可靠、经济合理、造型美观的新产品。

（3）试制阶段

① 样机试制。根据技术设计所提供的图纸等技术文件制造样机。

② 样机试验。样机试制完成后，应进行样机试验，检测样机是否达到设计要求，发现存在的问题，为进一步修改提供依据。

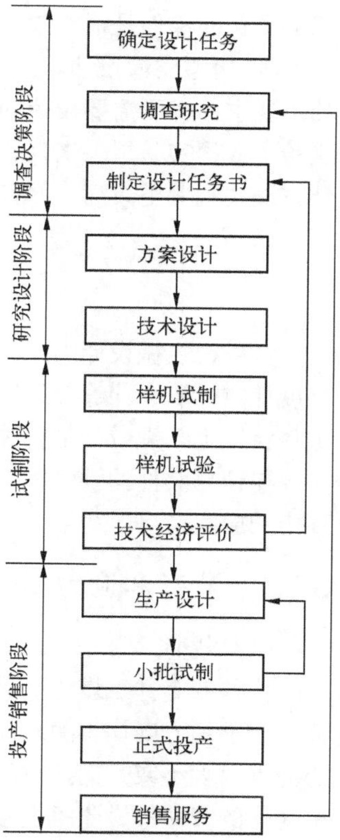

③ 技术经济评价。根据试验总结作出全面的技术经济评价，以决定设计方案是否可用或需要修改，使设计达到最佳化。

（4）投产销售阶段

① 生产设计。样机试验成功后，对于批量生产的产品，还需进行工艺流程和工艺装备方面的设计，以确保产品的性能和质量。

② 小批试制。进行小批量试制，供用户试用。

③ 正式投产。经小批试制、用户试用、改进定型后，即可投入正式生产和销售。

④ 销售服务。为用户提供售后咨询、售后维修和意见收集服务。从市场反馈信息中，发现产品的薄弱环节，这对于进一步完善产品设计、提高产品可靠度、萌生新的设计构思、开发新产品都有积极的意义。

图 8-1　新产品开发设计程序

8.1.3 精密机械设计方法

在当前精密机械设计中，零件的常规设计方法有以下几种。

① 理论设计。根据长期总结出来的设计理论和实验数据进行的设计称为理论设计，在材料力学中根据强度理论进行设计，在精度分析和误差计算中根据精度理论进行设计。结构设计的基本原则也要根据理论设计进行研究。

② 经验设计。根据某类零件已有的设计与使用实践而归纳出的经验关系式，或根据设计者本人的工作经验用类比的办法所进行的设计称为经验设计。这对那些使用要求变动不大而结构形状已典型化的零件是很有效的设计方法，如壳体、基座、传动零件的各结构要素等。

③ 模型实验设计。在理论设计和经验设计都难以解决问题时，可采用模型实验设计，即根据使用要求，将所需要设计的零部件，初步定出形状和尺寸并做出模型，通过实验手段对模型进行实验，根据实验结果来判断初步定出的形状和尺寸是否正确，然后进行修正，逐步完善。这种设计方法实验费用较高，而且费时，一般只用在特别重要的设计中。

8.2 精密机械零件的强度

在精密机械设计中，考虑精度要求之前必须首先保证强度，主要零件的基本尺寸往往是通过强度计算、刚度计算并经结构化之后确定的。强度是零件抵抗外载荷作用的能力。强度不足时，零件将发生断裂或产生塑性变形使零件丧失工作能力而失效。

在计算零件的强度时，需要根据作用在零件上载荷的大小、方向和性质及工作情况，确定零件中的应力。

8.2.1 载荷和应力

（1）载荷

构件或零件工作时所承受的外力称为载荷。根据载荷性质的不同，载荷可分为静载荷和变载荷。大小和方向均不随时间变化或变化缓慢的载荷称为静载荷，如零件的自重、匀速转动时的离心力等。大小或方向随时间变化的载荷称为变载荷。循环变化的载荷称为循环变载荷。随时间随机变化的载荷称为随机变载荷。

在进行强度计算时，作用在零件上的载荷又可分为工作载荷、名义载荷和计算载荷。

① 工作载荷：正常工作时零件所受的实际载荷。由于机器实际工作情况比较复杂，工作载荷的变化规律往往也比较复杂，所以工作载荷比较难以确定。

② 名义载荷：在稳定和理想的工作条件下，作用在零件上的载荷。

③ 计算载荷：由于零件的变形、工作阻力的变动和工作状态的不稳定，如冲击、振动等原因引起的作用在零件上的实际载荷将大于名义载荷。为了提高零件的工作可靠性，必须考虑上述因素，将名义载荷乘以某些影响系数，作为计算时采用的载荷，此载荷称为计算载荷，可表示为

$$F_c = KF \tag{8-1}$$

式中，F_c 为计算载荷，单位为 N；K 为影响系数；F 为名义载荷，单位为 N。

（2）应力

在载荷作用下，机械零件的截面（或表面）上将产生应力。根据名义载荷求出的应力称为名义应力，根据计算载荷求出的应力称为计算应力。

按照应力随时间的变化情况，应力也可分为静应力和变应力。不随时间变化或变化很小的应力为静应力（见图 8-2）。随时间变化的应力为变应力（见图 8-3）。变应力既可由变载荷产生，也可由静

图 8-2 静应力

载荷产生，例如，轴在不变弯矩作用下等速转动时，轴的横截面内将产生周期性变化的弯曲应力。

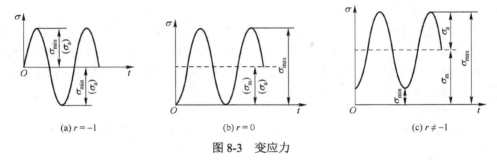

图 8-3　变应力

应力做周期性变化时，一个周期所对应的应力变化称为应力循环。应力循环中的平均应力 σ_{m}、应力幅度 σ_{a}、循环特征 r 与其最大应力 $\sigma_{\max}$ 和最小应力 $\sigma_{\min}$ 有如下关系：

$$\sigma_{\mathrm{m}} = \frac{\sigma_{\max} + \sigma_{\min}}{2} \tag{8-2}$$

$$\sigma_{\mathrm{a}} = \frac{\sigma_{\max} - \sigma_{\min}}{2} \tag{8-3}$$

$$r = \frac{\sigma_{\min}}{\sigma_{\max}} \tag{8-4}$$

$r=-1$ 时，称为对称循环变应力（见图 8-3(a)）；$r=0$ 时，称为脉动循环变应力（见图 8-3(b)）；$r\neq-1$ 时，称为非对称循环变应力（见图 8-3(c)）；$r=1$ 时，称为静应力，静应力可看作变应力的一个特例。

8.2.2　静应力作用下零件的强度

机械零部件在载荷作用下可能会出现整体或表面断裂、过大塑性变形等，从而导致其丧失正常工作能力，也称为失效。强度就是抵抗这种失效的能力。在静应力作用下，零件的主要失效形式为断裂或塑性变形，其强度计算方法有如下两种。

① 零件危险截面处的工作应力 σ、τ 不超过许用应力 $[\sigma]$、$[\tau]$，其强度条件为

$$\sigma \leqslant [\sigma] = \frac{\sigma_{\lim}}{[S_{\sigma}]} \qquad \text{或} \qquad \tau \leqslant [\tau] = \frac{\tau_{\lim}}{[S_{\tau}]} \tag{8-5}$$

式中，$\sigma_{\lim}$、$\tau_{\lim}$ 分别为零件材料的极限正应力和极限切应力；$[S_{\sigma}]$、$[S_{\tau}]$ 分别为正应力作用下和切应力作用下的许用安全系数。

② 零件危险截面处的计算安全系数不应小于许用安全系数，其强度条件为

$$S_{\sigma} = \frac{\sigma_{\lim}}{\sigma} \geqslant [S_{\sigma}] \qquad \text{或} \qquad S_{\tau} = \frac{\tau_{\lim}}{\tau} \geqslant [S_{\tau}] \tag{8-6}$$

式中，S_{σ}、S_{τ} 分别为正应力作用下和切应力作用下的计算安全系数。

在静应力下，对于用塑性材料制成的零件，取材料的屈服极限 σ_{s} 或 τ_{s} 作为极限应力；对于用脆性材料制成的零件，取材料的强度极限 σ_{b} 或 τ_{b} 作为极限应力。当材料缺少屈服极限的数据时，可取强度极限作为极限应力，但安全系数应取得大一些。

8.2.3　变应力作用下零件的强度

零件在变应力作用下，其强度条件与静应力相同，其表达式也可写成式（8-5）或式（8-6）的形式。但在变应力作用下机械零件的损坏，与在静应力作用下的损坏有本质的区别。在变应力

作用下，零件的主要失效形式是疲劳断裂，因此在强度条件中主要表现为极限应力的不同。零件受变应力作用时，其极限应力不仅与材料的性能有关，也与变应力的循环特征、应力循环的次数、应力集中、零件的表面状态、绝对尺寸等有关。

表面无缺陷的金属材料的疲劳断裂过程可分为两个阶段。第一阶段是在变应力的作用下，零件材料表面开始滑移而形成初始裂纹；第二阶段是随着应力循环次数的增加，初始裂纹逐渐扩展以致断裂。因此，疲劳断裂是微观损伤积累到一定程度的结果。零件上的圆角、凹槽、缺口等造成的应力集中也会促使零件表面裂纹生成和扩展。

（1）疲劳曲线

当循环特征 r 一定时，应力循环 N 次后，材料不发生疲劳破坏时的最大应力称为疲劳极限，用 σ_{rN} 表示。

表示应力循环次数 N 与疲劳极限 σ_{rN} 间关系的曲线称为疲劳曲线或 $\sigma\text{-}N$ 曲线（见图 8-4）。金属材料的疲劳曲线有两种：一种是当循环次数 N 超过某一值 N_0 以后，疲劳极限不再降低，曲线趋向水平（见图 8-4(a)），N_0 称为循环基数；另一种则没有水平部分（见图 8-4(b)），有色金属及某些高硬度合金钢的疲劳曲线多属于这一类。

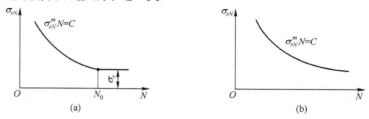

图 8-4　疲劳曲线

有明显水平部分的疲劳曲线可分为两个区域：$N \geqslant N_0$ 区为无限寿命区，$N < N_0$ 区为有限寿命区。在无限寿命区中，疲劳极限是一个常数，而在有限寿命区，疲劳极限 σ_{rN} 将随循环次数 N 的减小而增大，其疲劳曲线方程为

$$\sigma_{rN}^m N = \sigma_r^m N_0 = C \qquad \text{或} \qquad \tau_{rN}^m N = \tau_r^m N_0 = C' \tag{8-7}$$

式中，σ_r、τ_r 分别为循环特征为 r 时对应于无限寿命区的疲劳极限；m 为与应力状态有关的指数；C、C' 为常数。

由式（8-7）可按 σ_r（或 τ_r）求出循环次数为 N 时的疲劳极限，即

$$\sigma_{rN} = \sigma_r \sqrt[m]{\frac{N_0}{N}} = K_N \sigma_r \tag{8-8}$$

式中，K_N 为寿命系数，$K_N = \sqrt[m]{N_0/N}$。

（2）极限应力

零件在变应力状态下工作时，通常以材料的疲劳极限 σ_r 作为极限应力，然后用寿命系数 K_N 来考虑零件实际应力循环次数 N 的影响。材料相同但应力循环特征 r 不同时，其极限应力 σ_r 不同。对称循环变应力（$r = -1$）对应的极限应力为 σ_{-1}，脉动循环变应力（$r = 0$）对应的极限应力为 σ_0。

8.2.4　零件的接触疲劳强度

在精密机械中，经常遇到两个零件相互接触以传递压力的情况（见图 8-5）。受载前两个零件是点接触或线接触，受载后由于接触部分产生局部的弹性变形，接触变为面接触。这种接触，接触面积很小，但表层产生的应力却很大，这种应力称为接触应力。在精密机械零件设计中遇到的

接触应力多为变应力，产生的失效属于接触疲劳破坏。

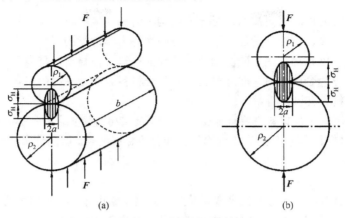

图 8-5　两弹性体的接触应力

如图 8-5(a)所示，两个轴线平行的圆柱体相互接触，受载前为线接触，受载后接触区域为一狭长矩形。根据赫兹公式，可知其接触表面的最大接触应力

$$\sigma_{\mathrm{H}} = \sqrt{\frac{F}{\rho \pi b \left(\dfrac{1-\mu_1^2}{E_1} + \dfrac{1-\mu_2^2}{E_2} \right)}} \qquad (8\text{-}9)$$

式中，F 为作用在圆柱体上的载荷，单位为 N；b 为接触长度，单位为 mm；ρ 为两圆柱体在接触处的综合曲率半径，$\rho = \dfrac{\rho_1 \rho_2}{\rho_2 \pm \rho_1}$，"+" 用于外接触，"−" 用于内接触，$\rho_1$、$\rho_2$ 分别为两圆柱体的曲率半径；E_1、E_2 分别为两圆柱体材料的弹性模量，单位为 MPa；μ_1、μ_2 分别为两圆柱体材料的泊松比。

如图 8-5(b)所示，两个钢制球体相互接触，受载前为点接触，受载后接触区域变成一直径为 $2a$ 的小圆面积。当在力 F 作用下相压时，接触表面的最大接触应力

$$\sigma_{\mathrm{H}} = 0.388 \sqrt[3]{\frac{FE^2}{\rho^2}} \qquad (8\text{-}10)$$

式中，E 为综合弹性模量，$E = \dfrac{2E_1 E_2}{E_1 + E_2}$。

在循环接触应力作用下，接触表面产生疲劳裂纹，裂纹扩展导致表层小块金属剥落，这种失效形式称为疲劳点蚀。点蚀将使零件表面失去正确的形状，降低工作精度，引起附加动载荷，产生噪声和振动，并降低零件的使用寿命。影响疲劳点蚀的主要因素是接触应力的大小，因此接触疲劳强度的条件式为 $\sigma_{\mathrm{H}} \leqslant \sigma_{\mathrm{HP}}$，$\sigma_{\mathrm{HP}}$ 为许用接触应力，单位为 MPa。

提高表面接触强度可以采取以下措施：① 增大接触处的综合曲率半径 ρ，以降低接触应力；② 提高接触表面的硬度，以提高接触疲劳极限；③ 提高零件表面的加工质量，以改善接触情况；④ 采用黏度较大的润滑油，以减缓疲劳裂纹的扩展。

8.3　精密机械零件的常用材料及钢的热处理

在精密机械设计中，正确选用零件的材料和热处理方法对保证和提高产品的性能和质量、降低成本有着十分重要的意义。

8.3.1 常用材料

在精密机械中，应用的材料按用途可分为结构材料和功能材料。结构材料是指工程上要求强度、刚度、塑性、硬度、耐磨性等力学性能的材料。功能材料是指具有光、电、声、热、磁等功能和效应的材料。按材料的特点及性质，材料一般可分为金属材料、非金属材料和复合材料。非金属材料又可分为无机非金属材料和有机材料。

精勤不倦怀大爱，
淡泊名利求报国

精密机械中常用的工程材料主要有金属材料、非金属材料和复合材料等。金属材料是精密机械中应用最广泛的材料，又可分为黑色金属材料和有色金属两类。黑色金属材料是铁基金属合金，包括钢和铸铁。

（1）钢

钢是铁和碳的合金，还含有其他金属或非金属元素。钢可分为碳素钢和合金钢两大类。

① 碳素钢。碳素钢的性能主要取决于含碳量。按其含碳量的不同，碳素钢分为低碳钢、中碳钢和高碳钢。碳素钢价格低廉、容易获得，易于加工。通过增减含碳量和进行不同的热处理，碳素钢的性能可以得到改善，能满足一般生产上的要求。对于受力不大、基本上承受静载荷的零件，可选用普通碳素钢；当零件受力较大、承受变应力或冲击载荷时，可选用优质碳素钢。由于碳素钢淬透性低，且不能满足一些特殊的性能要求，如耐热、耐低温（低温下有高韧性）、耐腐蚀、高耐磨性等，因而限制了它的使用。

② 合金钢。合金钢中含有一定数量的合金元素。合金元素的加入对钢的性能影响很大，可以增加强度、硬度、塑性和韧性，提高耐磨、耐酸、防锈和抗腐蚀等性能。根据加入合金元素总量的不同，合金钢可分为低合金钢、中合金钢和高合金钢。当零件受力较大、承受变应力、工作情况复杂、热处理要求较高时，一般选用合金钢。

（2）铸铁

铸铁的抗拉强度、塑性和韧性较差，但抗压强度较高，具有良好的铸造性、切削加工性和减摩性等，且价格低廉。铸铁分为灰铸铁和球墨铸铁。

① 灰铸铁。灰铸铁中的碳主要以自由状态的片状石墨形式存在，断口呈灰色，故称为灰铸铁。灰铸铁成本低，铸造性好，可制成形状复杂的零件，具有良好的减振性能。灰铸铁本身的抗压强度高于抗拉强度，适用于制造在受压状态下工作的零件。灰铸铁的脆性很大，不宜承受冲击载荷。

② 球墨铸铁。球墨铸铁中的碳主要以球状石墨形式存在，具有较高的延展性和耐磨性。球墨铸铁的强度比灰铸铁高，接近于碳素结构钢，减振性优于钢，因此多用于制造受冲击载荷的零件。

（3）有色金属

工业上把铁以外的金属统称为有色金属，以有色金属为主要元素组成的合金称为有色金属合金。有色金属及其合金具有一些特殊性能，如良好的减摩性、耐蚀性、耐热性和导电性等，在精密机械中多作为耐磨、减摩、耐蚀或装饰材料来使用。

① 铜和铜合金。铜具有良好的导电性、导热性、耐蚀性和延展性。常用的铜合金有黄铜、青铜等。黄铜是铜与锌的合金，可铸造也可锻造，有良好机械加工性能。青铜是在铜合金中加入锡、铅等元素。加入元素以锡为主的称为锡青铜，锡青铜的强度、硬度、耐磨性及耐腐蚀性都比黄铜高，具有良好的弹性、导电性、切削性能和压力加工性能。铜合金中加入的主要元素不是锌和锡的合金，称为无锡青铜，如铜合金中加入铝、铍、铅等元素，分别成为铝青铜、铍青铜、铅青铜。铝青铜的强度比黄铜和锡青铜都高，且价格便宜，常用来制造承受重载、耐磨的零件。铍青铜经淬火和人工时效处理后，强度、硬度、弹性极限和疲劳极限均有较大的提高，具有良好的耐蚀性、

导电和导热性及无磁性，是制造某些弹性元件的极好材料，但成本较高。

② 铝合金。铝合金是在铝中加入铜、镁、锰、锌、硅等。铝合金分铸铝合金和硬铝合金。铸铝合金的铸造性能良好，切削性能较差，具有足够的强度、良好的塑性和耐蚀性，常用于制造光学仪器和精密机械的壳体和支座。硬铝合金经轧制成材，广泛用于制造精密机械中的结构零件。铝合金不耐磨，可用镀铬的方法提高其耐磨性。铝合金不产生电火花，故可用作易燃易爆物的容器材料。

③ 钛合金。钛合金中主要加入元素有铝、铬、锰、铁、钼、钒等。钛和钛合金的密度都较小，高、低温性能较好，强度高，并具有良好的耐蚀性，所以在航空、造船、化工等工业中得到了广泛应用。

（4）非金属材料

在精密机械和仪器仪表中，除了大量应用各种金属材料外，还经常使用各种非金属材料，如橡胶、工程塑料、人工合成矿物等。

① 橡胶。橡胶除具有较大的弹性和良好的绝缘性之外，还有良好的耐磨损、耐化学腐蚀和耐放射性等特点，应用非常广泛。

② 工程塑料。工程塑料是以天然树脂或人造树脂为基础，加入填充剂、增塑剂、润滑剂等制成的高分子有机物。其密度小、质量轻、耐腐蚀性能好、容易加工，可用注塑、挤压成型的方法制成各种形状复杂、尺寸精确的零件。按其成型工艺的特点，工程塑料可分为热塑性塑料和热固性塑料。常用的热塑性塑料有聚酰胺（尼龙）、聚甲醛、聚碳酸酯、氯化聚醚、有机玻璃等。常用的热固性塑料有酚醛塑料、氨基塑料等。

③ 人工合成矿物。常用的人工合成矿物有石英和刚玉。石英是一种透明的晶体，有天然、人工合成的两种。石英的成分为二氧化硅，是一种六棱柱形多面体，两端呈角锥形。石英晶体是各向异性体，具有压电效应。电子钟、电子表、各种频率计中的晶体振荡器都是由石英晶体制成的。

刚玉的成分是三氧化二铝，俗称宝石，硬度仅次于钻石。纯的宝石无色，但由于杂质的渗入会具有红、蓝、黑、褐等不同颜色。如渗入氧化铬和二氧化钛的宝石是红宝石，渗入氧化钛和氧化铁的宝石是蓝宝石。仪器仪表和钟表行业一般多使用红宝石来制造微型轴承，如一些航空仪表、百分表和钟表等中的宝石轴承。

（5）复合材料

复合材料是由两种或两种以上性质不同的金属材料或非金属材料，按设计要求进行定向处理或复合而得的一种新型材料。常见的复合材料有纤维复合材料、层叠复合材料、颗粒复合材料、骨架复合材料等。工业中用的较多的是纤维复合材料，主要用于制造薄壁压力容器。另外，在碳素结构钢板表面贴覆塑料或不锈钢，可以得到强度高而耐蚀性能好的塑料复合钢板或金属复合钢板。目前，复合材料已广泛用于汽车、航空航天工业等领域。

关于各种材料的力学性能、产品规格等，可参阅相关文献。

8.3.2 钢的热处理

钢的热处理是通过加热、保温、冷却的操作方法，使钢的组织结构发生变化，以获得所需性能的工艺方法。热处理工艺并不改变钢的化学成分和形状，其目的的主要是：① 提高零件的强度、硬度和表面的耐磨性；② 消除零件内部的残余内应力；③ 降低硬度，改善机械加工性能；④ 满足防腐等一些特殊要求。因此，热处理工艺在精密机械中被广泛采用，一些重要零件如齿轮、主轴、弹簧，以及刀具、模具和量具等，在加工过程中都需经过热处理才能使用。

根据加热、保温、冷却条件的不同和对钢的性能的要求不同，钢的热处理有以下方式。

（1）退火

将钢加热到临界温度以上 20～30℃，经一定时间保温，随后缓慢冷却，这样的热处理工艺叫作退火。退火的目的是降低钢的硬度，改善切削加工性能；细化晶粒，减少组织不均匀性，提高韧性和塑性；消除残余应力，防止钢件的变形和开裂。

（2）正火

将钢加热到临界温度以上 30～50℃，经一定时间保温，然后在空气中冷却的热处理方法叫作正火。正火的冷却速度比退火快，加热和保温的时间一样，故可获得比退火后的组织更细的组织，从而使钢得到较高的力学性能，硬度和强度均比退火后高。

（3）淬火

淬火又称为硬化，将钢加热到临界温度以上 30～50℃，保温一定时间，然后在水、盐水或油中急速冷却。淬火的目的是提高零件的硬度和耐磨性。由于淬火后，材料硬而脆，且内应力大，所以淬火后的零件不能直接应用，要经过回火处理。

（4）回火

将淬火后的零件，重新加热到临界温度以下的某一温度，保温一定时间，然后在空气、水或油中冷却的工艺叫回火。回火的目的是消除淬火时因冷却过快而产生的内应力，以降低钢的脆性，使其具有一定的韧性。因而回火不是独立的工序，它是淬火后必定要进行的工序。

根据加热温度不同，回火可分为低温回火、中温回火和高温回火。

① 低温回火。加热温度为 150～250℃，目的是在保持高硬度的前提下降低淬火应力和脆性，用于需要高硬度（59～62HRC）的工具和受强烈摩擦的零件，如切削工具、模具和滚动轴承等。

② 中温回火。加热温度为 300～450℃，目的是消除淬火后的内应力，获得较高的弹性、一定的硬度和韧性，用于需要一定硬度（35～45HRC）、好的弹性和一定韧性的零件，如弹簧、热压模具等零件。

③ 高温回火。加热温度为 500～650℃，目的是消除淬火后的内应力，获得较高的韧性和塑性，但硬度较低（200～350HBS）。通常把淬火后经高温回火的热处理过程称为"调质处理"。一些重要的零件，如主轴、连杆、丝杠、齿轮等，均需调质处理。经调质处理后的钢的力学性能和正火相比，不仅强度高，而且韧性和塑性比较好，因此是使用得最多的热处理工艺。

（5）表面淬火

表面淬火主要是通过快速加热与立即淬火冷却相结合的方法来实现的，即利用快速加热使钢件表面很快地达到淬火的温度，而不等热量传至中心，即迅速予以冷却，结果只使表层被淬硬，而中心仍留有原来塑性和韧性较好的退火、正火或调质状态的组织。表面淬火一般适用于要求表面硬度高、内部韧性大的零件，如齿轮、蜗杆、丝杠和轴颈等。

根据加热的方法不同，表面淬火主要有感应加热（高频、中频、工频）表面淬火、火焰加热表面淬火、电接触加热表面淬火、电解液加热表面淬火等。

（6）化学热处理

化学热处理是将工件置于一定介质中加热和保温，使介质中的活性原子渗入工件表层，以改变表层的化学成分和组织，从而使工件表面具有某种特殊的物理或化学性能。

化学热处理工艺较多，渗入的元素不同，会使工件表面所具有性能也不同，热处理工艺有以下 3 种。

① 渗碳。渗碳是向钢件表面层渗入碳原子的过程。其目的是使工件在热处理后表面具有高硬

度和耐磨性，而心部仍保持一定强度以及较高的韧性和塑性。按照采用的渗碳剂不同，渗碳法可分为气体渗碳、固体渗碳、液体渗碳三种。

渗碳一般主要用于低碳钢、低碳合金钢的工件。对于某些齿轮、轴、活塞销、万向联轴器等要求表面层的硬度、耐磨性、疲劳强度、心部韧性和塑性都很高的重载零件，渗碳后还需进行淬火和低温回火处理。

② 氮化。氮化是向钢件表面层渗入氮原子的过程。氮化温度一般较低，通常低于调质处理的回火温度。因此零件产生的变形较小，疲劳强度高，而且能在表面生成致密的氮化物层，具有很好的耐蚀性。

氮化能获得比渗碳淬火更高的表面硬度、耐磨性、热硬性、疲劳强度和抗腐蚀性能。氮化后不需再淬火，变形小。氮化主要用于硬度和耐磨性高，以及不易磨削的精密零件，如齿轮（尤其是内齿轮）、主轴、镗杆、精密丝杠、量具、模具等。

③ 氰化。氰化是将碳和氮同时渗入零件的表面层，所以又叫碳氮共渗。氰化处理可以提高零件表面的硬度、耐腐蚀性和疲劳强度，并保持零件心部的韧性和塑性。目前，以中温（700℃～800℃）和低温（低于570℃）（又称为气体软氮化）氰化处理应用较为广泛。

8.3.3 材料的选用原则

精密机械中零部件的某些技术性能和要求，如强度、刚度、硬度、弹性、导电性等能否得到满足，与是否正确选用其材料密切相关。选材时应主要考虑使用、工艺和经济三方面的要求。

（1）使用要求

使用要求一般包括：零件所受载荷和应力的大小及性质，对零件尺寸和质量的限制，工作状况（如零件所处的环境介质、工作温度、摩擦性质等）。按使用要求选用材料的一般原则如下。

① 若零件的尺寸取决于强度，且尺寸和质量又受到某些限制时，应选用强度较高的材料。

② 若零件的尺寸取决于刚度，则应选用弹性模量较大的材料。这里应注意碳素结构钢和合金结构钢的弹性模量相差甚小，所以为提高刚度而选用合金钢是没有意义的。当截面积相同，改变零件形状能得到较大的刚度，如某些空心轴结构的应用。

③ 若零件的尺寸取决于接触强度，应选用可以进行表面强化处理的材料，如调质钢、渗碳钢、渗氮钢等。

④ 滑动摩擦下工作的零件，为减小阻力应选用减摩性能好的材料。在高温下工作的零件，应选用耐热材料，在腐蚀介质中工作的零件应选用耐腐蚀材料等。

由于通过热处理可以有效地提高和改善金属材料的性能，因此，在选用材料时，应考虑采用何种热处理工艺，以充分发挥材料的潜力，提高零件的质量。

（2）工艺要求

各种材料具有不同的加工性能，选用材料时必须考虑零件加工的工艺方法、生产条件和毛坯的制取方法等。例如，形状复杂、尺寸较大的零件一般难以锻造，如果采用铸造，必须考虑材料的铸造性能，而且在结构上必须符合铸造要求；锻件要视批量大小决定采用模锻或自由锻。

尺寸较小的齿轮坯、蜗杆、轴类等旋转体零件可采用钢、铜合金、铝合金棒料，直接进行机械加工；形状简单、薄壁、高度或深度小的零件，如生产批量较大时，可考虑采用低碳钢、铜、铝合金等塑性好的材料，由压力加工成形。

在自动机床上进行大批量生产的零件，应考虑材料的切削性能要好（易断屑、刀具磨损小、表面光滑等）。选择材料时，还必须考虑材料的热处理工艺性能（淬透性、淬硬性、变形开裂倾向性、回火脆性等）。

（3）经济要求

经济性是选材的根本原则。选择材料时，必须考虑到生产的经济性和材料的相对价格，不应片面选用优质材料。在满足使用要求和工艺要求的前提下，应尽可能选用普通材料和价格低廉的材料，以降低生产成本。要考虑我国的材料资源和国内外供应情况，尽可能做到就地取材。

对于加工批量大的小型零件，加工费用在总成本中占有很大比重，因此应考虑材料的加工性和零件的结构工艺性。

此外，选材时还应考虑环境保护，应尽量选用加工污染少的材料，降低污染物处理的费用。应尽量减少加工能源的消耗，也能达到降低制造成本的目的。

8.4　精密机械零件的结构工艺性

为了使精密机械能够最经济地制造出来，在结构设计过程中，应注重整体的结构工艺性和各个零件的工艺性。

工艺性良好的结构和零件应当是：制造和装配的工时较少，需要复杂设备的数量较少，材料的消耗较少，准备生产的费用较少。

结构工艺性与具体的生产条件有关，对于某一种生产条件下工艺性很好的结构，在另一种生产条件下却不一定很好。一般通用的改善结构工艺性的原则有以下几方面。

① 便于制造毛坯。毛坯的制造方法有铸造、锻造和焊接等，应根据机械零件的使用要求、生产批量和具体制造条件进行选择。

② 便于切削加工。结构设计时应注意满足：便于装夹工件，尽可能减少加工面积，尽量采用标准刀具并减少刀具种类，便于刀具进入和退出，合理选择零件的尺寸公差和表面粗糙度。

③ 在结构中应尽量采用已经掌握并生产过的零件和部件，特别是尽量选用标准件。在同一个结构中，尽量采用相同零件。

④ 应使零件、部件具有互换性，在精度要求较高的情况下，可设计有调整环节，尽可能不采用选择装配。

⑤ 整个结构能很容易地分拆成若干部件，各部件之间的联系和相互配置应能保证易于装配、维修和检验。

8.5　精密机械零件的刚度

刚度用来反映零件在载荷作用下抵抗弹性变形的能力。刚度的大小用产生单位变形所需要的外力或外力矩来表示。零件的刚度按其承受载荷的性质可分为静刚度和动刚度。

由静载荷与变形关系所确定的刚度称为静刚度，而由变载荷与变形关系所确定的刚度称为动刚度。用金属材料制造的零件，其静刚度与动刚度的数值基本上是相同的。用某些非金属材料制造的零件，如橡胶零件（见图 8-6），在静载荷 F_1 作用下的变形量 λ_1 将大于在变载荷（其载荷的最大值为 F_1）作用下的变形量 λ_2，因此其静刚度与动刚度是不同的。

刚度的计算准则为

$$y \leqslant [y]; \qquad \theta \leqslant [\theta]; \qquad \phi \leqslant [\phi] \qquad (8\text{-}11)$$

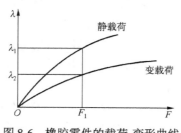

图 8-6　橡胶零件的载荷-变形曲线

式中，y、θ 和 φ 为零件工作时的挠度、偏转角和扭转角；$[y]$、$[\theta]$ 和 $[\varphi]$ 为零件的许用挠度、许用偏转角和许用扭转角。

对于某些零件，要求有足够的刚度，当零件的刚度不足时，将使互相联系的一些零件不能很好地协同工作，降低了零件的工作精度。例如，在齿轮传动中，如果轴的刚度不足，将会破坏齿轮的正确啮合，引起齿轮的运动误差。

对于另外一些零件，则要求有一定的刚度，即在载荷作用下，零件应产生给定的变形，如弹性元件、减震器等，因此对于这类零件一定要进行刚度计算。

由材料力学可知，零件刚度的大小与材料的弹性模量、零件的截面形状和几何尺寸有关，而与材料的强度极限无关。由于碳素钢和高强度合金钢两者的弹性模量相差很小，所以若对零件仅有刚度要求时，应选用价格低廉的碳素钢。

提高零件刚度可以采取适当增大或改变零件的截面形状尺寸以增大其惯性矩、减少支承跨距、合理增添加强筋等结构措施。

8.6 精密机械精度设计

精密机械精度设计从精度观点研究机械零部件及结构的几何参数。机械零部件几何参数的精度会直接影响产品的质量，如工作精度、耐用性、可靠性、效率等。在合理设计结构和正确选用材料的前提下，机械零部件几何参数的精度设计是实现产品功能和性能要求的基础。

机械零部件几何精度设计的任务就是根据使用要求，对参数设计阶段确定的机械零件的几何参数合理地给出尺寸、形状位置和表面粗糙度公差值，控制加工误差，从而保证产品的各项性能要求。

1. 机械精度的基本概念

互换性是指零部件在几何、功能等参数上能够彼此相互替换的性能，即同一规格的零部件，不需要任何挑选、调整或修配，就能装配（或更换）到机器或仪器上，并且符合使用性能要求。例如，设备上一个螺钉掉了，换上一个相同规格的新螺钉即可，因为螺钉具有互换性。

要保证零部件具有互换性，只能使其几何参数的实际值充分接近理论值。其接近程度取决于产品的质量要求。为了保证产品几何参数的实际值对其理论值充分接近，就必须将其实际值的变动量限定在一定范围内，这个范围就是公差，即零部件的互换性是用几何参数的公差来保证的。工程实践中，只要使同一规格零部件的几何参数的变动控制在公差范围内，就能达到实现互换性的目的。公差是由设计者给定的，其值大小应根据功能要求和经济性权衡而定。

几何参数方面的质量即几何精度，通常包括构成机械零件几何形体的尺寸精度、几何形状精度、相对位置精度和表面粗糙度。几何精度是指零件经过加工后几何参数的实际值与设计要求的理论值相符合的程度，它们之间的偏离程度则被称为加工误差。加工精度在数值上通常用加工误差的大小来反映和衡量。零件的几何形体一定时，误差越小则精度越高，误差越大则精度越低。零件精度高则寿命长、可靠性好。

几何量加工误差可分为尺寸（线性尺寸和角度）误差、几何形状误差（包括宏观几何形状误差、微观几何形状误差和表面粗糙度）、相互位置误差等。

零件加工产生几何参数误差，会影响其使用功能和互换性。如果将这些误差控制在公差范围内，即将零件几何参数实际值的变动控制在公差范围内，保证同一规格的零件彼此充分近似，则零件的使用性能和互换性都能得到保证。因此，零件应当按照规定的公差来制造。公差是事先规定的工件尺寸、几何形状和相互位置允许变动的范围，用于限制加工误差。

2. 机械精度设计的一般步骤

精度设计又称为公差设计，就是根据机械和仪器的功能和性能要求，正确、合理地设计机械零件的尺寸精度、形状和位置精度以及表面粗糙度，并将其正确地标注在零件图和装配图上。

精度设计的目的是通过适当选择零部件的加工精度和装配精度，在保证产品精度要求的前提下，使其制造成本最小。精度设计的主要任务是确定机械各零件几何要素的公差。

机械精度设计一般分为以下步骤：① 产品精度需求分析；② 总体精度分析；③ 结构精度设计计算，包括部件精度设计计算和零件精度设计计算。

机械精度设计一般有三种方法：类比法（经验法）、试验法、计算分析法。类比法的基础是参考资料的收集、整理和分析。计算分析法只适用于某些特定场合，而且还要对由计算分析法得到的公差进行必要调整。试验法主要适用于新产品关键和特别重要零部件的精度设计。当前，机械精度设计仍处于经验设计的阶段，主要采用类比法，由设计者根据实际工作经验确定。随着 CAD 的深入应用，计算机辅助精度（公差）设计的研究应用日益受到国内外的高度重视。

8.7 精度设计原则

精度设计的基本原则是经济地满足功能要求，应当在满足产品使用要求的前提下，给产品规定适当的精度（合理的公差）。互换性及标准化只是机械精度设计的一部分任务。

对于不同的机械和仪器产品，用途不同，机械精度设计的要求和方法也不同，但都应遵循以下原则。

1. 互换性原则

互换性原则是现代化生产中一项普遍遵守的重要技术经济原则，在各行业被普遍而广泛地采用。在机械制造中，大量使用具有互换性的零部件。遵循互换性原则，不仅能有效保证产品质量，而且能提高劳动生产率，降低制造成本。

互换性原则不仅适用于大批量生产，同样适用于中小批量、多品种生产以及大批量定制生产。大批量定制生产对产品零部件以及制造系统的互换性和标准化水平要求更高。

互换性是针对重复生产零部件的要求。只有重复生产、分散制造、集中装配的零件才要求互换。只要按照统一的设计进行重复生产，就可以获得具有互换性的零部件。

2. 经济性原则

经济性原则是一切设计工作都要遵守的一条基本而重要的原则，机械精度设计也不例外。在满足功能和使用要求的前提下，精度设计必须充分考虑到经济性的要求。

经济性原则考虑的主要因素包括：良好的工艺性，合理的精度要求，合理选择材料，合理调整环节，以及提高工作寿命等。

3. 标准化原则

标准化是指在经济、技术、科学及管理等社会实践中，对重复性事物和概念通过制定、发布和实施标准达到统一，以获得最佳秩序和社会效益的全部活动过程。标准化是广泛实现互换性生产的前提，其主要形式有简化、统一化、系列化、通用化、组合化。

机械精度设计时离不开有关公差标准，而且要大量采用标准化、通用化的零部件、元器件和构件，以提高产品互换性程度。

4．精度匹配原则

在对机械总体进行精度分析的基础上，根据机械或位置中各部分各环节对机械精度影响程度的不同，分别对各部分各环节提出不同的精度要求和恰当的精度分配，并保证相互衔接和适应，这就是精度匹配原则。例如，在一般机械中，运动链的各环节要求精度高，应当设法使这些环节保持足够的精度，其他链中的各环节则应根据不同的要求分配不同的精度。再如，对一台机器的机、电、光等部分的精度分配要恰当，要互相照顾和适应，特别要注意各部分之间相互牵连、相互要求的衔接问题。

5．最优化原则

机械精度是由许多零部件精度构成的集合体，可以主动重复再现其组成零部件精度间的优化协调。最优化原则是通过确定各组成零部件精度之间的最佳协调，达到特定条件下机电产品的整体精度优化。最优化原则已经在产品结构设计、制造等方面广泛应用，最优化设计已经成为机电产品和系统设计的基本要求。

在几何精度设计中，最优化原则主要体现在公差优化、数值优化和优先选用等几方面。

综上所述，互换性原则体现精度设计的意义，经济性原则是精度设计的目标，标准化原则是精度设计的基础，精度匹配原则和最优化原则是精度设计的手段。

8.8　公差与配合

8.8.1　基本术语和定义

1．孔与轴

孔通常指工件的圆柱形内表面，也包括其他非圆柱形内表面（由两平行平面或切面形成的包容面）中，由单一尺寸确定的部分（如图8-7所示）。

轴通常指工件的圆柱形外表面，也包括其他非圆柱形外表面（由两平行平面或切面形成的被包容面）中，由单一尺寸确定的部分（如图8-7所示）。

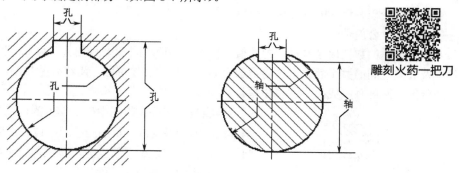

雕刻火药一把刀

图8-7　孔与轴

孔与轴的基本特征表现为包容和被包容的关系，即孔为包容面，轴为被包容面。

一般而言，零部件上的尺寸要么是孔，要么是轴。但有一类尺寸，既不是孔，也不是轴，如两个孔的中心距。

2. 尺寸

尺寸是以特定单位表示线性距离的数值，如半径、直径、长度、宽度、高度、深度、厚度及中心距等，由数字和长度单位组成，如φ40mm。根据性质的不同，尺寸可以分为基本尺寸、实际尺寸和极限尺寸。

① 基本尺寸：设计给定的尺寸。D 和 d 分别表示孔、轴的基本尺寸，是根据使用要求，通过强度、刚度计算和结构等方面的要求而确定的。基本尺寸可以是整数或小数。

② 实际尺寸：通过测量获得的某一孔、轴的尺寸。D_a 和 d_a 分别表示孔、轴的实际尺寸。由于存在测量误差，所以实际尺寸并非被测尺寸的真值。此外，由于存在形状误差，工件上不同部位的实际尺寸也不完全相同。

③ 极限尺寸：一个孔或轴允许尺寸的两个极端。其中，孔或轴允许的最大尺寸称为最大极限尺寸，分别用 D_{max}、d_{max} 表示；孔或轴允许的最小尺寸称为最小极限尺寸，分别用 D_{min}、d_{min} 表示。极限尺寸是用来限制实际尺寸的，合格的零件实际尺寸不应超出极限尺寸。

3. 尺寸偏差和尺寸公差

（1）尺寸偏差（简称偏差）

偏差是指某一尺寸（实际尺寸、极限尺寸等）减其基本尺寸所得的代数差。

实际尺寸减去基本尺寸所得的代数差称为实际偏差。孔、轴的实际偏差分别用 E_a 和 e_a 表示。

极限尺寸减去基本尺寸所得的代数差称为极限偏差。其中，最大极限尺寸减去基本尺寸所得的代数差称为上偏差（孔和轴的上偏差分别用 ES 和 es 表示）；最小极限尺寸减去基本尺寸所得的代数差称为下偏差（孔和轴的下偏差分别用 EI 和 ei 表示）。

偏差是代数值，可以为正、负或零值，但同一个基本尺寸的两个极限偏差不能同时为零。极限偏差是用于限制实际偏差的。

（2）尺寸公差（简称公差）

尺寸公差是最大极限尺寸与最小极限尺寸之差，或上偏差与下偏差之差。尺寸公差用于控制尺寸的变动量，是一个没有符号的绝对值。公差与极限尺寸的关系如下：

孔的公差

$$T_D = \left| D_{max} - D_{min} \right| = \left| ES - EI \right| \tag{8-12}$$

轴的公差

$$T_d = \left| d_{max} - d_{min} \right| = \left| es - ei \right| \tag{8-13}$$

公差用于控制尺寸的变动量，所以不能为零。

（3）尺寸公差带图

由于公差的数值比基本尺寸的数值小很多，不便用同一比例表示，为了表明基本尺寸、极限偏差及公差之间的关系而采用的简明示意图称为尺寸公差带图，简称公差带图，如图 8-8 所示。公差带图由两部分组成：零线和公差带。

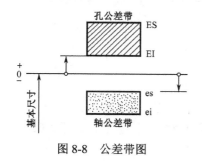

图 8-8　公差带图

零线是指在公差带图中确定偏差的一条基准直线，即表示基本尺寸的一条直线，是偏差的起始线。通常，零线沿水平方向绘制，正偏差位于零线上方，负偏差位于零线下方。

（4）尺寸公差带（简称公差带）

在公差带图中，由代表上偏差和下偏差或最大极限尺寸和最小极限尺寸的两条平行直线所限定的一个区域称为公差带。公差带有两个特性：大小和位置。公差带的大小由尺寸公差确定，公差带的位置由尺寸偏差确定。

公差带相对零线位置的极限偏差（上偏差或下偏差）为基本偏差。当公差带在零线上方时，基本偏差为下偏差；当公差带位于零线下方时，基本偏差为上偏差。一般而言，孔的基本偏差为下偏差（EI），轴的基本偏差为上偏差（es）。

4．配合

配合是指基本尺寸相同的、相互结合的孔和轴公差带之间的关系。

（1）间隙和过盈

孔的尺寸减去相配合的轴的尺寸所得的代数差，若为正数，称为间隙，若为负数，称为过盈。一般用 X 表示间隙，用 Y 表示过盈。

（2）配合分类

根据孔、轴公差带相对位置关系，配合可以分为间隙配合、过盈配合和过渡配合三类。

① 间隙配合：具有间隙（包括最小间隙等于零）的配合。此时孔的公差带在轴的公差带之上（包括相接），如图 8-9 所示。② 过盈配合：具有过盈（包括最小过盈等于零）的配合。此时孔的公差带在轴的公差带之下（包括相接），如图 8-10 所示。③ 过渡配合：可能具有间隙或过盈的配合。此时孔的公差带与轴的公差带相互交叠，如图 8-11 所示。在间隙配合中，配合性质用最大间隙 X_{max} 和最小间隙 X_{min} 表示；在过盈配合中，配合性质用最大过盈 Y_{max} 和最小过盈 Y_{min} 表示；在过渡配合中，配合性质用最大间隙 X_{max} 和最大过盈 Y_{max} 表示。

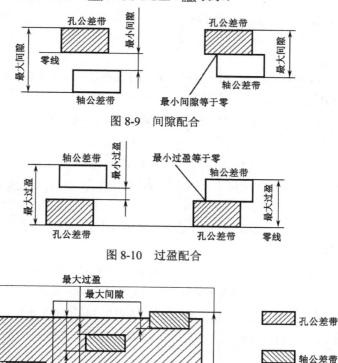

图 8-9　间隙配合

图 8-10　过盈配合

图 8-11　过渡配合

最大间隙是指在间隙配合或过渡配合中，孔的最大极限尺寸减去轴的最小极限尺寸所得的代数差，其值为正，即

$$X_{max} = D_{max} - d_{min} = \text{ES} - \text{ei} \tag{8-14}$$

最小间隙是指在间隙配合中，孔的最小极限尺寸减去轴的最大极限尺寸所得的代数差，其值为正，见图 8-9，即

$$X_{\min} = D_{\min} - d_{\max} = \mathrm{EI} - \mathrm{es} \qquad (8\text{-}15)$$

最大过盈是指在过盈配合或过渡配合中，孔的最小极限尺寸减去轴的最大极限尺寸所得的代数差，其值为负，即

$$Y_{\max} = D_{\min} - d_{\max} = \mathrm{EI} - \mathrm{es} \qquad (8\text{-}16)$$

最小过盈是指在过盈配合中，孔的最大极限尺寸减去轴的最小极限尺寸所得的代数差，其值为负，见图 8-10，即

$$Y_{\min} = D_{\max} - d_{\min} = \mathrm{ES} - \mathrm{ei} \qquad (8\text{-}17)$$

配合公差 T_{f} 是允许间隙或过盈的变动量，等于组成配合的孔、轴公差之和，表示配合精度。配合公差是一个没有符号的绝对值，没有正、负之分，且不能为零。配合公差的计算如下：

对于间隙配合 $\qquad\qquad T_{\mathrm{f}} = |X_{\max} - X_{\min}| \qquad (8\text{-}18)$

对于过盈配合 $\qquad\qquad T_{\mathrm{f}} = |Y_{\max} - Y_{\min}| \qquad (8\text{-}19)$

对于过渡配合 $\qquad\qquad T_{\mathrm{f}} = |X_{\max} - Y_{\max}| \qquad (8\text{-}20)$

用孔、轴公差表示，三类配合的配合公差的计算式相同，均为

$$T_{\mathrm{f}} = T_{\mathrm{D}} + T_{\mathrm{d}} \qquad (8\text{-}21)$$

【例 8-1】 已知一间隙配合的孔为 $\phi 45_{0}^{+0.025}$，轴为 $\phi 45_{-0.041}^{-0.025}$。求最大间隙、最小间隙和配合公差。

解：

由题意已知，ES=+0.025mm，EI=0mm，es=−0.025mm，ei=−0.041mm，将孔、轴的上、下偏差代入间隙配合的计算公式，则

$$X_{\max} = \mathrm{ES} - \mathrm{ei} = 0.025 - (-0.041) = 0.066 \text{ mm}$$

$$X_{\min} = \mathrm{EI} - \mathrm{es} = 0 - (-0.025) = 0.025 \text{ mm}$$

$$T_{\mathrm{f}} = |X_{\max} - X_{\min}| = |0.066 - 0.025| = 0.041 \text{mm}$$

【例 8-2】 已知一过盈配合的孔为 $\phi 45_{0}^{+0.025}$，轴为 $\phi 45_{+0.026}^{+0.042}$，求最大过盈、最小过盈和配合公差。

解：

由题意已知，ES=+0.025mm，EI=0mm，es=+0.042mm，ei=+0.026mm，将孔、轴的上、下偏差代入过盈配合的计算公式，则

$$Y_{\max} = \mathrm{EI} - \mathrm{es} = 0 - (+0.042) = -0.042 \text{ mm}$$

$$Y_{\min} = \mathrm{ES} - \mathrm{ei} = +0.025 - (+0.026) = -0.001 \text{ mm}$$

$$T_{\mathrm{f}} = |Y_{\max} - Y_{\min}| = |-0.042 - (-0.001)| = 0.041 \text{ mm}$$

【例 8-3】 已知一过渡配合的孔为 $\phi 45_{0}^{+0.025}$，轴为 $\phi 45_{+0.009}^{+0.025}$。求最大间隙、最大过盈和配合公差。

解：

由题意已知，ES=+0.025mm，EI=0mm，es=+0.025mm，ei=+0.009mm，将孔、轴的上、下偏差代入过渡配合的计算公式，则

$$X_{\max} = \mathrm{ES} - \mathrm{ei} = +0.025 - (+0.009) = 0.016 \text{ mm}$$

$$Y_{\max} = \mathrm{EI} - \mathrm{es} = 0 - (+0.025) = -0.025 \text{ mm}$$

$$T_{\mathrm{f}} = |X_{\max} - Y_{\max}| = |0.016 - (-0.025)| = 0.041 \text{ mm}$$

8.8.2 尺寸的极限与配合

机械产品中的孔、轴结合主要有三种形式：孔、轴有相对运动，孔、轴固定连接，孔、轴之间定位可拆连接。为了满足这三种结合要求，保证零件的互换性，极限与配合国家标准规定了配合制、标准公差系列和基本偏差系列。

1. 配合制

配合制是指同一极限尺寸的孔和轴组成配合的一种制度，即以两个相配合的零件中的一个作为基准件，并使其公差带位置固定，而通过改变另一个零件（非基准件）的公差带位置来形成各种配合的一种制度。标准规定有两种配合制：基孔制配合和基轴制配合。

（1）基孔制配合

基孔制配合就是基本偏差为一定的孔的公差带，与不同基本偏差的轴的公差带形成各种配合的一种配合制度。基孔制配合中的孔为基准孔，其最小极限尺寸与基本尺寸相等，即孔的下偏差 EI=0，见图 8-12(a)。标准规定基准孔以下偏差为基本偏差，用代号 H 表示，其数值等于零，基准孔的上偏差为正值。这时，通过改变轴的基本偏差大小（即公差带的位置）可形成各种不同性质的配合。

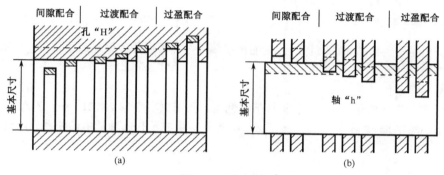

图 8-12 配合制

（2）基轴制配合

基轴制配合是指基本偏差为一定的轴的公差带，与不同基本偏差的孔的公差带形成各种配合的一种配合制度。基轴制配合的轴为基准轴，其最大极限尺寸与基本尺寸相等，轴的上偏差 es=0，见图 8-12(b)。标准规定基准轴以上偏差为基本偏差，用代号 h 表示，其数值等于零，基准轴的下偏差为负值。这时，通过改变孔的基本偏差大小（即公差带的位置）可形成各种不同性质的配合。

2. 标准公差系列

标准公差系列是极限与配合国家标准制定出的一系列标准公差数值。标准公差是指极限与配合制中所规定的任一公差。标准公差确定公差带大小，标准公差系列由三项内容组成：公差等级、公差单位和基本尺寸分段。

标准公差等级确定尺寸精确程度，用符号"IT"和数字组成的符号来表示，如 IT7、IT8 等。在基本尺寸≤500 mm 时，标准规定了 IT01、IT0、IT1、…、IT18 共 20 个标准公差等级；当基本尺寸在 500～3150 mm 范围内时，标准规定了 IT1、IT2、…、IT18 共 18 个标准公差等级。IT01、IT0、IT1、…、IT18，公差数值依次增大，等级依次降低。当基本尺寸≤500 mm 时，其标准公差数值见表 8-1。

表 8-1　标准公差数值（基本尺寸≤500mm）（摘自 GB/T 1800.3—1998）

基本尺寸/mm	公 差 等 级/μm												
	IT01	IT0	IT1	IT2	IT3	IT4	IT5	IT6	IT7	IT8	IT9	IT10	...
≤3	0.3	0.5	0.8	1.2	2	3	4	6	10	14	25	40	...
>3~6	0.4	0.6	1	1.5	2.5	4	5	8	12	18	30	48	...
>6~10	0.4	0.6	1	1.5	2.5	4	6	9	15	22	30	58	...
>10~18	0.5	0.8	1.2	2	3	5	8	11	18	27	43	70	...
>18~30	0.6	1	1.5	2.5	4	6	9	13	21	33	52	84	...
>30~50	0.6	1	1.5	2.5	4	7	11	16	25	39	62	100	...
>50~80	0.8	1.2	2	3	5	8	13	19	30	46	74	120	...
>80~120	1	1.5	2.5	4	6	10	15	22	35	54	87	140	...
>120~180	1.2	2	3.5	5	8	12	18	25	40	63	100	160	...
>180~250	2	3	4.5	7	10	14	20	29	46	72	115	185	...
>250~315	2.5	4	6	8	12	16	23	32	52	81	130	210	...
>315~400	3	5	7	9	13	18	25	36	57	89	140	230	...
>400~500	4	6	8	10	15	20	27	40	63	97	155	250	...

注：基本尺寸小于或等于 1mm 时，无 IT14~IT18。

3．基本偏差系列

基本偏差是确定公差带相对零线位置的极限偏差，它可以是上偏差或下偏差，一般为靠近零线的那个偏差。

（1）基本偏差代号

国家标准对孔、轴分别规定了 28 种基本偏差，孔用大写字母 A，B，…，Z，ZA，ZB，ZC 表示，轴用小写字母 a，b，…，z，za，zb，zc 表示，组成了孔、轴基本偏差系列，见图 8-13。

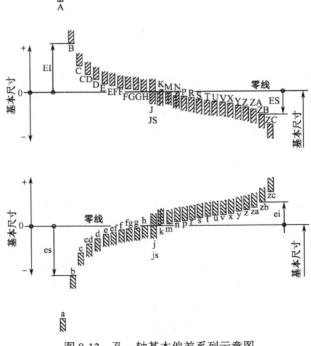

图 8-13　孔、轴基本偏差系列示意图

孔的基本偏差中，A～G 的基本偏差为下偏差 EI，其值为正；H 的基本偏差 EI=0，表示基准孔；J～ZC 的基本偏差为上偏差 ES，其值为负（J 和 K 除外）；JS 的基本偏差 $ES = +\dfrac{IT}{2}$ 或 $EI = -\dfrac{IT}{2}$。

轴的基本偏差中，a～g 的基本偏差为上偏差 es，其值为负；h 的基本偏差 es=0，表示基准轴；j～zc 的基本偏差为下偏差 ei，其值为正（j 和 k 除外）；js 的基本偏差 $es = +\dfrac{IT}{2}$ 或 $ei = -\dfrac{IT}{2}$。

（2）公差带代号与配合代号

① 公差带代号。公差带代号用基本偏差代号字母和公差等级数字组成，如 D7、h7 等。公差带的表示方法用基本尺寸后跟所要求的公差带代号或对应的偏差值表示，如孔 $\phi35H7$、$\phi35^{+0.050}_{0}$ 或 $\phi35H7(^{+0.025}_{0})$，轴 $\phi35r6$、$\phi35^{+0.050}_{+0.034}$ 或 $\phi35r6(^{+0.050}_{+0.034})$。

② 配合代号。配合代号用孔、轴公差带代号按分数形式组成，分子为孔的公差带代号，分母为轴的公差带代号，如 $\dfrac{H7}{r6}$ 或 H7/r6。配合的表示方法用相同的基本尺寸后跟孔、轴公差带代号表示，如基孔制配合 $\phi35\dfrac{H7}{r6}$ 或 $\phi35H7/r6$，基轴制配合 $\phi35\dfrac{R7}{h6}$ 或 $\phi35R7/h6$。

③ 轴的基本偏差。轴的基本偏差是以基孔制配合为基础，根据国家标准 GB/T1800.3—1998 给出的经验公式计算、圆整得到。当基本尺寸≤500mm 时，轴的基本偏差数值见表 8-2。

表 8-2 轴的基本偏差数值（基本尺寸≤500mm）（摘自 GB/T 1800.3—1998）

基本偏差	上偏差 es/μm					下偏差 ei/μm									
	d	e	ef	f	⋯	j			k		m	n	p	r	⋯
基本尺寸/mm	公差等级														
>	至	所有等级				5～6	7	8	4～7	≤3 或>7	所有等级				
6	10	−40	−25	−18	−13	⋯	−2	−5	—	+1	0	+6	+10	+15	+19	⋯
10	14	−50	−32	—	−16	⋯	−3	−6	—	+1	0	+7	+12	+18	+23	⋯
14	18															⋯
18	24	−65	−40	—	−20	⋯	−4	−8	—	+2	0	+8	+15	+22	+28	⋯
24	30															⋯
30	40	−80	−50	—	−25	⋯	−5	−10	—	+2	0	+9	+15	+26	+34	⋯
40	50															⋯
50	65	−100	−60	—	−30	⋯	−7	−12	—	+2	0	+11	+20	+32	+41	⋯
65	80														+43	
80	100	−120	−72	—	−36	⋯	−9	−15	—	+3	0	+13	+23	+37	+51	⋯
100	120														+54	⋯

在基孔制配合中，基本偏差 a～h 用于间隙配合；j～n 主要用于过渡配合，间隙或过盈均不太大；p～zc 用于过盈配合。当轴的基本偏差和标准公差确定后，轴的另一个极限偏差（上偏差或下偏差）用下式计算：

$$es=ei+IT \qquad (8\text{-}22)$$

④ 孔的基本偏差。孔的基本偏差是在基轴制基础上确定的，按照一定的换算规则，直接由同名字母轴的基本偏差换算得到。换算原则：应保证同名代号（如 K 和 k，R 和 r）的基本偏差，构成基孔制与基轴制的同名配合（如 $\phi30H7/f6$ 和 $\phi30F7/h6$，或 $\phi30H7/r7$ 与 $\phi30R7/h7$）时，其配合性质（极限间隙或极限过盈）不变。当基本尺寸≤500mm 时，孔的基本偏差数值见表 8-3。

表 8-3 孔的基本偏差数值（基本尺寸≤500mm）（摘自 GB/T 1800.3—1998）

基本偏差		下偏差(EI)/μm			上偏差(ES)/μm							Δ/μm					
		D	E	...	J			K		P~ZC	P	...						
基本尺寸/mm		公差等级											IT					
>	至	所有等级			6	7	8	≤8	>8	≤7	>7	...	3	4	5	6	7	8
6	10	+40	+25	...	+5	+8	+12	-1+Δ	—		-15	...	1	1.5	2	3	6	7
10	14	+50	+32	...	+6	+10	+15	-1+Δ	—		-18	...	1	2	3	3	7	9
14	18																	
18	24	+50	+32	...	+6	+10	+15	-1+Δ	—	在>7级的相应数值上增加一个Δ值	-22	...	1.5	2	3	4	8	12
24	30																	
30	40	+65	+40	...	+8	+12	+20	-2+Δ	—		-26	...	1.5	3	4	5	9	14
40	50																	
50	65	+80	+50	...	+10	+14	+24	-2+Δ	—		-32	...	2	3	5	6	11	16
65	80																	
80	100	+100	+60	...	+13	+18	+28	-2+Δ	—		-37	...	2	4	5	7	13	19
100	120																	

当孔的基本偏差和标准公差确定后，孔的另一个极限偏差（上偏差或下偏差）可用下式求得：

$$ES = EI + IT \tag{8-23}$$

【例 8-4】 试确定 $\phi30H7/f6$ 孔、轴的极限偏差，计算极限尺寸、极限间隙和配合公差，并画出公差带图。

解：

查标准公差数值表 8-1 知，当基本尺寸在 18～30mm 范围时，IT6=13μm，IT7=21μm。

孔 $\phi30H7$，基本偏差 EI=0，ES=EI+IT7=21μm。

轴 $\phi30f6$，查表 8-2 知，轴的基本偏差 es=-20μm，ei=es-IT6=-33μm。

孔 $D_{max}=D+ES=30+0.021=30.021mm$，$D_{min}=D+EI=30+0=30mm$。

轴 $d_{max}=d+es=30+(-0.020)=29.98mm$，$d_{min}=d+ei=30+(-0.033)=29.967mm$。

最大间隙 $X_{max}=ES-ei=21-(-33)=54μm$。

最小间隙 $X_{min}=EI-es=0-(-20)=20μm$。

配合公差 $T_f=T_D+T_d=IT7+IT6=21+13=34μm$。

公差带图见图 8-14(a)。

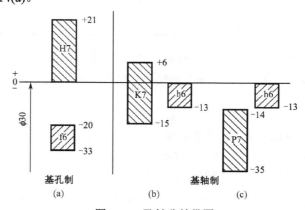

图 8-14 孔轴公差带图

【例 8-5】 试确定 $\phi30K7/h6$ 孔、轴的极限偏差，计算极限尺寸、极限间隙或过盈、配合公差，并画出公差带图。

解：

查标准公差数值表 8-1 可知，当基本尺寸在 18～30mm 范围时，IT6=13μm，IT7=21μm。

孔 $\phi30K7$，查表 8-3 知，孔的基本偏差 ES=-2+$\varDelta$=-2+8=6μm，EI=ES-IT7=6-21=-15μm。

轴 $\phi30h6$，轴的基本偏差 es=0，ei=es-IT6=0-13=-13μm。

孔 D_{max}=D+ES=30+0.006=30.006mm，D_{min}=D+EI=30-0.015=29.985mm。

轴 d_{max}=d+es=30+0=30mm，d_{min}=d+ei=30+(-0.013)=29.987mm。

最大间隙 X_{max}=ES-ei=6-(-13)=19μm。

最大过盈 Y_{max}=EI-es=-15-0=-15μm。

配合公差 T_f=T_D+T_d= IT7+ IT6=21+13=34μm。

公差带图见图 8-14(b)。

【例 8-6】 试确定 $\phi30P7/h6$ 孔、轴的极限偏差，计算极限尺寸、极限过盈、配合公差，并画出公差带图。

解：

查标准公差数值表 8-1 知，当基本尺寸在 18～30mm 范围时，IT6=13μm，IT7=21μm。

孔 $\phi30P7$，查表 8-3 知，孔的基本偏差 ES=-22+$\varDelta$=-22+8=-14μm，EI=ES-IT7=-14-21=-35μm。

轴 $\phi30h6$，轴的基本偏差 es=0，ei=es-IT6=0-13=-13μm。

孔 D_{max}=D+ES=30-0.014=29.986mm，D_{min}=D+EI=30-0.035=29.965mm。

轴 d_{max}=d+es=30+0=30mm，d_{min}=d+ei=30+(-0.013)=29.987mm。

最大过盈 Y_{max}=EI-es=-15-0=-15μm。

最小过盈 Y_{min}=ES-ei=-14-(-13)=-1μm。

配合公差 T_f=T_D+T_d= IT7+ IT6=21+13=34μm。

公差带图见图 8-14(c)。

4．极限与配合的选用

极限与配合的设计选用直接影响机械产品的性能、使用寿命和制造成本，设计原则是使机械产品获得最佳的性价比和制造成本的综合技术经济效益。极限与配合的设计选用主要包括：确定配合制、公差等级的选择和配合种类的选择。

（1）配合制的选择

基孔制和基轴制是两种并行等效的配合制，应综合考虑、分析机械零部件的结构、工艺性和经济性等方面的因素选择配合制。

① 一般情况下优先选用基孔制配合。选用基孔制便于减少孔用定值刀具、量具的规格和数量，而改变轴的尺寸不会增加刀具和量具的数量。

② 某些情况下，由于结构和工艺的原因，选用基轴制。如直接采用冷拉棒材作为轴，同一基本尺寸的轴上需要装配几个具有不同配合的孔件时，应采用基轴制。

③ 与标准件配合时，应根据标准件确定配合制。例如，滚动轴承内圈与轴的配合应采用基孔制，滚动轴承外圈与箱体孔的配合应采用基轴制。

④ 特殊需要时，允许采用任一孔、轴公差带组成的配合。这种特殊要求往往发生在一个孔与多个轴配合或一个轴与多个孔配合而且配合要求又各不相同的情况。

（2）确定公差等级

确定公差等级就是确定零件尺寸的加工精度。公差等级的高低直接影响产品的功能、技术指标和加工的经济性。

选用公差等级的基本原则是：在满足使用要求的前提下，尽量选用较低的公差等级，以降低加工成本。

考虑孔、轴加工的工艺等价性。对于常用尺寸段公差等级较高的配合，考虑孔比轴难加工，这时，孔的公差等级应比轴低一级。对于低精度的孔、轴，可选择相同的公差等级。

确定公差等级时常采用类比法，即根据工艺、配合及零件结构的特点，参考已被实践证明合理的类似零件的尺寸精度来确定公差等级。选择公差等级时，应熟悉各公差等级的一般应用场合及公差等级与加工方法之间的大致关系。表 8-4 给出了标准公差等级的应用范围，表 8-5 给出了各种加工方法可能达到的公差等级范围作为参考。

表 8-4 标准公差等级的应用范围

公差等级范围	应 用	公差等级范围	应 用
IT01～IT1	块规	IT5～IT12	配合尺寸
IT1～IT7	量规	IT8～IT14	原材料
IT2～IT5	特别精密零件	IT12～IT18	非配合尺寸

表 8-5 各种加工方法可能达到的公差等级范围

加工方法	公差等级范围	加工方法	公差等级范围
研磨	IT01～IT5	刨、插、滚压、挤压	IT10～IT11
珩磨	IT4～IT7	粗车、粗镗	IT10～IT12
金刚石车、金刚石镗	IT5～IT7	钻削	IT10～IT13
圆磨、平磨、拉削	IT5～IT8	冲压	IT10～IT14
精车、精镗	IT7～IT9	砂型铸造、金属型铸造	IT14～IT15
铰孔	IT6～IT10	锻造	IT15～IT16
铣削	IT8～IT11	气割	IT15～IT18

（3）配合的选用

配合种类的选用就是在确定配合制之后，根据使用要求所允许的配合性质来确定非基准件的基本偏差代号，或者确定基准件与非基准件的公差带。

设计时，应根据具体的使用要求确定是采用间隙、过渡还是过盈配合。孔、轴之间有相对运动要求时，应选择间隙配合，否则应根据具体的工作要求确定配合类别。配合类别确定之后，应尽量依次选用国家标准推荐的优先配合、常用配合和一般配合。

配合种类的选用通常有计算法、试验法和类比法三种。计算法就是按零件的使用要求，根据一定的理论和公式计算出所需的间隙或过盈，并以此确定适当的配合。试验法是通过专门试验确定所需的间隙或过盈，进而选定适当的配合，试验法较为可靠，但成本较高，只适用于特别重要的配合的选择。类比法就是参照同类产品中经过生产实践验证的已用配合的实用情况，结合所设计产品的使用要求类比确定所需的配合，它是生产实际中最常用的选择配合的方法。

采用基孔制时，选择配合主要是确定轴的基本偏差代号；采用基轴制时，选择配合主要是确定孔的基本偏差代号。对于间隙配合，由于基本偏差的绝对值等于最小间隙，所以按最小间隙选择基本偏差代号。对于过盈配合，可根据最小过盈确定基本偏差代号。

对于基本尺寸≤500mm 的常用尺寸段应优先选用优先配合，表 8-6 为优先配合选用说明表，可供设计时参考。

表 8-6　优先配合选用说明表

优先配合		说　明
基孔制	基轴制	
$\dfrac{H11}{c11}$	$\dfrac{C11}{h11}$	间隙非常大，用于很松的、转动很慢的动配合；要求大公差与大间隙的外露组件；用于要求装配方便，很松的配合
$\dfrac{H9}{d9}$	$\dfrac{D9}{h9}$	间隙很大的自由转动配合，用于精度为非主要要求，或有大的温度变化、高转速或大的轴颈压力时
$\dfrac{H8}{f7}$	$\dfrac{F8}{h7}$	间隙不大的转动配合，用于中等转速与中等轴颈压力的精确转动，也用于装配较易的中等定位配合
$\dfrac{H7}{g6}$	$\dfrac{G7}{h6}$	间隙很小的滑动配合，用于不希望自由转动，但可自由移动和滑动并精密定位的配合；也可用于要求明确的定位配合
$\dfrac{H7}{h6}$　$\dfrac{H8}{h7}$ $\dfrac{H9}{h9}$　$\dfrac{H11}{h11}$	$\dfrac{H7}{h6}$　$\dfrac{H8}{h7}$ $\dfrac{H9}{h9}$　$\dfrac{H11}{h11}$	均为间隙定位配合，零件可自由装拆，而工作时一般相对静止不动，在最大实体尺寸下的间隙为零，在最小实体尺寸下的间隙由公差等级决定
$\dfrac{H7}{k6}$	$\dfrac{K7}{h6}$	过渡配合，用于精密定位
$\dfrac{H7}{n6}$	$\dfrac{N7}{h6}$	过渡配合，允许有较大过盈的更精密定位
$\dfrac{H7}{p6}$	$\dfrac{P7}{h6}$	过盈定位配合，即小过盈配合，用于定位精度特别重要时，能以最好的定位精度达到部件的刚性及对中性要求，而对内孔承受压力无特殊要求，不依靠配合的紧固性传递摩擦
$\dfrac{H7}{s6}$	$\dfrac{S7}{h6}$	中等压入配合，适用于一般钢件，或用于薄壁件的冷缩配合，用于铸铁件可得到最紧的配合
$\dfrac{H7}{u6}$	$\dfrac{U7}{h6}$	压入配合，适用于可以承受高压入力的零件，或不宜承受大压入力的冷缩配合

8.9　形状公差与位置公差

机械零件在加工过程中，由于机床、夹具、刀具和工件所组成的工艺系统本身存在各种误差，以及加工过程中的受力变形、振动、磨损等，使得加工后零件的实际几何要素与理想几何要素在形状和相互位置上存在差异，这种差异就是形状和位置公差，简称形位公差。

在精密机械中，零件的形位公差对机械产品的工作精度、连接强度、运动平稳性、密封性、耐磨性、配合性质及可装配性都会产生影响，会引起噪声，缩短机械产品的使用寿命。所以，在设计时须根据零件的使用要求，规定合理的形位公差值。

1. 形位公差的研究对象

形状和位置公差研究的对象是机械零件的几何要素，简称要素，是构成零件几何特征的点、线和面的统称，如图 8-15 所示的零件是由多种要素构成的。要素可根据不同的特征进行分类。

① 按存在状态，分为理想要素和实际要素。图样上具有几何意义的要素称为理想要素，零件

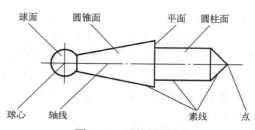

图 8-15　零件的要素

上实际存在的要素称为实际要素。

② 按所处的地位，分为被测要素和基准要素。图样上给出了形状或（和）位置公差的要素称为被测要素；用来确定被测要素的理想方向或（和）位置的要素称为基准要素。基准分为基准点、基准线和基准平面。

③ 按结构特征，分为轮廓要素和中心要素。构成零件几何外形的要素称为轮廓要素，如图 8-15 中的球面、圆锥面、端平面和圆锥顶点等；由轮廓要素取得的圆心、球心、轴线或中心平面和中心线称为中心要素，如图 8-15 中的球心、轴线等。

④ 按功能关系，分为单一要素和关联要素。仅对要素本身给出形位公差的要素称为单一要素；对其他要素有功能关系的要素称为关联要素。凡是具有位置公差要求或者作为基准要素使用的要素都是关联要素。

2. 形位公差特征项目、符号

形位公差特征项目共有 14 种，其名称和符号见表 8-7，被测要素、基准要素的标注要求及符号见表 8-8。

表 8-7 形位公差特征项目的名称和符号

公　差		特征项目	符　号	有无基准要求
形状	形状	直线度	—	无
		平面度	▱	无
		圆度	○	无
		圆柱度	⌀	无
形状或位置	轮廓	线轮廓度	⌒	有或无
		面轮廓度	⌓	有或无
位置	定向	平行度	∥	有
		垂直度	⊥	有
		倾斜度	∠	有
	定位	位置度	⊕	有或无
		同轴（同心）度	◎	有
		对称度	═	有
	跳动	圆跳动	↗	有
		全跳动	↗↗	有

表 8-8 被测要素、基准要素的标注要求及符号

说　　明		符　号
被测要素的标注	直接	🖍
	用字母	A⌁
基准要素的标注		Ⓐ
基准目标的标法		⌀2 / A1
理论正确尺寸		50
包容要求		Ⓔ
最大实体要求		Ⓜ
最小实体要求		Ⓛ
可逆要求		Ⓡ
延伸公差带		Ⓟ
自由状态（非刚性零件）条件		Ⓕ
全周（轮廓）		⌀

3. 形位公差值

正确、合理地确定形位公差项目和公差值，可保证机械或仪器的功能要求，提高经济效益。图样上是否标注形位公差，按零件的功能要求和国家标准 GB/T1184—1996 的规定而定。选择形位公差多用类比法、实践经验、机构精度计算等方法，一般先确定形位精度，再按标准查表得到形位公差值。

表 8-9 是按国家标准提供的直线度、平面度形位公差值摘录表，圆度、圆柱度形位公差值摘录见表 8-10，其他项目的形位公差数值表可查阅相关手册。各项形位公差值一般分为 12 级，为了适应高精度零件的需要，圆度、圆柱度公差数值增设了一个"0"级。按主参数所在尺寸分段及形位公差等级即可查出有关标准公差值。位置度公差值未分级，只给出位置度系数，见表 8-11。

· 144 ·

表 8-9　直线度、平面度形位公差值（摘自 GB/T 1184—1996）

主参数 L /mm	公差等级											
	1	2	3	4	5	6	7	8	9	10	11	12
	公差值/μm											
≤10	0.2	0.4	0.8	1.2	2	3	5	8	12	20	30	60
>10~16	0.25	0.5	1	1.5	2.5	4	6	10	15	25	40	80
>16~25	0.3	0.6	1.2	2	3	5	8	12	20	30	50	100
>25~40	0.4	0.8	1.5	2.5	4	6	10	15	25	40	60	120
>40~63	0.5	1	2	3	5	8	12	20	30	50	80	150
>63~100	0.6	1.2	2.5	4	6	10	15	25	40	60	100	200
>100~160	0.8	1.5	3	5	8	12	20	30	50	80	120	250
>160~250	1	2	4	6	10	15	25	40	50	80	120	250
>250~400	1.2	2.5	5	8	12	20	30	50	60	100	150	300
>400~630	1.5	3	6	10	15	25	40	60	100	150	250	500
>630~1000	2	4	8	12	20	30	50	80	120	200	300	600

注：主参数 L 指轴、直线、平面的长度。

表 8-10　圆度、圆柱度形位公差值（摘自 GB/T 1184—1996）

主参数 d 或 D /mm	公差等级												
	0	1	2	3	4	5	6	7	8	9	10	11	12
	公差值/μm												
≤3	0.1	0.2	0.3	0.5	0.8	1.2	2	3	4	6	10	14	25
>3~6	0.1	0.2	0.4	0.6	1	1.5	2.5	4	5	8	12	18	30
>6~10	0.12	0.25	0.4	0.6	1	1.5	2.5	4	6	9	15	22	36
>10~18	0.15	0.25	0.5	0.8	1.2	2	3	5	8	11	18	27	43
>18~30	0.2	0.3	0.6	1	1.5	2.5	4	6	9	13	21	33	52
>30~50	0.25	0.4	0.6	1	1.5	2.5	4	7	11	16	25	39	62
>50~80	0.3	0.5	0.8	1.2	2	3	5	8	13	19	30	46	74
>80~120	0.4	0.6	1	1.5	2.5	4	6	10	15	22	35	54	87
>120~180	0.6	1	1.2	2	3.5	5	8	12	18	25	40	63	100

注：主参数 d 或 D 指轴（孔）的直径。

表 8-11　位置度公差值系数（摘自 GB/T 1184—1996）

1	1.2	1.5	2	2.5	3	4	5	6	8
1×10^n	1.2×10^n	1.5×10^n	2×10^n	2.5×10^n	3×10^n	4×10^n	5×10^n	6×10^n	8×10^n

注：n 为正整数。

选用公差值时应考虑各项几何公差之间的关系。根据需要的功能要求，考虑加工的经济性和零件的结构、刚性等情况，权衡确定最经济的公差值。选用时应遵循以下原则。

① 孔相对于轴、长度直径比较大的孔或轴、距离较大的孔或轴的线对线或线对面相对于面对面的定向公差，公差等级应适当降低 1~2 级。

② 对于同一被测要素，形状公差值＜位置公差值＜尺寸公差值。

③ 对于同一被测平面，直线度公差值＜平面度公差值。

④ 单一表面的形状公差与表面粗糙度的要求也要协调。从加工平面的实际经验来看，通常表面粗糙度约占形状公差（直线度、平面度）的 1/5~1/4。

4. 形位公差带

形位公差带是限制实际要素变动的区域。实际要素必须位于形位公差带内方为合格。形位公差带具有形状、大小、方向和位置四个特征，这些特征由零件的功能和互换性要求来确定。公差带大小（宽度或直径）由公差值决定。公差带方向为公差带宽度或直径方向，由图样上给定方向决定。公差带的位置由功能要求决定，有固定和浮动两种形式。

根据被测要素的特征和结构尺寸，公差带形状的主要形式如下：① 圆形公差带，如圆内的区域、圆柱面内的区域和球内的区域；② 非圆形公差带，如两平行直线之间的区域、两平行平面之间的区域、两同心圆之间的区域、两同轴圆柱面之间的区域、两等距曲线之间的区域和两等距曲面之间的区域。形位公差中常见项目的公差带及其标注方法见表 8-12。

表 8-12　形位公差中常见项目的公差带及其标注方法

项　　目	公差带定义	公差带示意图	标注方法
直线度	在给定平面内，公差带是距离为公差值 t 的两平行直线之间的区域		
直线度	在任意方向上，公差带是直径为 t 的圆柱面内的区域		
平面度	公差带是距离为公差值 t 的两平行平面之间的区域		
圆度	公差带是在同一正截面上半径为公差值 t 的两同心圆间的区域		
圆柱度	公差带是半径为公差值 t 的两同轴圆柱面之间的区域		
平行度	在给定方向上，公差带是距离为公差值 t，且平行于基准平面（或直线）的两平行平面之间的区域		

项　目	公差带定义	公差带示意图	标注方法
垂直度	在任一方向上公差带是直径为公差值 t，且垂直于基准平面的圆柱面内的区域	$\phi0.05$	$\perp$ | 0.05 | A　　ϕ　　A
同轴度	公差带是直径为公差值，且与基准线同轴的圆柱内的区域	$\phi0.1$　基准轴线	A　◎ | $\phi0.1$　ϕ
位置度	点的位置度公差带是直径为公差值 t，以点的理想位置为中心的圆或球心的区域	B　$\phi0.3$　A	⊕ | $\phi0.3$ | A | B　B　A
圆跳动	径向圆跳动：公差带是垂直于基准轴线的任意测量平面内半径差为公差值 t 且圆心在基准线上的两个同心圆之间的区域	0.05　基准轴线　测量平面	↗ | 0.05 | A　ϕ　A
	端面圆跳动：公差带是与基准轴线同轴的任意一直径位置的测量圆柱面上，沿母线方向宽度为 t 的圆柱面区域	0.05　基准轴线　测量圆柱面	↗ | 0.05 | A　ϕ　A

关于形位公差更详细的内容请参阅相关手册。

习　题　8

8-1　精密机械零件强度计算时的许用应力一般如何确定？

8-2　名词解释：静载荷、变载荷、工作载荷、名义载荷、计算载荷。

8-3　什么叫应力循环特征？$r=-1$、$r=0$、$r=+1$、$-1<r<+1$ 各表示何种循环的应力？

8-4　什么是合金钢？钢中含有合金元素 Mn、Cr、Ti 对钢的性能有什么影响？

8-5　常用的热处理工艺有哪些类型？

8-6　钢的调质处理工艺过程是什么？其主要目的是什么？

8-7　选择材料的基本原则有哪些？

8-8　提高零件刚度的主要措施有哪些？

8-9　什么是加工误差和公差？加工误差一般分为哪几种？

8-10　机械精度设计应遵循哪些原则？

8-11 什么是尺寸公差？什么是极限偏差？各有何作用？

8-12 什么是实际尺寸？实际尺寸等于真实尺寸吗？

8-13 公差与偏差有何根本区别？

8-14 偏差可否等于零？同一个基本尺寸的两个极限偏差是否可以同时为零？为什么？

8-15 什么是配合制？在哪些情况下采用基轴制？

8-16 形位公差的研究对象是什么？如何分类？

8-17 什么是形位公差带？其主要形式有哪些？具有哪四个特征？

8-18 有一批孔、轴配合，孔为 $\phi 45^{+0.039}_{0}$ mm，轴为 $\phi 45^{-0.025}_{-0.050}$ mm。试计算孔、轴的极限偏差、尺寸公差；孔、轴配合的最大间隙、最小间隙和配合公差，并画出尺寸公差带图。

8-19 有一批孔、轴配合，已知基本尺寸为 $\phi 50$mm，es=0，$T_d=16$ μm，$Y_{max}=-50$ μm，$T_D=25$ μm。求孔的极限偏差，轴的另一极限偏差，画出孔、轴尺寸公差带图，并指出配合类别。

8-20 已知下表中的配合，试将查表和计算结果填入表中。

公差带	基本偏差	标准公差	极限间隙（或过盈）	配合公差	配合类别
$\phi 60$S7					
$\phi 60$h6					

8-21 将下列要求标注在零件图 T8-1 上。

（1）两 ϕd_1 表面圆柱度公差 0.008 mm；

（2）ϕd_2 轴心线对两 ϕd_1 的公共轴心线的同轴度公差 0.04 mm；

（3）ϕd_2 的左端面对两 ϕd_1 的公共轴心线的垂直度公差 0.02 mm；

（4）键槽的对称中心平面对所在轴轴心线的对称度公差 0.03 mm。

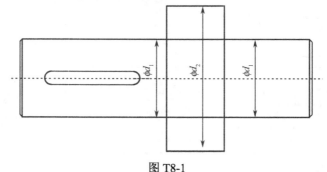

图 T8-1

8-22 图 T 8-2 为销轴的 3 种形位公差标注，它们的公差带有何不同？

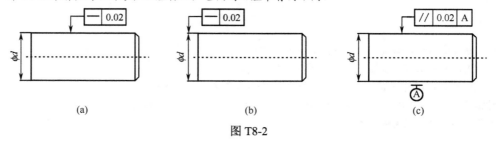

(a)　　　　　　　　　(b)　　　　　　　　　(c)

图 T8-2

第 9 章 带 传 动

9.1 带传动的类型和应用

带传动是一种应用很广的机械传动形式，一般是依靠中间挠性件，即传动带进行传动。绝大多数的带传动都是借助摩擦力来传递运动和转矩的，不仅可用作定传动比传动，还可用作变传动比传动。一般情况下，带传动由主动轮 1、从动轮 2 和张紧在带轮上的传动带 3 组成，如图 9-1 所示。在静止时，带被张紧，受到的张紧力作用通常情况下称为初拉力 F_0。此时，在带与带轮的接触面间会产生压力。当主动轮转动时，通过具有较大柔性的传动带拖动从动轮一起转动，并由此传递相应的动力。

与其他传动形式相比，带传动具有以下几个优点：① 传动所需零件的结构简单，容易加工制造；② 传动带富有弹性，传动比较平稳，工作时噪声很小；③ 当过载时，带轮和传动带间可以通过产生相对滑动来防止其他零件因过载而损坏，从而起到过载保护的作用。

其主要缺点是：① 由于传动带与带轮之间存在相对滑动，所以不能保持恒定的传动比，传动精度较低；② 不适宜传递较大的转矩，因为此时压紧力必须很大，导致传动的外廓尺寸增大，结构不紧凑；③ 传动件工作表面磨损较快，寿命低；④ 传动效率较低，平带传动一般为 0.95，V 带传动一般为 0.92。

在带传动中，常用的有平带传动、V 带传动、多楔带传动和同步带传动等。

平带的横截面为扁平矩形，其工作面是与轮面相接触的内表面（见图 9-2(a)）。V 带的横截面为等腰梯形，V 带与轮槽底不接触（见图 9-2(b)），其工作面是与轮槽相接触的两侧面。由于轮槽的楔形效应，在预拉力相同时，V 带传动较平带传动能产生更大的摩擦力，故具有较大的牵引力。多楔带以其扁平部分为基体，下面有几条等距纵向槽，其工作面是楔的侧面（见图 9-2(c)）。这种带兼有平带的弯曲应力小和 V 带的摩擦力大等优点，并解决了多根 V 带传动中因带长不一致

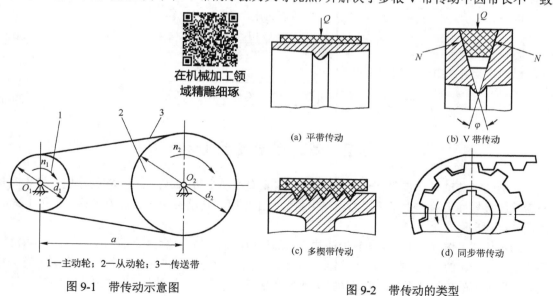

在机械加工领
域精雕细琢

(a) 平带传动

(b) V 带传动

(c) 多楔带传动

(d) 同步带传动

1—主动轮；2—从动轮；3—传送带

图 9-1 带传动示意图

图 9-2 带传动的类型

使各带受力不均的问题，常用于传递动力大而结构要求紧凑的场合。同步带又叫啮合型传动带（见图 9-2(d)），通过传动带内表面上等距分布的横向齿与带轮上齿槽的啮合传递运动。轮与带之间没有相对滑动，故能保证准确的传动比。此外还有一种圆带，圆带的牵引能力小，常用于仪器和家用器械等低速小功率仪器中的传动。

在工程应用中的带传动以摩擦型应用较多，特别是 V 带传动。V 带传动多用于传递功率不大，速度适中，传动精度要求不是很高，但传动距离较大的场合。

带传动主要用于两轴平行而且回转方向相同的场合，其主要几何参数包括：大小带轮直径、中心距、带长度和包角等。

如图 9-3 所示，在带传动中主从动轮轴线之间的距离 a 称为中心距，带与带轮接触弧所对的中心角 α_1 称为包角，包角是带传动中的一个重要参数。如果用 d_1、d_2 分别表示小带轮和大带轮的直径，L 表示带的长度，则小带轮上的包角 $\alpha_1=\pi-2\theta$。

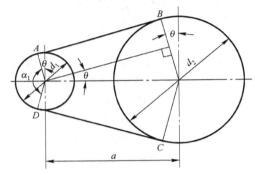

图 9-3 带传动的几何关系

因 θ 角较小，以 $\theta\approx\sin\theta=(d_2-d_1)/(2a)$ 代入 $\alpha_1=\pi-2\theta$ 得

$$\alpha_1 = \pi - \frac{d_2 - d_1}{a} \text{ (rad)} \quad 或 \quad \alpha_1=180° - \frac{d_2-d_1}{a}\times 57.3° \tag{9-1}$$

带长为

$$L = 2\overline{AB} + \overset{\frown}{BC} + \overset{\frown}{AD} = 2a\cos\theta + \frac{\pi}{2}(d_1+d_2) + \theta(d_2-d_1)$$

以 $\cos\theta = \sqrt{1-\sin^2\theta} \approx 1 - 0.5\theta^2$ 及 $\theta\approx(d_2-d_1)/(2a)$ 代入式（9-1）得

$$L \approx 2a + \frac{\pi}{2}(d_1+d_2) + \frac{(d_2-d_1)^2}{4a} \tag{9-2}$$

已知带长时，由式（9-2）可得中心距为

$$a \approx \frac{2L - \pi(d_1+d_2) + \sqrt{\left[2L-\pi(d_1+d_2)\right]^2 - 8(d_2-d_1)^2}}{8} \tag{9-3}$$

9.2 带传动的受力分析

当安装带传动时，带即以一定的预紧力 F_0 紧套在两个带轮上。由于 F_0 的作用，静止时带与带轮的接触面上就产生了正压力。当带传动不工作时，传动带两边的拉力相等，都等于 F_0，如图 9-4(a)所示。

当带传动工作时，由于带与轮面间摩擦力的作用，带两边的拉力就不再相等（见图 9-4(b)）。即将绕进主动轮的一边，拉力由 F_0 增到 F_1，称为紧边；而另一边带的拉力由 F_0 减为 F_2，称为松边。设环形带的总长度不变，则紧边拉力的增加量 F_1-F_0 应等于松边拉力的减少量 F_0-F_2，即

$$F_0 = \frac{1}{2}(F_1 + F_2) \qquad (9\text{-}4)$$

两边拉力之差称为带传动的有效拉力，也就是带所传递的圆周力 F，即

$$F = F_1 - F_2 \qquad (9\text{-}5)$$

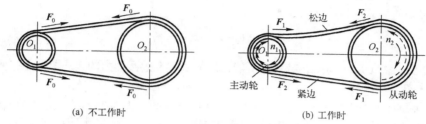

(a) 不工作时   (b) 工作时

图 9-4　带传动的受力情况

圆周力 F（N）、带速 v（m/s）和传递功率 P（kW）之间的关系为

$$P = \frac{Fv}{1000} \qquad (9\text{-}6)$$

若带所传递的圆周力超过带与轮面间的极限摩擦力总和，则带与带轮之间将发生显著的相对滑动，这种现象称为打滑。经常出现打滑时，将使带的磨损加剧、传动效率降低，以致传动失效。

现以平带传动为例，分析带在即将打滑时紧边拉力 F_1 与松边拉力 F_2 的关系。如图 9-5 所示，由平带上截取一微弧段 $\mathrm{d}l$，对应的包角为 $\mathrm{d}\alpha$。设微弧段两端的拉力分别为 F 和 $F+\mathrm{d}F$，带轮给微弧段的正压力为 $\mathrm{d}F_\mathrm{n}$，带与轮面间的极限摩擦力为 $f\mathrm{d}F_\mathrm{n}$。

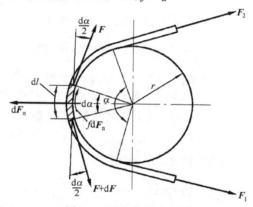

图 9-5　平带的受力分析

若不考虑带的离心力，由法向和切向各力的平衡得

$$\mathrm{d}F_\mathrm{n} = F\sin\frac{\mathrm{d}\alpha}{2} + (F + \mathrm{d}F)\sin\frac{\mathrm{d}\alpha}{2}$$

$$f\mathrm{d}F_\mathrm{n} = (F + \mathrm{d}F)\cos\frac{\mathrm{d}\alpha}{2} - F\cos\frac{\mathrm{d}\alpha}{2}$$

因 $\mathrm{d}\alpha$ 很小，可取 $\sin\dfrac{\mathrm{d}\alpha}{2} \approx \dfrac{\mathrm{d}\alpha}{2}$，$\cos\dfrac{\mathrm{d}\alpha}{2} \approx 1$，略去二阶微量 $\mathrm{d}F \cdot \dfrac{\mathrm{d}\alpha}{2}$，以上两式化简得

$$\mathrm{d}F_\mathrm{n} = F\mathrm{d}\alpha \qquad\qquad f\mathrm{d}F_\mathrm{n} = \mathrm{d}F$$

由上两式得

$$\frac{\mathrm{d}F}{F} = f\mathrm{d}\alpha \qquad\qquad \int_{F_2}^{F_1} \frac{\mathrm{d}F}{F} = \int_0^a f\mathrm{d}\alpha \qquad\qquad \ln\frac{F_1}{F_2} = f\alpha$$

故紧边和松边的拉力比为

$$\frac{F_1}{F_2} = e^{f\alpha} \tag{9-7}$$

式中，f 为带与轮面间的摩擦系数；α 为带轮的包角，单位为 rad；e 为自然对数的底，$e \approx 2.718$。式（9-7）是柔韧体摩擦的基本公式。

联解 $F = F_1 - F_2$ 和式（9-7）得

$$F = F_1 - F_2 = F_1\left(1 - \frac{1}{e^{f\alpha}}\right) \tag{9-8}$$

由式（9-5）、式（9-8）可知，带传动所能传递的最大有效圆周力的大小取决于张紧力 F_0、包角 α 和摩擦系数 f。

当 V 带传动与平带传动的预拉力相等（即带压向带轮的压力同为 F_Q，如图 9-6 所示）时，它们的法向力 F_n 不相同。因此，平带的极限摩擦力为 $F_n f = F_Q f_v$，而 V 带的极限摩擦力为

$$F_n f = \frac{F_Q}{\sin\dfrac{\varphi}{2}} f = F_Q f_v$$

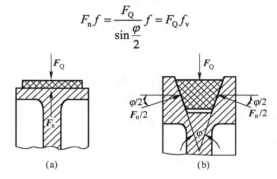

图 9-6　带与带轮间的法向力

φ 为 V 带轮槽的楔角，$f_v = f / \sin\dfrac{\varphi}{2}$ 为当量摩擦系数。显然，$f_v > f$，故在相同条件下，V 带能传递较大的功率。或者说，在相同功率下，V 带传动的结构紧凑。

引用当量摩擦系数的概念，以 f_v 代替 f，即可将式（9-7）和式（9-8）应用于 V 带传动的计算和设计中。在张紧力 F_0、包角 α 一定时，当量摩擦系数 f_v 的值越大，则带所能传递的最大有效圆周力 F 也越大。因此，避免打滑的条件应为：有足够的 f_v、α 值和 F_0 值，增大包角或（和）增大摩擦系数，都可提高带传动所能传递的圆周力。

9.3　带传动中带的应力分析

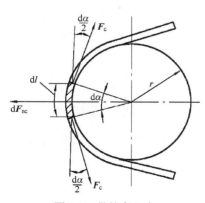

图 9-7　带的离心力

带传动工作时，带中的应力由拉应力、离心拉应力、弯曲应力三部分组成。

（1）由传递载荷过程中的拉力而产生的拉应力，在紧边和松边上的拉应力是不相等的

紧边拉应力　　　　　$\sigma_1 = \dfrac{F_1}{A}$　（MPa）

松边拉应力　　　　　$\sigma_2 = \dfrac{F_2}{A}$　（MPa）

式中，A 为带的横截面积，单位为 mm^2。

（2）由离心力而产生的离心拉应力

当带绕过带轮时，在微弧段 dl 上产生的离心力（见图 9-7）为

$$\mathrm{d}F_{\mathrm{nc}} = (r\mathrm{d}\alpha)q\frac{v^2}{r} = qv^2\mathrm{d}\alpha \quad \text{(N)}$$

式中，q 为带每米长的质量，单位为 kg/m；v 为带速，单位为 m/s。

设离心力在该微弧段两边引起拉力 F_{c}，由微弧段上各力的平衡得 $2F_{\mathrm{c}}\sin\dfrac{\mathrm{d}\alpha}{2} = qv^2\mathrm{d}\alpha$，取 $\sin\dfrac{\mathrm{d}\alpha}{2} \approx \dfrac{\mathrm{d}\alpha}{2}$，则 $F_{\mathrm{c}} = qv^2$ (N)。

离心力虽只发生在带做圆周运动的部分，但由此引起的拉力却作用于带的全长，故离心拉应力为

$$\sigma_{\mathrm{c}} = \frac{F_{\mathrm{c}}}{A} = \frac{qv^2}{A} \quad \text{(MPa)}$$

（3）弯曲应力

带绕过带轮时，因弯曲而产生弯曲应力。带的弯曲应力如图 9-8 所示。

由材料力学公式得到带的弯曲应力

$$\sigma_{\mathrm{b}} = \frac{2yE}{d} \quad \text{(MPa)}$$

式中，y 为带的中性层到最外层的垂直距离，单位为 mm；E 为带的弹性模量，单位为 MPa；d 为带轮直径，单位为 mm。

显然，两轮直径不相等时，带在两轮上的弯曲应力也不相等。图 9-9 为带的应力分布情况，各截面应力的大小用从该处引出的径向线（或垂直线）的长短来表示。由图 9-9 可知，在运转过程中，带承受着变应力。最大应力发生在紧边与小轮的接触处，其值为 $\sigma_{\max} = \sigma_1 + \sigma_{\mathrm{b1}} + \sigma_{\mathrm{c}}$。

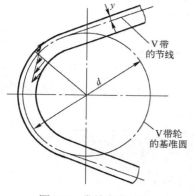

图 9-8　带的弯曲应力

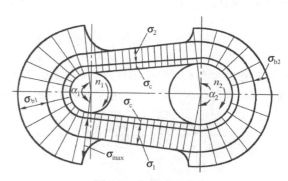

图 9-9　带的应力分布

9.4　带传动的弹性滑动和打滑

带传动时带受到拉力后要产生弹性变形。由于紧边和松边的拉力不同，因而弹性变形也不同。当紧边在 A_1 点绕进主动轮时（见图 9-10，箭头表示带轮对带的摩擦力方向），其所受的拉力为 F_1，此时带的线速度 v 和主动轮的圆周速度 v_1 相等。在带由 A_1 点转到 B_1 点的过程中，带所受的拉力由 F_1 逐渐降低到 F_2，带的弹性变形也随之逐渐减小，因而带沿带轮的运动是一面绕进，一面向后收缩的运动，所以带的速度便逐渐低于主动轮的圆周速度 v_1。这说明在带绕经主动轮缘的过程中，带与主动轮缘之间发生了相对滑动。相对

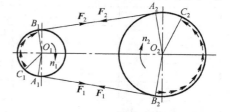

图 9-10　带的弹性滑动示意图

滑动现象也发生在从动轮上，但情况恰恰相反。当带绕过从动轮时，拉力由 F_2 增大到 F_1，弹性变形随之逐渐增加，因而带沿带轮的运动是一面绕进、一面向前伸长的运动，所以带的速度便逐渐高于从动轮的圆周速度 v_2，即带与从动轮间也发生了相对滑动。这种由于带的弹性变形而引起的带与带轮间的滑动称为带的弹性滑动。这是带传动正常工作时固有的特性。

由于弹性滑动的影响，将使从动轮的圆周速度 v_2 低于主动轮的圆周速度 v_1，其降低率可用滑动率 ε 表示：

$$\varepsilon = \frac{v_1 - v_2}{v_1} \times 100\% \tag{9-9}$$

其中

$$v_2 = (1-\varepsilon)v_1, \quad v_1 = \frac{\pi d_1 n_1}{60 \times 1000} \text{ m/s}, \quad v_2 = \frac{\pi d_2 n_2}{60 \times 1000} \text{ m/s} \tag{9-10}$$

式中，n_1、n_2 分别为主动轮和从动轮的转速，单位为 r/min；d_1、d_2 分别为主动轮和从动轮的直径，单位为 mm。

将式（9-10）代入式（9-9），可得 $d_2 n_2 = (1-\varepsilon)d_1 n_1$，因而带传动的实际平均传动比为

$$i = \frac{n_1}{n_2} = \frac{d_2}{d_1(1-\varepsilon)} \tag{9-11}$$

在一般传动中，因滑动率并不大（$\varepsilon \approx 1\% \sim 2\%$），故可不予考虑，而取传动比为

$$i = \frac{n_1}{n_2} \approx \frac{d_2}{d_1} \tag{9-12}$$

在正常情况下，带的弹性滑动并不是发生在相对全部包角的接触弧上。打滑和弹性滑动是两个截然不同的概念。打滑是指由过载引起的全面滑动，应当避免。

9.5 普通 V 带传动的设计计算

由于普通 V 带传动的失效形式是带的疲劳破坏和打滑，因而其设计计算的准则是，在保证带不发生打滑的前提下具有一定疲劳强度和寿命。图 9-11 为 V 带结构。

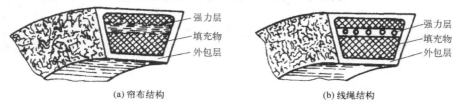

(a) 帘布结构　　　　　　　　　　　(b) 线绳结构

图 9-11　V 带结构

普通 V 带的截面形式分为 Y、Z、A、B、C、D、E 七种，窄 V 带的截面形式分为 SPZ、SPA、SPB、SPC 四种，其横截面尺寸和长度系列分别见表 9-1 和表 9-2。

表 9-1　普通 V 带横截面尺寸（GB11544—1989）（mm）

型　号	Y	Z	A	B	C	D	E
节宽 b_p	5.3	8.5	11.0	14.0	19.0	27.0	32.0
顶宽 b	6.0	10.0	13.0	17.0	22.0	32.0	38.0
高度 h	4.0	6.0	8.0	11.0	14.0	19.0	25.0
楔角 Φ	40°						
每米质量 q/(kg/m)	0.04	0.06	0.10	0.17	0.30	0.60	0.87

表9-2 普通V带的长度系列和带长修正系数 K_L (GB/T13575.1—1992)

基准长度 L_d/mm	K_L					基准长度 L_d/mm	K_L			
	Y	Z	A	B	C		Z	A	B	C
200	0.81					2000	1.08	1.03	0.98	0.88
224	0.82					2240	1.10	1.06	1.00	0.91
250	0.84					2500	1.30	1.09	1.03	0.93
280	0.87					2800		1.11	1.05	0.95
315	0.89					3150		1.13	1.07	0.97
355	0.92					3550		1.17	1.09	0.99
400	0.96	0.79				4000		1.19	1.13	1.02
450	1.00	0.80				4500			1.15	1.04
500	1.02	0.81				5000			1.18	1.07
560		0.82				5600				1.09
630		0.84	0.81			6300				1.12
710		0.86	0.83			7100				1.15
800		0.90	0.85			8000				1.18
900		0.92	0.87	0.82		9000				1.21
1000		0.94	0.89	0.84		10000				1.23
1120		0.95	0.91	0.86		11200				
1250		0.98	0.93	0.88	0.8	12500				
1400		1.01	0.96	0.90	3	14000				
1600		1.04	0.99	0.92	0.8	16000				
1800		1.06	1.01	0.95	6					

9.5.1 单根普通V带的许用功率

根据带传动的设计准则，为了保证带传动不出现打滑，由式（9-8）得单根普通V带能传递的功率为

$$P_0 = F_1\left(1-\frac{1}{e^{f_v\alpha}}\right)\frac{v}{1000} = \sigma_1 A\left(1-\frac{1}{e^{f_v\alpha}}\right)\frac{v}{1000} \qquad (9\text{-}13)$$

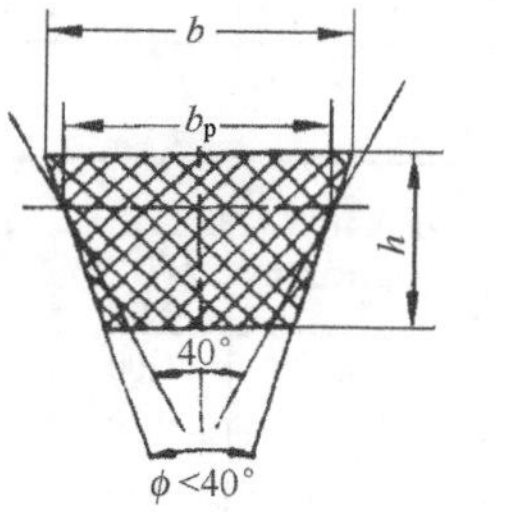

式中，A 为单根普通V带的横截面积（见图9-12）。

为使带具有一定的疲劳寿命，则 $\sigma_{\max} = \sigma_1 + \sigma_b + \sigma_c \leqslant [\sigma]$，即

$$\sigma_1 = [\sigma] - \sigma_b - \sigma_c \qquad (9\text{-}14)$$

式中，$[\sigma]$ 为带的许用应力。

将式（9-14）代入式（9-13），带传动在既不打滑又有一定寿命时，单根普通V带能传递的功率为

图9-12 普通V带横截面尺寸

$$P_0 = \left([\sigma] - \sigma_b - \sigma_c\right)\left(1-\frac{1}{e^{f_v\alpha}}\right)\frac{Av}{1000} \qquad (9\text{-}15)$$

在载荷平稳、包角 $\alpha=\pi$（即 $i=1$）、带长 L_d 为特定长度、抗拉体为化学纤维绳芯结构的条件下，由式（9-15）求得单根普通V带所能传递的功率 P_0（见表9-3），P_0 称为单根V带的基本额定功率。

当实际工作条件与上述特定条件不同时，应对 P_0 值加以修正。修正后即得到实际工作条件下，单根普通V带所能传递的功率，称为许用功率$[P_0]$，则

$$[P_0] = (P_0 + \Delta P_0)K_\alpha K_L \qquad (9\text{-}16)$$

式中，ΔP_0 为功率增量，考虑传动比 $i \neq 1$ 时，带在大轮上的弯曲应力较小，故在寿命相同条件下，可增大传递的功率。ΔP_0 值见表9-4；K_α 为包角修正系数，考虑 $\alpha \neq 180°$ 时对传动能力的影响，见表9-5；K_L 为带长修正系数，考虑带长不为特定长度时对传动能力的影响，见表9-2。

表 9-3　单根普通 V 带的基本额定功率 P_0（当包角 $\alpha=\pi$、特定基准长度、载荷平稳时）（kW）

型号	小带轮基准直径 d_1/mm	小带轮转速 n_1/(r/min)													
		200	400	800	950	1200	1460	1600	2000	2400	2800	3200	3600	4000	5000
Z	50	0.04	0.06	0.10	0.12	0.14	0.16	0.17	0.20	0.22	0.26	0.28	0.30	0.32	0.34
	56	0.04	0.06	0.12	0.14	0.17	0.19	0.20	0.25	0.30	0.33	0.35	0.37	0.39	0.41
	63	0.05	0.08	0.15	0.18	0.22	0.25	0.27	0.32	0.37	0.41	0.45	0.47	0.49	0.50
	71	0.06	0.09	0.20	0.23	0.27	0.31	0.33	0.39	0.46	0.50	0.54	0.58	0.61	0.62
	80	0.10	0.14	0.22	0.26	0.30	0.36	0.39	0.44	0.50	0.56	0.61	0.64	0.67	0.66
	90	0.10	0.14	0.24	0.28	0.33	0.37	0.40	0.48	0.54	0.60	0.64	0.68	0.72	0.73
A	75	0.15	0.26	0.45	0.51	0.60	0.68	0.73	0.84	0.92	1.00	1.04	1.08	1.09	1.02
	90	0.22	0.39	0.68	0.77	0.93	1.07	1.15	1.34	1.50	1.64	1.75	1.83	1.87	1.82
	100	0.26	0.47	0.83	0.95	1.14	1.32	1.42	1.66	1.87	2.05	2.19	2.28	2.34	2.25
	112	0.31	0.56	1.00	1.15	1.39	1.61	1.74	2.04	2.30	2.51	2.68	2.78	2.83	2.64
	125	0.37	0.67	1.19	1.37	1.66	1.93	2.07	2.44	2.74	2.98	3.16	3.26	3.28	2.91
	140	0.43	0.78	1.41	1.62	1.96	2.29	2.45	2.87	3.22	3.48	3.65	3.72	3.67	2.99
B	125	0.48	0.84	1.44	1.64	1.93	2.19	2.33	2.64	2.85	2.96	2.94	2.80	2.51	1.09
	140	0.59	1.05	1.82	2.08	2.47	2.82	3.00	3.42	3.70	3.85	3.83	3.63	3.24	1.29
	160	0.74	1.32	2.32	2.66	3.17	3.62	3.86	4.40	4.75	4.89	4.80	4.46	3.82	0.81
	180	0.88	1.59	2.81	3.22	3.85	4.39	4.68	5.30	5.67	5.76	5.52	4.92	3.92	—
	200	1.02	1.85	3.30	3.77	4.50	5.13	5.46	6.13	6.47	6.43	5.95	4.98	3.47	—
	250	1.37	2.50	4.46	5.10	6.04	6.82	7.20	7.87	7.89	7.14	5.60	5.12	—	—
	280	1.58	2.89	5.13	5.85	6.90	7.76	8.13	8.60	8.22	6.80	4.26	—	—	—
C	200	1.39	2.41	4.07	4.58	5.29	5.84	6.07	6.34	6.02	5.01	3.23			
	224	1.70	2.99	5.12	5.78	6.71	7.45	7.75	8.06	7.57	6.08	3.57			
	250	2.03	3.62	6.23	7.04	8.21	9.08	9.38	9.62	8.75	6.56	2.93			
	280	2.42	4.32	7.52	8.49	9.81	10.72	11.06	11.04	9.50	6.13	—			
	315	2.84	5.14	8.92	10.05	11.53	12.46	12.72	12.14	9.43	4.16	—			
	400	3.91	7.06	12.1	13.48	15.04	15.53	15.24	11.95	4.34	—	—			
	450	4.51	8.20	13.8	15.23	16.59	16.47	15.57	9.64	—	—	—			

表 9-4　单根普通 V 带额定功率的增量 P_0（kW）

型号	小带轮转速 n_1/(r/min)	传动比 i									
		1.00~1.01	1.02~1.04	1.05~1.08	1.09~1.12	1.13~1.18	1.19~1.24	1.25~1.34	1.35~1.51	1.52~1.99	≥2.0
Z	400	0.00	0.00	0.00	0.00	0.00	0.00	0.00	0.00	0.01	0.01
	730	0.00	0.00	0.00	0.00	0.00	0.00	0.01	0.01	0.01	0.02
	800	0.00	0.00	0.00	0.00	0.01	0.01	0.01	0.01	0.02	0.02
	980	0.00	0.00	0.00	0.01	0.01	0.01	0.01	0.02	0.02	0.02
	1200	0.00	0.00	0.01	0.01	0.01	0.01	0.02	0.02	0.02	0.03
	1460	0.00	0.00	0.01	0.01	0.01	0.02	0.02	0.02	0.02	0.03
	2800	0.00	0.01	0.02	0.02	0.03	0.03	0.03	0.04	0.04	0.04
A	400	0.00	0.01	0.01	0.02	0.02	0.03	0.03	0.04	0.04	0.05
	730	0.00	0.01	0.02	0.03	0.04	0.05	0.06	0.07	0.08	0.09
	800	0.00	0.01	0.02	0.03	0.04	0.05	0.06	0.08	0.09	0.10
	980	0.00	0.01	0.03	0.04	0.05	0.06	0.07	0.08	0.10	0.11
	1200	0.00	0.02	0.03	0.05	0.07	0.08	0.10	0.11	0.13	0.15
	1460	0.00	0.02	0.04	0.06	0.08	0.09	0.11	0.13	0.15	0.17
	2800	0.00	0.04	0.08	0.11	0.15	0.19	0.23	0.26	0.30	0.34
B	400	0.00	0.01	0.03	0.04	0.06	0.07	0.08	0.10	0.11	0.13
	730	0.00	0.02	0.05	0.07	0.10	0.12	0.15	0.17	0.20	0.22
	800	0.00	0.03	0.06	0.08	0.11	0.14	0.17	0.20	0.23	0.25
	980	0.00	0.03	0.07	0.10	0.13	0.17	0.20	0.23	0.26	0.30
	1200	0.00	0.04	0.08	0.13	0.17	0.21	0.25	0.30	0.34	0.38
	1460	0.00	0.05	0.10	0.15	0.20	0.25	0.31	0.36	0.40	0.46
	2800	0.00	0.10	0.20	0.29	0.39	0.49	0.59	0.69	0.79	0.89

型号	小带轮转速 n_1/(r/min)	传动比 i									
		1.00~1.01	1.02~1.04	1.05~1.08	1.09~1.12	1.13~1.18	1.19~1.24	1.25~1.34	1.35~1.51	1.52~1.99	≥2.0
C	400	0.00	0.04	0.08	0.12	0.16	0.20	0.23	0.27	0.31	0.35
	730	0.00	0.07	0.14	0.21	0.27	0.34	0.41	0.48	0.55	0.62
	800	0.00	0.08	0.16	0.23	0.31	0.39	0.47	0.55	0.63	0.71
	980	0.00	0.09	0.19	0.27	0.37	0.47	0.56	0.65	0.74	0.83
	1200	0.00	0.12	0.24	0.35	0.47	0.59	0.70	0.82	0.94	1.06
	1460	0.00	0.14	0.28	0.42	0.58	0.71	0.85	0.99	1.14	1.27
	2800	0.00	0.27	0.55	0.82	1.10	1.37	1.64	1.92	2.19	2.47

表 9-5　包角修正系数 K_α

包角 1	180°	170°	160°	150°	140°	130°	120°	110°	100°	90°
K_α	1.00	0.98	0.95	0.92	0.89	0.86	0.82	0.78	0.74	0.69

9.5.2　普通 V 带的型号和根数的确定

设 P 为传动的额定功率，单位为 kW，K_A 为工作情况系数，见表 9-6，则计算功率为

$$P_{ca} = K_A P$$

根据计算功率 P_{ca} 和小带轮转速 n_1，按图 9-13 推荐选择普通 V 带的型号。当临近两种型号的交界线时，可按两种型号同时计算，并分析比较决定取舍。V 带根数为

$$z = \frac{P_{ca}}{[P_0]} = \frac{P_{ca}}{(P_0 + \Delta P_0) K_\alpha K_L} \tag{9-17}$$

z 应取整数。为了使每根 V 带受力均匀，V 带根数不宜太多，通常 $z<10$。

表 9-6　工作情况系数 K_A

载荷性质	工作机	原动机					
		电动机（交流启动、三角启动、直流并励）、四缸以上的内燃机			电动机（联机交流启动、直流复励或串励）、四缸以下的内燃机		
		每天工作小时数/h					
		<10	10~16	>16	<10	10~16	>16
载荷变动很小	液体搅拌机、通风机和鼓风机（≤7.5 kW）、离心式水泵和压缩机、轻负荷输送机	1.0	1.1	1.2	1.1	1.2	1.3
载荷变动小	带式输送机（不均匀负荷）、通风机（>7.5 kW）、旋转式水泵和压缩机（非离心式）、发电机、金属切削机床、印刷机、旋转筛、锯木机和木工机械	1.1	1.2	1.3	1.2	1.3	1.4
载荷变动较大	制砖机、斗式提升机、往复式水泵和压缩机、起重机、磨粉机、冲剪机床、橡胶机械、振动筛、纺织机械、重载输送机	1.2	1.3	1.4	1.4	1.5	1.6
载荷变动很大	破碎机（旋转式、颚式等）、磨碎机（球磨、棒磨、管磨）	1.3	1.4	1.5	1.5	1.6	1.8

9.5.3　主要参数的选择

（1）带轮直径和带速

小轮的基准直径 d_1 应大于或等于表 9-7 所示的 d_{min}。若 d_1 过小，则带的弯曲应力将过大，从

而导致带的寿命缩短；反之，虽能延长带的寿命，但带传动的外廓尺寸却随之增大。

由式（9-11）得，大轮的基准直径为

$$d_2 = \frac{n_1}{n_2} d_1 (1 - \varepsilon)$$

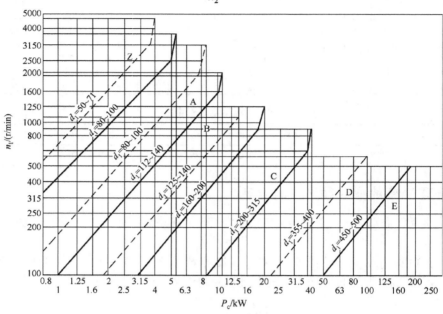

图 9-13　普通 V 带选型图

表 9-7　普通 V 带轮最小基准直径（mm）

型　号	Y	Z	A	B	C
最小基准直径 d_{min}	20	50	75	125	200

注：普通 V 带轮的基准直径系列是：20　22.4　25　28　31.5　35.5　40　45　50　56　63　67　71　75　80　85　90　95　100　106　112　118　125　132　140　150　160　170　180　200　212　224　236　250　265　280　300　315　355　375　400　425　450　475　500　530　560　600　630　670　710　750　800　900　1000 等。

d_1、d_2 应符合带轮基准直径尺寸系列，见表 9-7 注。

带速 $v = \dfrac{\pi d_1 n_1}{60 \times 1000}$ （m/s），一般应使 v 在 5～25 m/s 的范围内。

（2）中心距、带长和包角

一般推荐按公式 $0.7(d_1 + d_2) < a_0 < 2(d_1 + d_2)$ 初步确定中心距 a_0，由式（9-2）可得初定的 V 带基准长度为

$$L_0 = 2a_0 + \frac{\pi}{2}(d_1 + d_2) + \frac{(d_2 - d_1)^2}{4a_0}$$

根据初定的 L_0，由表 9-2 选取接近的基准长度 L_d，再按下式近似计算所需的中心距为

$$a \approx a_0 + \frac{L_d - L_0}{2} \tag{9-18}$$

考虑带传动的安装、调整和 V 带张紧的需要，中心距变动范围为 $(a - 0.015L_d) \sim (a + 0.03L_d)$。

由式（9-1），小轮包角为

$$\alpha_1 = 180° - \frac{d_2 - d_1}{a} \times 57.3°$$

一般应使 $\alpha_1 \geq 120°$，否则可加大中心距或增设张紧轮。

（3）初拉力

保持适当的初拉力是带传动正常工作的首要条件。初拉力不足，会出现打滑；初拉力过大将增大轴和轴承上的压力，并降低带的寿命。

单根普通 V 带适宜的初拉力可按下式计算：

$$F_0 = \frac{500P_{ca}}{zv}\left(\frac{2.5}{K_\alpha} - 1\right) + qv^2 \quad (\text{N}) \tag{9-19}$$

式中，P_{ca} 为计算功率，单位为 kW；z 为 V 带根数；v 为 V 带速度，单位为 m/s；K_α 为包角修正系数，见表 9-5；q 为 V 带每米长的质量，单位为 kg/m，见表 9-1。

设计带传动的基本依据一般包括传动用途、载荷性质、传递的功率、带轮的转速及对传动外廓尺寸的要求等。因此，一般以选择合理的传动参数，确定 V 带的型号、长度和根数，确定带轮的材料、结构和尺寸为设计任务。设计步骤见例题。

9.6 V 带轮设计及带传动张紧装置

9.6.1 V 带轮设计

（1）V 带轮设计的要求

设计 V 带轮时应满足的要求有：质量小；结构工艺性好；无过大的铸造内应力；质量分布均匀，转速高时要经过动平衡；轮槽工作面要精细加工，以减少带的磨损；各槽的尺寸和角度应保持一定的精度，以使载荷分布较为均匀等。

（2）带轮的材料

带轮的材料主要采用铸铁，常用材料的牌号为 HT150 或 HT200，转速较高时宜采用铸钢（或用钢板冲压后焊接而成），小功率时可用铸铝或塑料。

（3）结构尺寸

铸铁制 V 带轮的典型结构有以下几种形式：实心式（见图 9-14(a)）、腹板式（见图 9-14(b)）、孔板式（见图 9-14(c)）、椭圆轮辐式（见图 9-14(d)）。

当带轮基准直径 $D \leq (2.5 \sim 3)d$（d 为轴的直径，mm）时，可采用实心式；当 $D \leq 300$ mm 时，可采用腹板式；当 $D_1 - d_1 \geq 100$ mm 时，可采用孔板式；当 $D > 300$ mm 时，可采用轮辐式。

V 带轮的结构设计，主要是根据带轮的基准直径选择结构形式，根据带的截型确定轮槽尺寸（见表 9-1）。带轮的其他结构尺寸可参照图 9-14 中经验值计算。确定了带轮的各部分尺寸后，可绘制出零件图，并按工艺要求注出相应的技术条件等。

9.6.2 V 带传动的张紧装置

各种材质的 V 带都不是完全的弹性体，在预紧力的作用下，经过一定时间的运转后，就会由于塑性变形而松弛，从而使预紧力 F_0 降低。为了保证带传动的能力，应定期检查预紧力的数值。如发现不足时，必须重新张紧，才能正常工作。

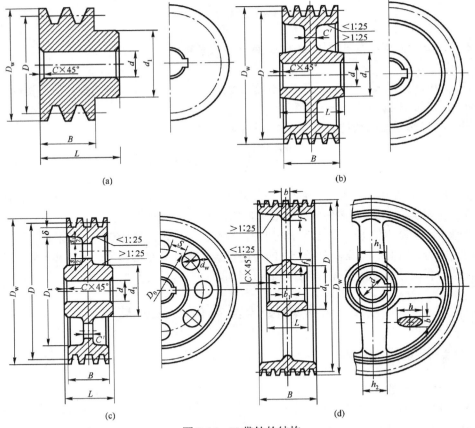

图 9-14　V 带轮的结构

在带传动中常见的张紧装置如下。

（1）定期张紧装置

采用定期改变中心距的方法来调节带的预紧力，使带重新张紧。在水平或倾斜不大的传动中，可用图 9-15(a)所示的方法，将装有带轮的电动机安装在制有滑道的基板 1 上。当要调节带的预紧力时，松开基板上各螺栓的螺母 2，旋转调节螺钉 3，将电动机向右推移到所需的位置，然后拧紧螺母 2。在垂直的或接近垂直的传动中，可用图 9-15(b)所示的方法，将装有带轮的电动机安装在可调的摆架上。带轮及装置中各值可参考下列公式。

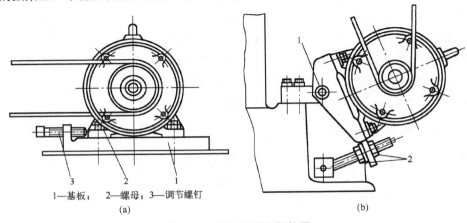

1—基板；2—螺母；3—调节螺钉

(a)　　　　　　　　　　　　　　　(b)

图 9-15　带的定期张紧装置

$D \leqslant (2.5 \sim 3)d$（$d$ 为轴的直径）

$D_0 \leqslant 0.5(D_1+d_1)$

$d_0 \leqslant (0.2 \sim 0.3)(D_1-d_1)$

$C' = \left(\dfrac{1}{7} \sim \dfrac{1}{4}\right)B$

$L=(1.5 \sim 2)d$，当 $B<1.5d$ 时，$L=B$

$h_1 = 290\sqrt[3]{\dfrac{P}{nz_\alpha}}$

$h_2 = 0.8h_1$

$b_1 = 0.4h_1$

$b_2 = 0.8h_2$

$S = C'$

$f_1 = 0.2h_1$

$f_2 = 0.2h_2$

式中，P 为传递的功率，单位为 kW；n 为带轮的转速，单位为 r/min；z_α 为轮辐数。

（2）自动张紧装置

将装有带轮的电动机安装在浮动的摆架上（见图 9-16），利用电动机的自重，使带轮随同电动机绕固定轴摆动，以自动保持张紧力。

（3）采用张紧轮的装置

若中心距不能调节时，可采用具有张紧轮的传动（见图 9-17），靠重砣 2 将张紧轮 1 压在带上，以保证带的张紧。张紧轮一般应放在松边的内侧，使带只受单向弯曲。同时张紧轮还应量靠近大轮，以免过分影响带在小轮上的包角。张紧轮的轮槽尺寸与带轮的相同，且直径小于小带轮的直径。

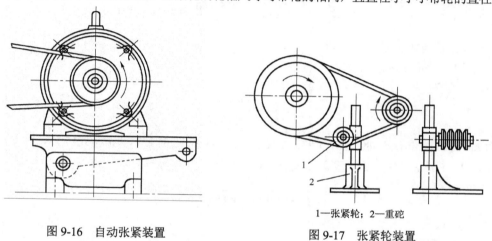

1—张紧轮；2—重砣

图 9-16　自动张紧装置　　　　图 9-17　张紧轮装置

【例 9-1】　设计某带式输送机传动系统中第一级用的普通 V 带传动。已知电动机型号为 Y112M-4，额定功率 P =4 kW，转速 n_1=1440 r/min，传动比 i=3.8，一天运转时间小于 10 小时。

解：

（1）确定计算功率 P_{ca}

由表 9-6 查得工作情况系数 K_A=1.1，故 $P_{ca}=K_A P$=4.4 kW。

（2）选取普通 V 带带型

根据 P_{ca}、n_1，由图 9-13 确定选用 A 型。

（3）确定带轮基准直径

由表 9-7 选取主动轮基准直径 d_1=80 mm。

根据式（9-12），从动轮基准直径 $d_2=id_1$=3.8×80 =304 mm。

根据表 9-7 选取 d_2=315 mm。

验算带的速度为

$$v = \frac{\pi d_1 n_1}{60 \times 1000} = \frac{\pi \times 80 \times 1440}{60 \times 1000} = 6.032 < 25 \text{ m/s}$$

带的速度合适。

（4）确定 V 带的基准长度和传动中心距

根据 $0.7(d_1 + d_2) < a_0 < 2(d_1 + d_2)$，初步确定中心距 $a_0 = 400$ mm。

计算带所需的基准长度为

$$L_0 = 2a_0 + \frac{\pi}{2}(d_1 + d_2) + \frac{(d_2 - d_1)^2}{4a_0}$$

$$= 2 \times 400 + \frac{\pi}{2}(315 + 80) + \frac{(315 - 80)^2}{4 \times 400} = 1455 \text{ mm}$$

由表 9-2 选带的基准长度 $L_d = 1400$ mm。

按式（9-18）计算实际中心距为

$$a \approx a_0 + \frac{L_d - L_0}{2} = 400 + \frac{1400 - 1455}{2} = 373 \text{ mm}$$

（5）验算主动轮上的包角 α_1

由式（9-1）得

$$\alpha_1 = 180° - \frac{d_2 - d_1}{a} \times 57.3° = 180° - \frac{315 - 80}{373} \times 57.3° = 143.9° > 120°$$

主动轮上的包角合适。

（6）计算 V 带的根数 z

由式（9-17）知

$$z = \frac{P_{ca}}{(P_0 + \Delta P_0)K_\alpha K_L}$$

由 $n_1 = 1440$ r/min，$d_1 = 80$ mm，$i = 3.8$，查表 9-3，得 $P_0 = 0.81$ kW，$\Delta P_0 = 0.17$ kW。

查表 9-5 得 $K_\alpha = 0.89$，查表 9-2 得 $K_L = 0.96$，则

$$z = \frac{4.4}{(0.81 + 0.17) \times 0.89 \times 0.96} = 5$$

取 $z = 5$ 根。

（7）计算预紧力 F_0

由式（9-19）知

$$F_0 = \frac{500 P_{ca}}{zv}\left(\frac{2.5}{K_\alpha} - 1\right) + qv^2$$

查表 9-1 得 $q = 0.10$ kg/m，故

$$F_0 = 500 \times \frac{4.4}{6.032 \times 5}\left(\frac{2.5}{0.89} - 1\right) + 0.10 \times 6.032^2 = 135.59 \text{ N}$$

9.7 同步带传动简介

9.7.1 概述

同步带传动是综合了带传动和齿轮传动优点的一种新型带传动（见图 9-18）。同步带以钢丝

绳为强力层，外面用氯丁橡胶或聚氨酯包覆，带的工作面压制成齿形，与齿形带轮作啮合传动。因为钢丝绳在承受负荷后仍能保持同步带的节距不变，所以带与带轮之间无相对滑动，从而使主动轮和从动轮能做同步传动。

强力层材料应具有很高的抗拉强度和抗弯曲疲劳强度，弹性模量大。目前多采用钢丝绳或玻璃纤维沿同步带的宽度方向绕成螺旋形，布置在带的节线位置上。基体包括带齿和带背，带齿应与带轮正确啮合，齿背用来黏结包覆强力层，如图 9-19 所示。基体的材料应具有良好的耐磨性、强度、抗老化性以及与强力层的黏结性。常用材料有聚氨酯和氯丁橡胶。此外，在同步带带齿的内表面有尖角凹槽，除工艺要求外，可增加带的柔性，改善弯曲疲劳性能。

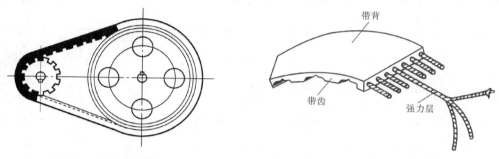

图 9-18　同步带传动　　　　　　　　图 9-19　同步带的结构

同步带的主要参数是节距 p_b，如图 9-20 所示。节距是在规定的张紧力下，同步带纵向截面上相邻两齿中心轴线间节线上的距离。而节线是指当同步带垂直其底边弯曲时，在带中保持原长度不变的周线，通常位于承载层的中线上。节线长度 L_p 为公称长度。

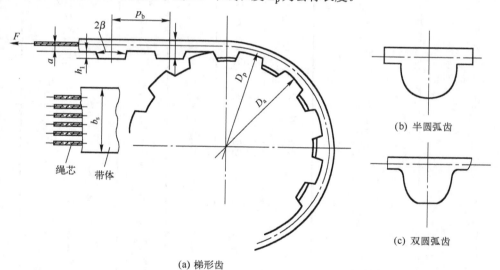

(a) 梯形齿

(b) 半圆弧齿

(c) 双圆弧齿

图 9-20　同步带的主要参数

梯形齿同步带分为单面同步带（简称单面带）和双面同步带（简称双面带）两种形式，仪器中常用前一种。按节距不同，同步带分为 7 种：最轻型 MXL、超轻型 XXL、特轻型 XL、轻型 L、重型 H、特重型 XH、超重型 XXH，其节距 p_b、基准宽度 b_{s0} 及带宽 b_s 系列见表 9-8。其节线长度 L_p 系列见表 9-9。

表 9-8 梯形齿同步带节距 p_b、基准宽度 b_{s0} 及带宽 b_s 系列

型 号	节距 p_b/mm	基准宽度 b_{s0}/mm	带宽系列	
			带宽 b_s/mm	代 号
MXL	2.032	6.4	3.2 4.8 6.4	012 019 025
XXL	3.175	6.4	3.2 4.8 6.4	3.2 4.8 6.4
XL	5.085	9.5	6.4 7.9 9.5	025 031 037
L	9.525	25.4	12.7 19.1 25.4	050 075 100
H	12.700	76.2	19.1 25.4 38.1 50.8 76.2	075 100 150 200 300
XH	22.225	101.6	50.8 76.2 101.6	200 300 400
XXH	31.750	127.0	50.8 76.2 101.6 127.0	200 300 400 500

表 9-9 梯形齿同步带的节线长度 L_p 系列

带长代号	节线长度 L_p/mm	带长上的齿数 z						
		MXL	XXL	XL	L	H	XH	XXH
60	152.40	75	48	30				
70	177.80	—	56	35				
80	203.20	100	64	40				
90	254.00	—	72	45				
100	304.80	125	80	50				
120	330.20	—	96	60				
130	355.60	—	104	65				
140	381.00	175	112	70				
150	406.40	—	120	75	40			
160	431.80	200	128	80				
170	457.20	—	—	85	—			
180	457.30	225	144	90	—			
190	482.60	—		95	—			
200	508.00	250	160	100	—			
220	558.80	—	170	110	—			
230	584.20			115	—			
240	609.60			120	64	48		
260	660.40			130	—	—		
270	685.80				72	54		
300	762.00				80	60		
390	990.60				104	78		
420	1066.80				112	84		
450	1143.00				120	90		
480	1219.20				128	96		
540	1317.60				144	108		
600	1524.00				160	120		
700	1778.00					140	80	56
800	2032.00					160	—	64
900	2286.00					180	—	72
1000	2540.00					200	—	80
1100	2794.00					220	—	—
1200	3048.00					—	—	96

注：① 摘自 GB11616—1989；② XXL 型的带长代号用带长上的齿数 z 前加 B 的方法表示，如节线长度 L_p 为 177.80 mm 的 XXL 型带的带长代号为 B56。

同步带的标记内容和顺序为带长代号、型号、宽度代号，如 XXL 型的标记，如图 9-21 所示。

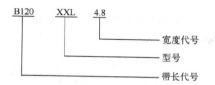

图 9-21　XXL 型同步带标记

9.7.2　带轮

同步带带轮除轮缘表面需要制造出轮齿外，其他结构与一般带轮相似。带轮的齿形有渐开线齿形和直边齿形两种，推荐采用渐开线齿形，可用范成法加工而成。带轮齿数的选择应考虑到同时啮合齿数的多少，一般要求同步带与带轮的同时啮合齿数 $z_m \geqslant 6$。带轮的许用最少齿数 z_{min} 见表 9-10。

表 9-10　带轮许用最少齿数 z_{min}

带轮转数 $n_1/(\text{r/min})$	型　　号						
	MXL	XXL	XL	L	H	XH	XXH
<900	10	10	10	12	14	22	22
900～1200	12	12	10	12	16	24	24
1200～1800	14	14	12	14	18	26	26
1800～3600	16	16	12	16	20	30	—
3600～4800	18	18	15	18	22	—	—

带轮材料一般采用钢、铸铁，轻载场合可用轻合金或塑料（如聚碳酸酯、尼龙等），成批生产的带轮可采用粉末冶金材料。

9.7.3　同步带传动的设计计算

设计同步带传动时，一般的已知条件包括传动的用途、传递的功率、大小带轮的转速或传动比 i 和传动系统的空间尺寸范围等。

设计时要确定同步带的型号、带的长度及齿数、中心距、带轮节圆直径及齿数、带宽及带轮的结构和尺寸。

（1）选择同步带的型号

根据计算功率 P_{ca} 和小带轮转速 n_1，利用图 9-22 选取同步带的型号，根据所选型号由表 9-8 查得对应的节距 p_b。

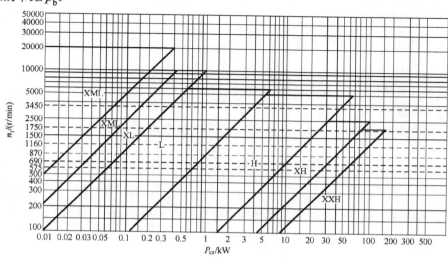

图 9-22　同步带选型图

计算功率 P_{ca} 可根据传递的名义功率的大小，并考虑到原动机和工作机的性质、连续工作时间的长短等条件，得出

$$P_{ca}=PK_A \tag{9-20}$$

式中，P 为传递的名义功率；P_{ca} 为计算功率；K_A 为工作情况系数，按表 9-11 选取。

表 9-11　同步带传动的工作情况系数 K_A

工作机	原动机					
	交流电动机（普通转矩笼型、同步电动机），直流电动机（并励）			交流电动机（大转矩、大滑差率、单环、滑环），直流电动机（复励、串励）		
	运转时间			运转时间		
	断续使用每日 3～5h	普通使用每日 8～10h	连续使用每日 16～24h	断续使用每日 3～5h	普通使用每日 8～10h	连续使用每日 16～24h
	K_A					
复印机、计算机、医疗机械	1.0	1.2	1.4	1.2	1.4	1.6
办公机械	1.2	1.4	1.6	1.4	1.6	1.8
轻负载传送带、包装机械	1.3	1.5	1.7	1.5	1.7	1.9

（2）确定带轮齿数和节圆直径

根据带型和小带轮转速，由表 9-10 确定小带轮的齿数 z_1，$z_1 \geq (1.0\sim1.3)z_{min}$。$n_1<1000$ r/min 时，取 $z_1 \geq 1.0z_{min}$；$n_1>3000$ r/min 时，取 $z_1 \geq 1.3z_{min}$。当带速和安装尺寸允许时，z_1 尽可能选用较大值，大带轮齿数 $z_2=iz_1$。节圆直径 D_{p1} 和 D_{p2} 可用下式求得

$$D_{p1} = \frac{z_1 p_b}{\pi}, \qquad D_{p2} = \frac{z_2 p_b}{\pi} \tag{9-21}$$

（3）确定同步带的长度和齿数

带的长度可用式（9-2）求得，但式中 a、d_1、d_2 应用 a_0、D_{p1}、D_{p2} 置换之。a_0 为初定中心距，可按结构需要确定，或在 $0.7(D_1 + D_2) < a_0 < 2(D_1 + D_2)$ 范围内选取。

根据计算所得的带长 L，由表 9-9 查得与其最接近的节线长度 L_p 值，并依据所选定带的型号，查得相应的齿数 z。

（4）确定实际中心距

同步带实际中心距 a 可用式（9-3）求得，但式中 L、d_1、d_2 应用 L_p、D_{p1}、D_{p2} 置换之。

（5）计算小带轮啮合齿数

小带轮与同步带的啮合齿数 z_m 按下式确定

$$z_m = \frac{z_1}{2} - \frac{p_b z_1}{20a}(z_2 - z_1) \tag{9-22}$$

z_m 应圆整成整数。

（6）选择带宽

所选带宽按下式计算求得，然后根据表 9-8 选取相近且略大的标准值，即

$$b_s \geq b_{s0} \left(\frac{P_{ca}}{K_z P_0} \right)^{\frac{1}{1.14}} \tag{9-23}$$

式中，b_{s0} 为基准宽度，见表 9-8；P_{ca} 为计算功率；K_z 为啮合齿数系数，当 $z_m \geq 6$ 时，$K_z=1$，当 $z_m<6$ 时，$K_z=1-0.2(6-z_m)$；P_0 为同步带基准宽度 b_{s0} 所能传递的功率，可由下式求得

$$P_0 = \frac{(F_a - qv^2)v}{1000} \tag{9-24}$$

式中，F_a 为基准宽度 b_{s0} 同步带的许用工作拉力，见表 9-12；q 为基准宽度 b_{s0} 同步带的质量，

见表 9-12。

表 9-12　基准宽度 b_{s0} 同步带许用工作拉力 F_a 和质量 q

项　目	型　号						
	MXL	XXL	XL	L	H	XH	XXH
许用工作拉力 F_a/N	27	31	50	245	2100	4050	6400
质量 q/(kg/m)	0.007	0.01	0.022	0.096	0.448	1.487	2.473

（7）计算作用在轴上的载荷

作用在轴上的载荷为

$$F_z = \frac{1000P_{ca}}{v} \tag{9-25}$$

式中，F_z 为作用在轴上的载荷；P_{ca} 为计算功率；v 为带速，$v = \pi D_{p1} n_1 (60 \times 100)$。

（8）确定带轮的结构尺寸（略）

同步齿形带以钢丝为强力层，外面覆聚氨酯或橡胶，带的工作面制成齿形（见图 9-19）。带轮轮面也制成相应的齿形，靠带齿与轮齿啮合实现传动。因此，带与轮无相对滑动，能保持两轮的圆周速度同步，这是精密机械中较好的一种挠性传动形式。

所以，同步齿形带传动具有如下特点：① 平均传动比准确；② 带的初拉力较小，轴和轴承上所受的载荷较小；③ 由于带薄而轻，强力层强度高，故带速可达 40 m/s，传动比可达 10，结构紧凑，传递功率可达 200 kW，因而应用日益广泛；④ 效率较高；⑤ 带及带轮价格较高，对制造安装要求高。

总之，同步齿形带常用于要求传动比准确的中小功率传动中，其传动能力取决于带的强度。带的模数 m 及宽度 b 越大，则能传递的圆周力也越大。

习 题 9

9-1　V 带传动的 n_1=145 r/min，带与带轮的当量摩擦系数 f_v=0.51，包角 α_1=180°，预紧力 F_0=360 N。试问：

（1）该传动所能传递的最大有效拉力为多少？

（2）若 D_1=100 mm，其传递的最大转矩为多少？

（3）若传动效率为 0.95，弹性滑动忽略不计，则从动轮输出功率为多少？

9-2　V 带传动的功率 P=7.5 kW，带速 v=10 m/s，紧边拉力是松边拉力的 2 倍，即 F_1=2F_2，试求紧边拉力 F_1、有效拉力 F_e 和预紧力 F_0。

9-3　有一带式输送装置，其异步电动机与齿轮减速器之间用普通 V 带传动，电动机功率 P=7 kW，转速 n_1=960 r/min，减速器输入的转速 n_2=330 r/min，允许误差为 ±5%，运输装置工作时有轻度冲击，两班制工作。试设计此带传动。

9-4　试分析带传动工作时带中有哪些应力？如何分布？最大应力点在何处？

9-5　什么是弹性滑动？什么是打滑？在工作中是否可以避免？为什么？

9-6　试分析主要参数（小带轮直径、包角、传动比、中心距）对带传动有哪些影响？设计时应如何选取？

第10章 螺旋传动

10.1 螺旋传动的类别

螺旋传动是精密机械中常用的一种传动形式。螺旋机构利用螺杆与螺母的相对运动，将旋转运动变为直线运动，以实现测量、调整和传递运动的功能。

螺杆与螺母的相对运动关系式为

$$l = \frac{P_h}{2\pi}\varphi \tag{10-1}$$

式中，l 为螺杆（或螺母）的位移；P_h 为导程，$P_h = nP$（n 为螺纹线数，P 为螺距）；φ 为螺杆与螺母之间的相对转角。

按照在精密机械中的使用目的不同，螺旋传动大致分为如下 3 类。

（1）示数螺旋传动

示数螺旋传动用于构成仪器与设备测量链的螺旋传动。在传动链中，精确地传递相对运动或相对位移，将转角值转变为直线位移量，或将直线位移量转变成角度值，常见于机床中进给、分度机构或测量仪器中的螺旋测微装置，如螺旋千分尺等。因为其传动误差直接影响机构的工作精度，所以这类螺旋要求传动精度高、空回误差小和耐磨性好。

由于在传动时只需克服摩擦力矩和较小的附加力矩，所以一般不需计算强度，而大多根据要求的转角与直线位移关系、相对位移精度和相关结构尺寸，用类比法设计，有时也要验算刚度。若传动系统用小功率电机驱动，则还应验算摩擦力矩。

（2）传力螺旋传动

在传动链中用于传递动力的螺旋传动称为传力螺旋传动，如螺旋压力机、螺旋千斤顶等。传递动力的螺旋需要承受较大的载荷，因此要有足够的强度，而传动精度要求较低，有时甚至对相对位移无精度要求，如测量机底座调节螺旋。传力螺旋需要承受较大的载荷，一般以强度计算所得尺寸，或按有关资料推荐尺寸，作为结构设计基础，必要时还应验算刚度和其他技术要求。

（3）一般螺旋传动

在传动链中只作一般驱动用的螺旋传动为一般螺旋传动，通常对强度、刚度和精度均无过高要求，可视具体情况，进行稳定性计算或耐磨性计算等。用于调节零部件之间相对位置或微调机构时，应考虑其微动灵敏度，如大地测量的经纬仪、水准仪中用于调平的微动螺旋机构。

按照螺旋副的摩擦性质不同，螺旋传动又可分为滑动螺旋传动、滚动螺旋传动和静压螺旋传动。滑动螺旋结构简单，便于制造，易于自锁，但摩擦阻力大，传动效率低，磨损快，传动精度低。滚动螺旋和静压螺旋的摩擦阻力小，传动效率高，但结构复杂，特别是静压螺旋还需要供油系统，结构更复杂，成本高。

10.2 螺旋传动的计算

1. 强度计算

承受拉力或压力的螺旋传动与螺杆的强度计算基本相同，可加大实际的轴向载荷作为计算载荷，相当于引入了螺旋旋转时，因摩擦阻力所引起的扭转剪应力。

设 F 为作用于螺杆的轴向载荷，单位为 N；d_1 为螺杆小径，单位为 mm；$[\sigma_l]$ 为许用拉应力，单位为 MPa；根据设计资料推荐，可以将 F 增大 1.3～1.4 倍，作为计算载荷 F_c，就可直接求出螺杆小径，即

$$\begin{cases} F_c = (1.3 \sim 1.4)F \\ d_1 = \sqrt{\dfrac{4F_c}{\pi[\sigma_l]}} \end{cases} \qquad (10\text{-}2)$$

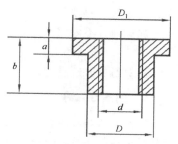

若螺杆承受轴向压力，只需将上式中的 $[\sigma_l]$ 改为许用压应力 $[\sigma_y]$ 即可。淬火钢 $[\sigma_l] \approx 0.8\sigma_s$ MPa，淬火和氢化后 $[\sigma_l] \approx 0.6\sigma_s$ MPa。σ_s 为材料的屈服极限，如载荷变动，则许用应力应降低 25%～50%。通过计算得到 d_1 后，查设计手册，可以选取比计算值略大的标准值。

图 10-1　螺母尺寸

螺母尺寸（见图 10-1）一般推荐：高度 $b=(1.5 \sim 2.5)d$，外径 $D=1.55d$，凸缘外径 $D_1=(1.3 \sim 1.4)D$，凸缘厚度 $a=b/3$，d 为螺杆大径。

螺旋传动常用青铜螺母，如采用钢制螺母时，以上推荐数值应略减小。

2．刚度计算

螺杆在轴向载荷和扭矩作用下将会产生变形，引起螺距改变，故应进行刚度计算，以限制其改变量。螺杆在轴向载荷 F 的作用下，一个螺距产生的改变量也就是它的拉伸变形量为

$$\lambda_F = \pm \frac{FP}{EA}$$

式中，λ_F 为一个螺距的改变量，单位为 mm；F 为轴向载荷，单位为 N；P 为螺距，单位为 mm；E 为螺杆材料的弹性模量，对于钢，$E=2.0 \times 10^5$ MPa；A 为螺杆小径截面面积，单位为 mm^2；当螺杆受拉时取"+"，受压时取"−"。

螺杆在扭矩作用下，相应一个螺距长度产生的改变量为

$$\lambda_M \approx \pm \frac{P\varphi}{2\pi} = \pm \frac{MP^2}{2\pi GI}$$

式中，λ_M 为扭矩作用下一个螺距的改变量，单位为 mm；M 为扭矩，单位为 N·mm；G 为螺杆材料的剪切弹性模量，单位为 MPa；I 为螺杆根径截面的极惯性矩，单位为 mm^4。

故螺杆在轴向负荷和扭矩联合作用下，一个螺矩的改变量为

$$\lambda = \lambda_F + \lambda_M \qquad (10\text{-}3)$$

计算所得的 λ 值应小于或等于设计时的允许值，而允许值将依有关技术要求确定。

在计算 A 及 I 时，也有采用螺纹中径的。

3．稳定性计算

稳定性主要是指螺杆侧向挠曲。细长螺杆受到较大的轴向压力时，容易产生侧向弯曲而丧失稳定，使传动受到影响。基于材料力学中关于压杆稳定的条件，可知螺杆升起高度 H（见图 10-2）应小于或等于可能产生侧向挠曲的临界高度 H_0。

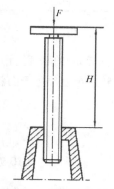

图 10-2　螺杆升起高度

根据杆的侧向挠曲公式 $n_y F = \dfrac{\pi^2 E J_\rho}{\mu_0^2 H_0^2}$ ，则

$$H_0 = \frac{\pi}{\mu_0} \sqrt{\frac{EJ_\rho}{n_y H_0}} \qquad (10\text{-}4)$$

式中，n_y 为稳定系数，常取 4 或 5；μ_0 为长度系数，对一端固定杆，取 2；J_ρ 为螺杆最小轴惯性矩，$J_\rho = \pi d_1^4 / 64$，单位为 mm^4；F 为螺杆上轴向载负荷，单位为 N；E 为螺杆材料弹性模量，单位为 MPa；H_0 为螺杆临界高度，单位为 mm。

如载荷并不太大，为减小计算量，亦可利用下式

$$H \leqslant H_0 \leqslant 25d_1 \qquad (10\text{-}5)$$

验算螺杆升起高度。

4. 耐磨性计算

精密螺旋传动主要承受转矩和轴向力（拉或压），其失效形式多为螺纹的磨损。磨损是精密传动的重要失效形式，影响螺纹磨损的因素很多，如载荷大小、表面状况、滑动速度和润滑状况等，目前还缺乏完善的耐磨性计算方法。实践证明，螺纹的磨损速度与其工作表面上的压强有关。因此，应使螺纹工作表面的计算平均压强 p 小于或等于其许用压强 $[p]$，即

$$p = \frac{FP}{\pi d_2 hb} \leqslant [p] \qquad (10\text{-}6)$$

式中，p 为螺纹工作表面计算平均压强，单位为 MPa；$[p]$ 为材料的许用压强，单位为 MPa；F 为轴向载荷，单位为 N；P 为螺距，单位为 mm；d_2 为螺纹中径，单位为 mm；h 为螺纹工作高度，单位为 mm，三角形螺纹 $h=0.5413P$；b 为螺母高度，单位为 mm。

许用压强与螺杆、螺母材料有关，详见表 10-1。

表 10-1　许用压强 $[p]$ 与螺杆、螺母材料的关系

螺杆材料	螺母材料	$[p]$/ MPa	速度范围/$(m \cdot min^{-1})$
钢	青铜	18~25	低速
钢	钢	7.5~13	
钢	铸铁	13~18	<2.4
钢	青铜	11~18	<3.0
钢	铸铁	4~7	6~12
钢	耐磨铸铁	6~8	
钢	青铜	7~10	
淬火钢	青铜	10~13	
钢	青铜	1~2	>15

5. 摩擦力矩计算

以下分析仅为在外载荷作用下螺纹表面及有关部分的摩擦力矩，不包含支承部分的摩擦力矩。计算摩擦力矩，不仅要注意载荷方向、作用位置、螺纹类型、螺母结构、材料及结合部分表面状态，还要注意载荷大小，以便引入修正系数。具体情况有下列 3 种。

（1）仅承受轴向载荷 F 时（见图 10-2）

对于矩形螺纹传动，摩擦力矩 M 为

$$M = Fr_m \tan(\alpha + \rho) \qquad (10\text{-}7)$$

对于普通螺纹或梯形螺纹传动，摩擦力矩为

$$M = Fr_m \tan(\alpha + \rho') \qquad (10\text{-}8)$$

式中，M 为摩擦力矩，单位为 N·mm；F 为轴向载荷，单位为 N；r_m 为螺杆平均半径，单位为 mm；α 为螺旋线升角，单位为°；ρ 为摩擦角，单位为°；ρ' 为当量摩擦角，$\rho' = \arctan\dfrac{f}{\cos(\beta/2)}$；$\beta$ 为螺纹牙型角，单位为°；f 为螺纹表面滑动摩擦系数。

以上两式表明，螺纹牙型不同，转动螺杆所需克服的摩擦力矩亦不同，因 $\rho'>\rho$，则在其他参数相同时，矩形螺纹比普通螺纹或梯形螺纹传动更加轻便，故传力较大的螺旋多选用矩形螺纹。但矩形螺纹对中性差，不能铣、磨，精度低，亦未标准化。

对于普通螺纹，如 $F<30$ N，则摩擦力矩为

$$\begin{cases} M = \dfrac{1}{10e} F r_m \tan(\alpha + \rho') \\[2mm] e = \dfrac{F_n + 1.05}{F_n + 2.4} \\[2mm] F_n = \dfrac{F}{\cos\alpha \cos(\beta/2)} \end{cases} \qquad (10\text{-}9)$$

式中，F_n 为螺纹表面上正压力；e 为负荷较小时，由于温度变化、尘土落于螺纹表面、润滑油黏度改变等因素的影响而引入的修正系数。

（2）仅承受径向载荷 F_r 时

如图 10-3 所示，螺旋传动承受径向载荷 F_r。设径向载荷 F_r 均布于接触面上部，则螺母与螺杆间的当量滑动摩擦系数应为 $f/(\pi/2)$。再设螺纹牙上各均布正压力之和等效于作用于平均半径 r_m 上的集中载荷 $F_r/\sin(\beta/2)$，故转动螺杆所需克服的摩擦力矩为

$$M = \frac{F_r}{\sin(\beta/2)} \times \frac{\pi}{2} r_m f = \frac{\pi F_r r_m f}{2\sin(\beta/2)} \qquad (10\text{-}10)$$

式中的各参数代号意义与前同。

（3）仅承受与螺杆轴线偏心距为 a 的轴向载荷 F 时

如图 10-4 所示，轴向载荷 F 与螺杆轴线偏离，其偏心距为 a。若将 F 简化到螺杆轴线上，即相当于轴向载荷 F 和附加力矩 aF 的联合作用，故转动螺杆所需克服的摩擦力矩应为两者之和。

轴向载荷 F 作用下的摩擦力矩计算前已述及，现仅讨论因 aF 所引起的摩擦力矩。如图 10-5 所示，设在 aF 作用下，螺杆（或螺母）倾斜，螺杆与螺母仅在两端的 1、2 处接触，如忽略螺杆直径，得 $aF = N_0 b$。

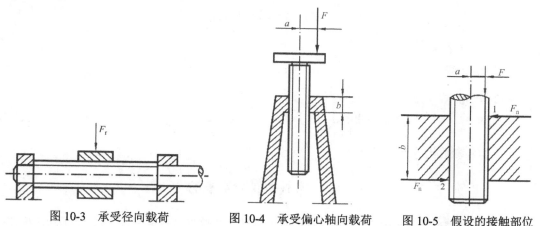

图 10-3　承受径向载荷　　　图 10-4　承受偏心轴向载荷　　　图 10-5　假设的接触部位

N_0 为接触部位正压力，b 近似取螺母高。由 N_0 所引起的螺纹牙表面上的正压力 F_n 为

$$F_n = \frac{aF}{b} \times \frac{1}{\sin(\beta/2)}$$

与前述承受径向负荷时相同（N_0 即相当于径向负荷 F_r），亦可假设当量摩擦系数为 $f(\pi/2)$，则由 aF 引起的摩擦力矩为

$$2F_n \frac{\pi}{2} r_m f = \frac{aF}{b} \times \frac{1}{\sin(\beta/2)} \pi r_m f = \frac{\pi r_m aFf}{b\sin(\beta/2)}$$

总摩擦力矩应为 F 及 aF 两部分所引起的摩擦力矩之和。

若 $F > 30\,\text{N}$，则

$$M = r_m F \tan(\alpha + \rho') + r_m Ff \frac{\pi a}{b\sin(\beta/2)} = r_m F \left[\tan(\alpha + \rho') + f \frac{\pi a}{b\sin(\beta/2)} \right] \tag{10-11}$$

若 $F \leqslant 30\,\text{N}$，则

$$M = r_m F \left[\tan(\alpha + \rho') \frac{1}{e} + f \frac{\pi a}{b\sin(\beta/2)} \right] \tag{10-12}$$

式中的各参数代号意义同前。

（4）添加导向环减载时

有时，为了减小螺杆与螺母的径向配合间隙，减小径向载荷或轴向偏心载荷作用下的摩擦力矩，可在螺母上下两端加上内径与螺杆外径相等的导向环，如图 10-6 所示。

由于增加了导向环，所有径向载荷均由它的内圆面和螺杆外圆面承受，与圆柱面接触相近，螺纹表面的摩擦力矩亦相应减小。

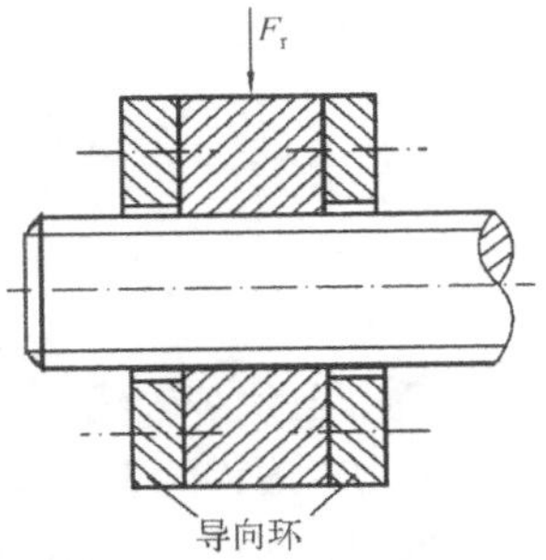

图 10-6　加导向环的螺旋传动

若螺母有导向环，并承受径向载荷 F_r，则摩擦力矩为

$$M = \frac{\pi}{2} F_r r_0 f \tag{10-13}$$

式中，f 为螺杆与导向环之间的滑动摩擦系数；r_0 为导向环内径或螺杆外径，单位为 mm。

若螺母有导向环，并承受偏心轴向载荷 F，偏心距为 a，若 $F > 30\,\text{N}$ 且令 $r_0 \approx r_m$，则摩擦力矩为

$$M = r_m F \left[\tan(\alpha + \rho') + \pi f \frac{a}{b} \right] \tag{10-14}$$

若 $F \leqslant 30\,\text{N}$，亦 $r_0 \approx r_m$，则

$$M = r_m F \left[\tan(\alpha + \rho') \frac{1}{e} + \pi f \frac{a}{b} \right] \tag{10-15}$$

上式中的各参数代号意义同前。

6. 效率计算

螺旋传动的效率 η，可按下式计算

$$\eta = \frac{\tan\alpha}{\tan(\alpha + \rho')} \qquad\qquad \tan\rho' = \frac{f}{\cos(\beta/2)} \tag{10-16}$$

式中的各参数代号意义同前。

10.3　螺旋机构误差分析

螺旋传动的精度是指螺杆螺母相对运动时，其转角和位移是否保持式（10-1）所示的线性关系。事实上，螺杆螺母的制造误差及螺纹机构支承件误差、导向件误差均会影响螺旋的传动精度，

所以示数螺旋机构和传动精度较高的微动螺旋机构均应考虑这些误差。

螺旋传动误差主要是运动误差和空回误差,它们与螺纹参数误差和相关零件的综合误差有关,下面讨论影响螺旋传动的主要因素。

1. 螺纹参数误差

（1）螺距误差

螺距的实际值与理论值之差称为螺距误差。螺距误差分为单个螺距误差和螺距累积误差。单个螺距误差是指相邻两牙之间的螺距误差,螺距累积误差是指任意两牙之间的螺距误差。

在理想状态下,螺杆转动,螺母将随之作线性移动,如图 10-7 所示的直线 1。实际上,由于各种误差的影响,螺母随螺杆转动的运动关系为曲线 2。所谓运动误差,就是当螺杆转角为 φ_1 时,螺母的理论位移与实际位移之差,即线 1 与线 2 相对于 φ_1 的偏差 Δx。

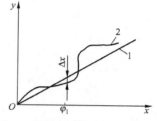

图 10-7　螺杆螺母相对运动关系

对于单头螺纹,$n=1$,螺杆旋转、螺母移动的理想关系为

$$x_0 = \frac{\varphi}{2\pi} P_0$$

式中,x_0 为理想状态螺母的位移量;φ 为螺杆转角;P_0 为理想螺纹的螺距。

$\varphi/(2\pi)$ 表示螺杆所转的圈数,实际就是螺母所移过的螺距个数。如螺杆旋转了 m 圈,则螺母的位移为 $x_0 = \sum_{i=1}^{m} (P_0)_i$,$i$ 表示螺距的次序。设螺杆的单个螺距误差为 ΔP_i,则螺母实际的位移为 $x = \sum_{i=1}^{m} (P_0 + \Delta P_i)$。

依上述定义,则螺母的运动误差为

$$\Delta x_1 = x - x_0 = \sum_{i=1}^{m} (P_0 + \Delta P_i) - \sum_{i=1}^{m} (P_0)_i = \sum_{i=1}^{m} \Delta P_i \qquad (10\text{-}17)$$

可见,在其运动范围内,螺母的运动误差应为螺杆各螺距误差之代数和（即螺距累积误差）。

螺旋机构在传动过程中,螺杆的螺距误差将直接影响传动精度（位置误差）。螺母的螺距累积误差对传动精度没有影响（只影响空回的大小）。因此,设计时主要对螺杆提出严格的精度要求,而对螺母取适当的加工精度即可。

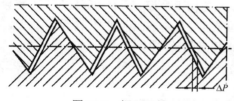

图 10-8　螺距误差

（2）螺杆与螺母在啮合范围内的螺距累积误差

如图 10-8 所示为螺杆与螺母在啮合范围内的螺距累积误差,无论正负都会引起传动的运动误差。若螺杆在啮合范围内的螺距累积误差为 $\Delta P_{\Sigma a}$,螺母在啮合范围内的螺距累积误差为 $\Delta P_{\Sigma b}$,则可能引起的运动误差为

$$\Delta x_2 = \left| \Delta P_{\Sigma b} - \Delta P_{\Sigma a} \right| \qquad (10\text{-}18)$$

（3）螺纹中径误差

螺纹中径的实际值与理论值之差称为中径误差。中径误差直接影响螺旋副的间隙及旋合性（其配合的松紧）。为了使螺杆和螺母转动灵活和存储润滑油,必须保证螺纹中径公差（螺杆中径上偏差为零,螺母中径下偏差为零）。由于制造误差 Δd_2、ΔD_2 的存在,这就使螺旋副产生了中径间隙（见图 10-9）,并引起传动时的轴向间隙（螺距误差）。轴向间隙 Δx_2 为

$$\Delta x_2 = (\Delta D_2 - \Delta d_2) \tan\beta \qquad (10\text{-}19)$$

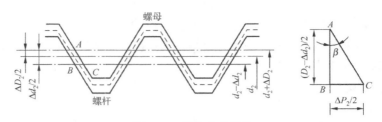

图 10-9 螺纹中径误差

式中，β 为螺纹牙型角，而 Δx_2 实际上就是螺纹中径误差所引起的运动误差。

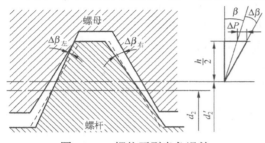

图 10-10 螺纹牙型半角误差

（4）螺纹牙型半角误差

螺纹实际牙型与理论牙型半角之差称为牙型半角误差。如图 10-10 所示，牙型半角误差存在于螺纹牙两侧，使螺纹啮合轴向间隙改变。若螺杆螺纹牙型半角左、右两侧的误差分别为 $\Delta(\beta_{a1}/2)$、$\Delta(\beta_{a2}/2)$，螺母螺纹牙型半角左、右两侧的误差分别为 $\Delta(\beta_{b1}/2)$、$\Delta(\beta_{b2}/2)$，螺纹牙啮合高为 h，则由此引起的轴向间隙改变量为

$$\Delta x_4 = \frac{h}{\cos^2\frac{\beta}{2}}\left(\left|\Delta\frac{\beta_{b1}}{2} - \Delta\frac{\beta_{a1}}{2}\right| + \left|\Delta\frac{\beta_{b2}}{2} - \Delta\frac{\beta_{a2}}{2}\right|\right) \tag{10-20}$$

螺纹牙啮合轴向间隙的改变，不仅影响传动误差，也是造成空回误差的根本原因。

2. 螺旋传动机构装置误差

（1）螺杆轴向窜动误差

如图 10-11 所示，假定螺杆止推轴肩和支架外壳都与理想轴线不垂直，倾斜角分别为 α_1 和 α_2，且 $\alpha_1>\alpha_2$，则在传动时会引起螺杆的轴向窜动误差，这种误差是周期性的，以螺杆转一圈为一循环，其值为

$$\Delta x_5 = 2R\tan\alpha_{\min} \tag{10-21}$$

式中，R 为螺杆轴肩的半径；$\alpha_{\min}$ 为 α_1 和 α_2 中的较小者。

（2）偏斜误差

在螺旋传动机构中，若螺杆的轴线方向与移动件的运动方向不平行，而有一偏斜角 ψ，就会产生偏斜误差。如图 10-12 所示，主要由导轨的直线度偏差和导轨副的侧向间隙引起偏斜误差，设螺杆的总移动量为 l，移动件的实际移动量为 x，则由此引起的轴向位移为

$$\Delta x_5 = l - x = l(1-\cos\psi) \tag{10-22}$$

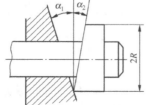

图 10-11 螺杆轴向窜动误差

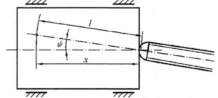

图 10-12 偏斜误差

以上两种轴向位移误差属于相关结构引起的误差，只有对整个部件分析时才应加入。若只是分析螺旋传动的运动误差，则不必考虑。

3. 温度误差

如果螺旋传动的工作温度与制造、装配时的温度不同，将引起螺杆长度和螺距发生变化，从而产生传动误差，这种误差称为温度误差，其大小为

$$\Delta l_t = L_w \alpha \Delta t \tag{10-23}$$

式中，L_w 为螺杆螺纹部分长度；α 为螺杆材料线膨胀系数，对于钢材，一般取 11.6×10^{-6}（$1/℃$）；Δt 为工作温度与制造工艺温度之差。

4. 空回误差

当螺旋机构中存在间隙，若螺杆的转动方向改变，螺母不能立即产生反向运动，只有螺杆转动某一角度后，才能使螺母开始反向运动，这种现象称为空回。

空回的产生原因主要是螺纹接合处存在间隙。此外，构件刚度不足而产生的弹性变形，螺杆支承处的轴向间隙、螺旋副与滑块连接处的间隙也是产生空回的根源。

对于正反向工作的精密螺旋传动，空回将直接引起传动误差，必须设法消除。消除空回的方法就是在保证螺旋副相对运动要求的前提下消除螺杆与螺母之间的间隙。

10.4 提高螺旋传动精度的措施

为了提高传动精度，应尽可能减小或消除上述影响螺旋传动精度的各种误差，可以通过提高螺旋副零件的制造精度来达到，但单纯提高制造精度会使成本提高。因此，对于传动精度要求较高的精密螺旋传动，除了根据有关标准或具体情况规定合理的制造精度以外，可采取某些结构措施提高其传动精度。

1. 采用误差补偿装置

由于螺杆的螺距误差是造成螺旋传动误差的主要因素，因此采用螺距误差校正装置是提高螺旋传动精度的有效措施之一。

图 10-13 为螺距误差校正原理图，当螺杆 1 带动螺母 2 移动时，螺母导杆 3 沿校正尺 4 的工作面移动。由于工作面的凹凸外廓，使螺母转动一个附加角度，由这个附加角度所产生的螺母附加位移，与此段的螺距误差恰好等值反向，故能补偿螺距误差所引起的传动误差。

因为螺纹中径误差及牙形半角误差对螺旋传动精度的影响均反映在螺距的变化上，所以螺距误差校正装置校正的正是由于加工中的螺距误差、螺纹中径误差及牙形半角误差所引起的综合螺距误差。

2. 消除螺杆轴向窜动误差

如图 10-14 所示，将螺杆的端部钻一锥孔，然后镶嵌上滚珠（或将螺杆的端面制成球面），使球面与止推砧的接触点位于螺杆轴线上。由于没有轴肩，在 $\Delta x_5 = 2R\tan\alpha_{min}$ 中，$R=0$，因而消除了由于轴颈端面和轴承端面不垂直于轴线引起的轴向窜动误差。

3. 改进移动件与滑块的连接

当螺旋副中的移动零件与滑块采用刚性连接时，由于制造和安装上不可避免的误差，滑块的运动方向与螺杆的轴线之间可能产生不平行度和偏差，导致在运动过程中，由于零件被卡紧，螺旋副之间很快磨损，甚至无法运动，所以必须采用合理的连接结构。

① 直接传动。将移动件端部做成球形，直接推动运动件，如图 10-15 所示。若运动件的运动方向与螺杆轴线不平行，在接触处可以自由地相对滑动和倾斜，从而避免卡紧现象，减少磨损。

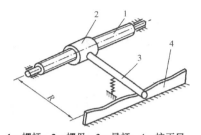

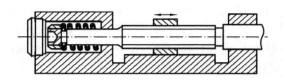

1—螺杆；2—螺母；3—导杆；4—校正尺

图 10-13　螺距误差校正原理　　　　　　图 10-14　消除螺杆轴向窜动误差的结构

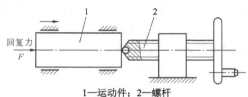

1—运动件；2—螺杆

图 10-15　直接传动

② 中间杆传动。如图 10-16 所示，当运动件的运动方向与螺杆的轴线不平行时，由于中间杆 1 可以自由地相对倾斜，从而避免卡紧现象，减少磨损。

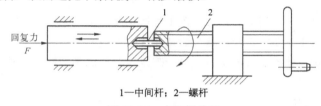

1—中间杆；2—螺杆

图 10-16　中间杆传动

③ 弹簧片传动。如图 10-17 所示，片簧 2 一端固定在滑块上，另一端套在螺母的锥形销上。为了消除两者之间的间隙，片簧以一定的预紧力压向螺母。当滑块运动方向与螺杆轴线不平行时，通过片簧的变形或片簧相对锥形销微量转动而避免产生卡紧力，减小磨损。

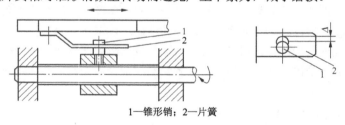

1—锥形销；2—片簧

图 10-17　弹簧片传动

4. 消除螺旋传动空回的方法

（1）利用单向作用力消除空回

如图 10-18 所示，利用弹簧产生单向回复力，使螺纹的工作表面保持单面接触，从而消除另一侧间隙对空回的影响。

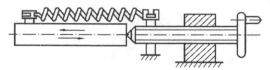

图 10-18　利用单向回复力消除空回

这种方法除能消除螺旋副中间隙对空回的影响外，还可消除支承处轴向间隙和螺旋副与滑块连接处的间隙产生的空回。这种结构的螺母无须开槽或切开，因此螺杆与螺母接触情况较好，有利于提高螺旋副寿命。

测微目镜的示数螺旋传动就是采用单向回复力来消除空回的典型结构。

（2）利用调节装置消除空回

① 径向调节法。径向调节法是指利用不同的结构，使螺母产生径向收缩，以减小螺纹旋合处的轴向间隙，从而减小空回的影响，如图 10-19 所示。图 10-19(a)采用开槽螺母，用螺钉调节螺纹间隙。图 10-19(b)采用卡簧式弹性螺母，在螺母上铣出几条纵向槽，当旋调锁紧螺母 2 时，螺母 1 依靠锁紧螺母的锥面在径向产生收缩，从而消除螺旋副的间隙。图 10-19(c)采用对开螺母，用两个螺钉来调整螺纹的径向收缩，并用弹簧保持螺纹之间具有一定的压紧力。

② 利用塑料螺母消除空回。图 10-20 是用聚乙烯或聚酰胺（尼龙）制作螺母，用金属圈压紧，利用塑料的弹性能很好地消除螺旋副的间隙。

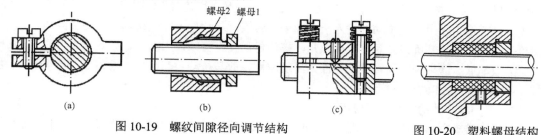

图 10-19　螺纹间隙径向调节结构　　　　　图 10-20　塑料螺母结构

③ 轴向调节法。图 10-21 为轴向间隙调节法的典型结构示例。

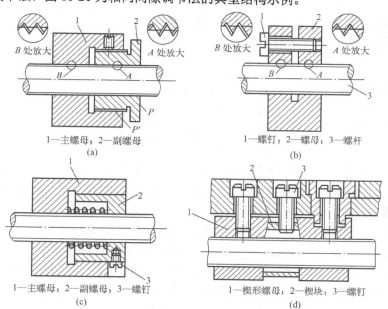

图 10-21　轴向间隙调节法

图 10-21(a)是双螺母螺旋副传动结构，主螺母 1 与副螺母 2 之间用螺纹连接。连接螺纹的螺距 P' 不等于传动螺纹的螺距 P。调整时，拧动副螺母 2，主副螺母发生相对运动即可改变螺杆相对螺母轴向窜动的间隙。调整后再用紧定螺钉将其固定。

图 10-21(b)是开槽螺母结构。拧紧螺钉强迫螺母变形，使其左、右两半部的螺纹压紧在螺杆

螺纹相反的侧面上，从而消除了螺杆相对螺母轴向窜动的间隙，

图 10-21(c)是弹性双螺母结构，利用弹簧力来达到调整目的。螺钉 3 的作用是防止主螺母 1 和副螺母 2 的相对转动。

图 10-21(d)是楔形双螺母结构，拧动螺钉 3，带动楔块 2 上移，使楔形螺母 1 向左移动，以消除螺旋副的间隙。

10.5　螺旋传动的结构形式

10.5.1　滑动螺旋传动

（1）滑动螺旋传动的特点

① 降速传动比大。螺距一般很小，故在转角很大的情况下，能获得很小的直线位移量，可明显缩短机构的传动链，所以螺旋传动结构简单、紧凑，传动精度高，工作平稳。

② 具有增力作用。由主动件输入一个较小的转矩，从动件上即能得到较大的轴向力。

③ 能自锁。若螺旋线升角小于摩擦角，螺旋传动具有自锁作用。

④ 效率低、磨损快。因螺旋工作面为滑动摩擦，故其传动效率低（一般为 30%～40%），磨损快，不适于高速和大功率传动。

（2）滑动螺旋传动的形式及应用

① 螺杆转动、螺母移动，如图 10-22(a)所示。这种结构轴向尺寸取决于螺母长度及其行程大小。机构的刚度较大，结构紧凑，适用于工作行程较长的精密加工设备和监测仪器。

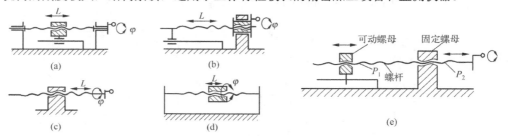

图 10-22　滑动螺旋传动的基本形式

图 10-23 所示测量显微镜纵向测微螺旋是螺杆转动、螺母移动的典型应用。当转动手轮 1（与螺杆 2 固联）时，螺母 3 产生移动，通过片簧 7 带动工作台 8 移动，移动的距离通过游标刻尺 9 及手轮 1 的读数鼓读出。

② 螺母转动、螺杆移动，如图 10-22(b)所示，轴向尺寸取决于螺母长度和行程的两倍。故所占空间较大，精度较低，结构比较复杂，适用于仪器和设备中的调解机构。

③ 螺母固定、螺杆转动并移动。如图 10-22(c)所示，螺母起支撑作用，结构比较简单，消除了螺杆与轴承之间可能产生的轴向窜动，容易获得较高的传动精度。但轴向尺寸较大（螺杆行程的两倍加上螺母厚度），刚性较差，仅适用于短行程的微动机构。

如图 10-24 所示，测微目镜中的示数螺旋传动是螺母固定、螺杆转动并移动的典型应用。当转动手轮 6 时，螺杆 3 转动并移动，进而推动分划板框 2 移动。由于弹簧 1 的作用，使分划板框始终压向螺杆端部，因此螺杆移动的距离即为分划板框移动的距离，并直接从刻度套筒 4 和 5 中读出。

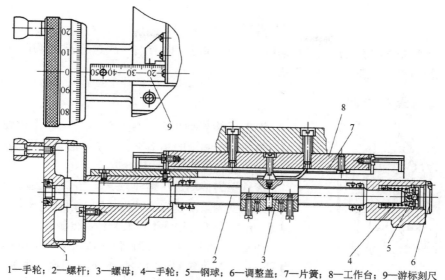

1—手轮；2—螺杆；3—螺母；4—手轮；5—钢球；6—调整盖；7—片簧；8—工作台；9—游标刻尺

图 10-23　测量显微镜纵向测微螺旋

④ 螺杆固定、螺母转动并移动，如图 10-22(d)所示，所需轴向尺寸较小，但结构上难以实现连续传动，精度低，仅用于仪器和设备中的间隙调整和锁紧结构。

⑤ 差动螺旋传动，如图 10-22(e)所示。设螺杆左、右两段螺纹的旋向相同，导程分别为 P_1 和 P_2，当螺杆转动 φ 时，可动螺母的移动距离为

$$l = \frac{\varphi}{2\pi}(P_1 - P_2) \tag{10-24}$$

如果 P_1 与 P_2 相差很小，则 l 就很小，因此差动螺旋常用于各种微动装置中。

如图 10-25 所示的镗刀杆微调机构，螺杆 1 与螺母 2 组成螺旋副 A，又与螺杆 3 组成螺旋副 B，螺旋副 A 与 B 旋向相同而导程不同。当转动螺杆 1 时，镗刀相对螺杆做微量移动，以调整镗孔时的进刀量。

看清细胞更深处

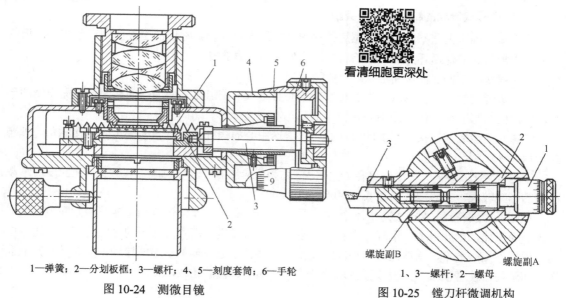

1—弹簧；2—分划板框；3—螺杆；4、5—刻度套筒；6—手轮

图 10-24　测微目镜

1、3—螺杆；2—螺母

图 10-25　镗刀杆微调机构

若螺杆 3 左、右两段螺纹的旋向相反，则当螺杆转动 φ 时，可动螺母 2 的移动距离为

$$l = \frac{\varphi}{2\pi}(P_{h1} + P_{h2}) \tag{10-25}$$

可见，此时差动螺旋变成快速移动螺旋，即螺母 2 相对螺杆 1 快速趋近或离开。这种螺旋装置用于要求快速夹紧的夹具或锁紧机构中。

10.5.2　滚珠螺旋传动

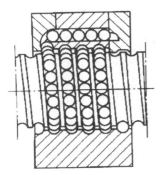

图 10-26　滚珠螺旋传动工作原理

滚动螺旋传动可分为滚子螺旋传动和滚珠螺旋传动两类。由于滚子螺旋的制造工艺复杂，所以应用较少。本书仅介绍滚珠螺旋传动。

滚珠螺旋传动是在螺杆与螺母之间放入适量的滚珠，使滑动摩擦变为滚动摩擦的螺旋传动。滚珠螺旋传动由螺杆、螺母、滚珠和滚珠循环返回装置四部分组成。

如图 10-26 所示，当螺杆转动时，滚珠沿螺纹滚道滚动。为了防止滚珠沿滚道面掉出来，螺母上设有一个滚珠循环返回装置，构成了滚珠循环通道，滚珠从滚道的一端滚出后，沿着循环通道返回另一端，重新进入滚道，从而构成了闭合回路。

1.　滚珠螺旋传动的特点

除具有螺旋传动的一般特点（降速传动比大及牵引力大）外，与滑动螺旋传动相比较，滚珠螺旋传动还具有下列特点：

① 传动效率高，一般可达 90%以上，约为滑动螺旋传动效率的 3 倍。在伺服控制系统中采用滚动螺旋传动，不仅可以提高传动效率，而且可以减小启动力矩、颤动及滞后时间。

② 传动精度高。由于摩擦力小，工作时螺杆的热变形小，螺杆尺寸稳定，并且经调整预紧后可得到无间隙传动，因而具有较高的传动精度、定位精度和轴向刚度。

③ 具有传动的可逆性，但不能自锁，用于垂直升降传动时需附加制动装置。

④ 制造工艺复杂，成本较高，但使用寿命长，维护简单。

2.　滚珠螺旋传动的结构型式与类型

按用途和制造工艺不同，滚珠螺旋传动的结构形式有多种，它们的主要区别在于螺纹滚道的法向截面形状、滚珠循环方式、消除轴向间隙的调整预紧方法三方面。

（1）螺纹滚道的法向截面形状

螺纹滚道的法向截面形状是指通过滚珠中心且垂直于滚道螺旋面的平面和滚道表面交线的形状，常用的截形有两种（见图 10-27）：单圆弧形和双圆弧形。

滚珠与滚道表面在接触点处的公法线与过滚珠中心的螺杆直径线间的夹角 β 叫接触角。理想接触角 $\beta=45°$。

滚道半径 r_s（或 r_n）与滚珠直径 D_w 的比值称为适应度 $f_{rs}=r_s/D_w$（或 $f_{rn}=r_n/D_w$）。适应度对承载能力的影响较大，一般取 f_{rs}（或 f_{rn}）=0.52～0.55。

单圆弧形的特点是砂轮成型比较简单，易于得到较高的精度，但接触角随着初始间隙和轴向力大小而变化，因此效率、承载能力和轴向刚度均不够稳定。而双圆弧形的接触角在工作过程中基本保持不变，效率、承载能力和轴向刚度稳定，并且滚道底部不与滚珠接触，可存储一定的润滑油和脏物，使磨损减小，但双圆弧形砂轮修整、加工、检验比较困难。

（2）滚珠循环方式

按螺母中滚珠返回装置的不同，滚珠的循环方式可分为内循环和外循环两类。

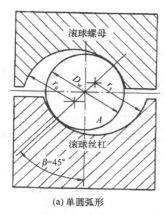

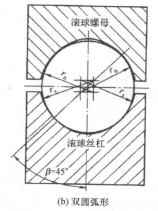

(a) 单圆弧形

(b) 双圆弧形

图 10-27 螺纹滚道法向截形示意图

① 内循环

滚珠在循环过程中始终与螺杆保持接触的循环叫内循环（见图 10-28）。在螺母 1 的侧孔内装有接通相邻滚道的反向器，借助于反向器上的回珠槽，迫使滚珠 2 沿滚道滚动一圈后越过螺杆螺纹滚道顶部，重新返回起始的螺纹滚道，构成单圈内循环回路。在同一个螺母上，具有循环回路的数目称为列数，内循环的列数通常有 2～4 列（即一个螺母上装有 2～4 个反向器）。为了结构紧凑，这些反向器是沿螺母周围均匀分布的，即对应 2 列、3 列、4 列的滚珠螺旋反向器分别沿螺母圆周方向互错 180°、120°、90°。反向器的轴向间距视反向器形式的不同，分别为 $\frac{3}{2}P_\mathrm{h}$、$\frac{4}{3}P_\mathrm{h}$、$\frac{5}{4}P_\mathrm{h}$ 或 $\frac{5}{2}P_\mathrm{h}$、$\frac{7}{3}P_\mathrm{h}$、$\frac{9}{4}P_\mathrm{h}$，其中 P_h 为导程。

滚珠在每一循环中绕经螺纹滚道的圈数称为工作圈数。内循环的工作圈数是 1 列只有 1 圈，因而回路短，滚珠少，滚珠的流畅性好，效率高。此外，它的径向尺寸小，零件少，装配简单。内循环的缺点是反向器的回珠槽具有空间曲面，加工较复杂。

② 外循环

滚珠在返回时与螺杆脱离接触的循环称为外循环。按结构的不同，外循环可分为螺旋槽式、插管式和端盖式三种。

螺旋槽式外循环（见图 10-29）是直接在螺母 1 外圆柱上铣出螺旋线形的凹槽作为滚珠循环通道，凹槽的两端钻出两个通孔分别与螺纹滚道相切，同时用两个挡珠器 4 引导滚珠 3 通过该两通孔，用套筒 2 或螺母座内表面盖住凹槽，从而构成滚珠循环通道。螺旋槽式结构工艺简单，易于制造，螺母径向尺寸小，其缺点是挡珠器刚度较差、容易磨损。

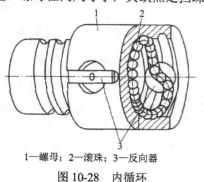

1—螺母；2—滚珠；3—反向器

图 10-28 内循环

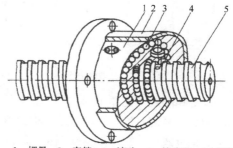

1—螺母；2—套筒；3—滚珠；4—挡珠器；5—螺杆

图 10-29 螺旋槽式外循环

插管式外循环（见图 10-30）是用弯管 2 代替螺旋槽式中的凹槽，把弯管的两端插入螺母 3

上与螺纹滚道相切的两个通孔内，外加压板 1 用螺钉固定，用弯管的端部或其他形式的挡珠器引导滚珠 4 进出弯管，以构成循环通道。插管式结构简单，工艺性好，适于批量生产。其缺点是弯管突出在螺母的外部，径向尺寸较大，若用弯管端部作挡珠器，则耐磨性较差。

端盖式外循环（见图 10-31）是在螺母 1 上钻有一个纵向通孔作为滚珠返回通道，螺母两端装有铣出短槽的端盖 2，短槽端部与螺纹滚道相切，并引导滚珠返回通道，构成滚珠循环回路。端盖式的优点是结构紧凑，工艺性好，缺点是滚珠通过短槽时容易卡住。

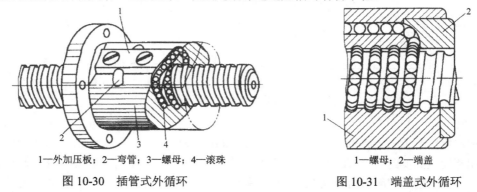

1—外加压板；2—弯管；3—螺母；4—滚珠

图 10-30 插管式外循环

1—螺母；2—端盖

图 10-31 端盖式外循环

3. 消除轴向间隙的调整预紧方法

滚珠螺旋副与滚动轴承一样，不论加工精度如何，总是存在轴向间隙。当螺杆反向转动时，将产生空回误差。为了消除空回误差，在螺杆上装配两个螺母 1 和 2，调整两个螺母的轴向位置，使两个螺母中的滚珠在承受载荷前就以一定的压力分别压向螺杆螺纹滚道相反的侧面，使其产生一定的预变形（见图 10-32），从而消除了轴向间隙，也提高了轴向刚度。

常用的调整预紧方法有下列三种。

（1）螺纹调隙式（见图 10-33）。螺母 1 的外端有凸缘，螺母 3 的外伸端伸出螺母座外且加工出外螺纹，与两个圆螺母 2 锁紧。旋转圆螺母即可调整轴向间隙和预紧。这种方法的特点是结构紧凑，工作可靠，调整方便，缺点是不很精确。键 4 把两个螺母和螺母座连接起来，其作用是防止两个螺母的相对转动。

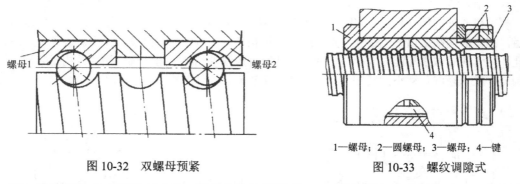

螺母1　螺母2

图 10-32 双螺母预紧

1—螺母；2—圆螺母；3—螺母；4—键

图 10-33 螺纹调隙式

（2）垫片调隙式（见图 10-34）。调整垫片 2 的厚度 d，可使螺母 1 产生轴向移动，以达到消除轴向间隙和预紧的目的。这种方法结构简单，可靠性高，刚性好。为了避免调整时拆卸螺母，垫片可制成剖分式。其缺点是精确调整比较困难，当滚道磨损时不能随意调整，除非更换垫圈，故适用于一般精度的传动机构。

（3）齿差调隙式（见图 10-35）。在螺母 1 和 2 的凸缘上切出齿数相差一个齿的外齿轮（$Z_2 = Z_1 + 1$），把其装入螺母座中，分别与具有相应齿数（Z_1 和 Z_2）的内齿轮 3 和 4 啮合。调整时，先取下内齿轮，将两个螺母相对螺母座同方向转动一定的齿数，然后把内齿轮复位固定。此时，两个螺母之间产生相应的轴向位移，从而达到调整的目的。当两个螺母按同方向转过一个齿时，其相对轴向位移为

$$\Delta l = \left(\frac{1}{Z_1} - \frac{1}{Z_2}\right)P_\mathrm{h} = \frac{Z_2 - Z_1}{Z_2 Z_1}P_\mathrm{h} = \frac{1}{Z_2 Z_1}P_\mathrm{h} \tag{10-26}$$

式中，P_h 为导程。

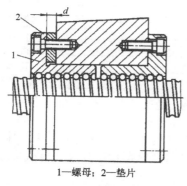

1—螺母；2—垫片	1、2—螺母；3、4—内齿轮
图 10-34　垫片调隙式	图 10-35　齿差调隙式

若 Z_1=99，Z_2=100，P_h=8 mm，则 Δl=0.8 μm。可见，这种方法的特点是调整精度很高，工作可靠，但结构复杂，加工工艺和装配性能较差。

4．滚珠螺旋副的精度、代号和标记方法

（1）滚珠螺旋副的精度

滚珠螺旋副的精度包括螺母的行程误差和空回误差。影响螺旋副精度的因素同滑动螺旋副一样，主要是螺旋副的参数误差、机构误差、受轴向力后滚珠与螺纹滚道面的接触变形和螺杆刚度不足引起的螺纹变形等所产生的动态变形误差。

在 JB/T 3162.2—1991 标准中，根据滚珠螺旋副的使用范围和要求分别为 2 个类型（P 类定位滚珠螺旋副和 T 类传动滚珠螺旋副）、7 个精度等级（1、2、3、4、5、7 和 10 级）。1 级精度最高，依次递减。标准中规定了滚珠螺旋副的螺距公差和公称直径尺寸变动量的公差，并提出了各项参数的检验方法、各类型的检验项目、各精度等级的滚珠螺旋副行程偏差和行程变动量，设计时应参照标准。

（2）滚珠螺旋副的代号和标记方法

① 代号：滚珠螺旋副的代号见表 10-2～表 10-4。

表 10-2　滚珠螺旋副中滚珠循环方式

循环方式		代　号
外循环	浮动式	F
	固定式	G
内循环	插管式	C

表 10-3　滚珠螺旋副结构特征代号

结构特征	代　号
导珠管埋入式	M
导珠管凸出式	T

表 10-4　滚珠螺旋副的预紧方式代号

预紧方式	代　号	预紧方式	代　号
变位导程预紧（单螺母）	B	齿差预紧（双螺母）	C
增大钢珠直径预紧（单螺母）	Z	螺帽预紧（双螺母）	L
垫片预紧（双螺母）	D	单螺母无预紧	W

② 标记方法：滚珠螺旋副的标记方法如图 10-36 所示。

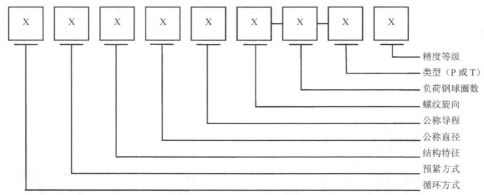

图 10-36　滚珠螺旋副的标记方法

精度等级
类型（P 或 T）
负荷钢球圈数
螺纹旋向
公称导程
公称直径
结构特征
预紧方式
循环方式

示例：CDM5010-3-P3 表示内循环插管式、双螺母垫片预紧、导珠管埋入式的滚珠螺旋副，公称直径为 50 mm，基本导程为 10 mm，螺纹旋向为右旋（左旋为 LH，右旋不标代号），负荷滚珠圈数为 3 圈，定位滚珠螺旋副，精度等级为 3 级。

滚珠螺旋副由专业厂家生产，现已形成标准系列。使用者可根据滚珠螺旋副的使用条件、负载、速度、行程、精度和寿命进行选型。

习　题　10

10-1　螺距与导程有何区别？两者之间又有何关系？

10-2　何谓示数螺旋传动？设计时应满足哪些基本要求？

10-3　滑动螺旋传动的主要优缺点是什么？主要传动形式有几种？试举出其应用实例。

10-4　何谓螺旋传动的空回误差？消除空回的方法有哪些？

10-5　影响螺旋传动的精度有哪些因素？

10-6　滚珠螺旋传动有哪些优点？多用于什么场合？

10-7　滚珠螺旋传动的循环方式有哪几种？各有什么特点？

10-8　滚珠螺旋传动消除轴向间隙的方法有哪些？

10-9　图 T10-1 为一差动螺旋装置。螺旋 1 上有大小不等的两部分螺纹，分别与机架 2 和滑板 3 的螺母相配；滑板 3 又能在机架 2 的导轨上左右移动，两部分螺纹的螺距如图 T10-1 所示。

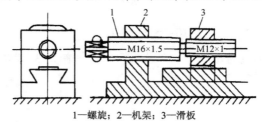

1—螺旋；2—机架；3—滑板

图 T10-1

（1）如果两部分的螺纹均为右旋，当螺旋按图 T10-1 所示的转向转动一周时，滑板在导轨上移动多少距离？方向如何？

（2）若 M16×1.5 螺旋为左旋，M12×1 为右旋，其他条件均不变，此时滑板将移动多少距离？方向如何？

第 11 章　轴

11.1　概　述

轴是机器中的重要零件之一，用来支撑旋转的机械零件，如齿轮、带轮等，并传递运动和动力。

1. 轴的分类

（1）按轴的受载情况分

① 心轴：用来支撑转动零件，只受弯矩而不传递转矩的轴称为心轴。心轴又可分为转动心轴和固定心轴，如列车车轮轴（见图 11-1(a)）、自行车前轮轴（见图 11-1(b)）等。

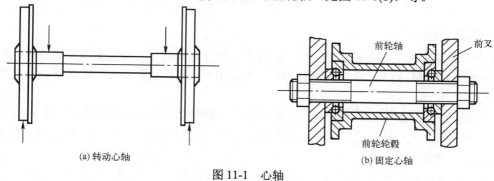

图 11-1　心轴

② 传动轴：只承受扭矩不承受弯矩或弯矩很小的轴称为传动轴，如汽车传动轴（见图 11-2）。

③ 转轴：既承受弯矩又承受扭矩的轴称为转轴，如减速器中的齿轮轴（见图 11-3）。

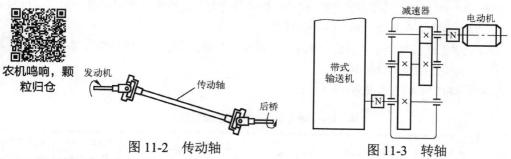

图 11-2　传动轴　　　　图 11-3　转轴

（2）按轴线的形状分

① 直轴：图 11-4(a)是直轴中的光轴，其结构简单，易于加工，应力集中源少，但轴上零件不易装配及固定。图 11-4(b)是直轴中的阶梯轴，便于轴上零件的装配及定位，应用广泛。

② 曲轴：指轴线不在一条直线上的轴，如图 11-5 所示，通常可用来把旋转运动转变为往复直线运动或进行相反的运动转换。

③ 挠性钢丝轴，如图 11-6 所示。

在精密机械设计中，当齿轮直径较小时，可以将齿轮与轴制成一个整体，通常称为齿轮轴。

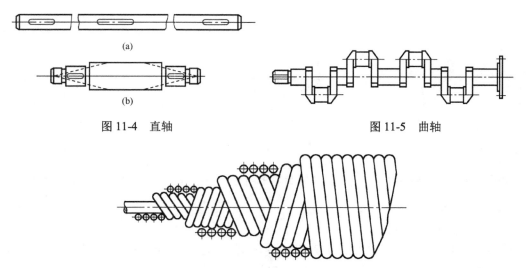

图 11-4　直轴　　　　　　　　　　　　图 11-5　曲轴

图 11-6　挠性钢丝轴

2. 轴的材料

精密仪器中使用的轴所承受的负荷一般较小，尺寸也比较小，制造精度要求较高，要求所用材料的机械强度足够高，加工性能足够好。在应用中，轴的主要材料是碳素钢、合金钢和球墨铸铁。

① 碳素钢：45 钢等优质中碳钢，对应力集中的敏感性较小，具有较好的综合机械性能，应用较广。一般的轴在使用时进行正火或调质处理；对于有耐磨性要求的轴颈，应进行表面淬火及低温回火。轻载或不重要的轴，可用 A3、A5 等普通碳素钢，不进行热处理。

② 合金钢：强度、热处理性能优于碳素钢，但价格较贵，用于重载或重要的工作场合。常用的有 40Cr、35SiMn、40MnB 调质，20Cr、20CrMnTi 渗碳淬火及低温回火，38CrMoAlA 调质和氮化。对于防锈、防腐蚀性能要求较高的轴，可采用 2Cr13、4Cr13 等不锈钢。注意，合金钢应力集中较敏感，设计时应降低表面粗糙度，结构上防止应力集中；钢的种类及热处理对其弹性模量影响甚小，因此不能用合金钢或通过热处理提高轴的刚度。

③ 球墨铸铁：吸振性能好，对应力集中，不敏感，耐磨，通过铸造可获得较复杂的外形。其缺点是韧性低，铸造品质不易控制。

轴的常用材料的机械性能见表 11-1。

表 11-1　轴的常用材料的机械性能

材料牌号	热 处 理	毛坯直径/mm	硬度/HB	抗拉强度极限σ_b/MPa	抗拉屈服极限σ_s/MPa	弯曲疲劳极限σ_{-1}/MPa	扭转疲劳极限τ_{-1}/MPa
A3				440	280	220	110
A5				520	240	220	130
45	正火	25	≤241	610	360	280	150
	正火回火	≤100	170～217	600	300	275	140
		＞100～300	162～217	580	290	270	135
	调质	≤120	241～285	800	550	350	210
		≤200	200～240	650	360	300	155

材料牌号	热 处 理	毛坯直径/mm	硬度/HB	抗拉强度极限σ_b/MPa	抗拉屈服极限σ_s/MPa	弯曲疲劳极限σ_{-1}/MPa	扭转疲劳极限τ_{-1}/MPa
40Cr	调质	25		1000	800	500	280
		≤100	241～286	850	550	370	210
		>100～300	241～286	700	500	340	185
		>300～500	229～269	650	450	310	172
20CrMnTi	渗碳淬火回火	15	表面 HRC 56～62	1100	850	525	300
35SiMn	调质	25	229～286	900	750	460	255
		≤100		800	520	400	205
38CrMoAlA	调质	30	>229	1000	850	495	285
QT60—2			197～269	600	420	215	185

11.2 轴的结构设计

轴的结构设计的主要要求有：① 轴和轴上零件有准确可靠的工作位置，并便于装拆；② 轴有良好的加工工艺性；③ 受力合理，应力集中较小。因此，轴的结构设计包括确定轴的形状和尺寸，确定轴上零件的轴向定位及周向固定连接。这是轴设计的一个重要环节。

1. 轴的结构分析

图 11-7 为单级圆柱齿轮减速器输出轴的结构图。动力从齿轮输入，经轴从联轴器输出。轴和联轴器及齿轮相配合的轴头 a 及 d 分别用平键实现周向连接。齿轮用轴环 e 和套筒轴向定位；联轴器用 a、b 间的轴肩和轴端挡圈实现轴向定位。轴颈 c 上的滚动轴承靠套筒实现轴向定位，轴颈 g 上的滚动轴承靠 g、f 间的轴肩实现轴向定位。

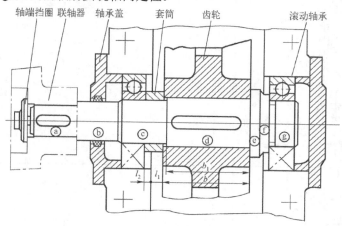

图 11-7 单级圆柱齿轮减速器输出轴的结构图

2. 轴上零件的轴向定位

轴上零件轴向定位的目的是保证零件正确可靠的工作位置。表 11-2 列出了常用轴向定位方式的简图、特点和应用场合。

3．轴上零件的周向固定

轴上零件周向固定的目的是保证轴上零件和轴之间的动力及运动传递，保证轴上零件正确的工作状态。表 11-3 列出了轴上零件常用周向固定方式的简图、特点及应用场合。

4．轴的结构工艺性

在进行轴的结构设计时，应考虑到轴加工和装配等有关因素。

表 11-2　轴上零件常用轴向定位方式的简图、特点和应用场合

固定件	简　图	特　点	应用场合
轴环和轴肩		能承受较大的轴向力。为保证零件紧靠定位面，应使 $r<c$ 或 $r<R$，$h>R$（或 c），轴肩圆角半径 r 和轴肩高度 h 可查手册，一般取 $h=2\sim10$ mm 或 $0.07d\sim0.1d$（d 为轴径），$b=1.4h$。安装滚动轴承处要按轴承圆角考虑	最常用的一种方法，如齿轮、轴承等的轴向固定
套筒		定位可靠，可避免开槽、钻孔而削弱轴的强度，但重量有所增加	一般用于零件间距离较短的部位
螺母		一般用细牙螺纹，以免过多地削弱轴的强度，螺纹终端应有退刀槽	一般用于零件间距离较大的部位
弹性挡圈		结构简单紧凑	承受轴向力很小，或仅为了防止零件偶然沿轴向移动时采用，常用来固定滚动轴承等
圆锥轴头及轴端挡圈			圆锥轴头常用于有振动或冲击载荷的情况下，如锻压设备、碎石机等
紧定螺钉			用于轴向力不大的场合

表 11-3　轴上零件常用周向固定方式的简图和应用场合

固定方式	简　图	应用场合
过盈配合	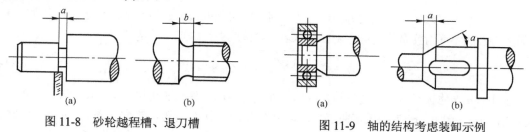	传递扭矩较小，不便开键槽或对中性要求较高处
平键连接		传递扭矩中等，对中性要求一般处
花键连接		传递扭矩大，对中性要求高，以及零件在轴上移动时的导向性良好处

① 需要磨削或车螺纹的轴段，应留出砂轮越程槽或退刀槽，如图 11-8 所示。

② 同一轴上有多个单键时，槽宽应力求一致，并开在同一相位上。如图 11-7 中轴头 a、d 上的平键。

③ 为了方便装配，避免损伤配合零件，各轴端需要倒角。

④ 在安装滚动轴承处，轴肩高度应小于轴承内圈厚度，如图 11-9(a)所示。过盈配合应有 10° 的导锥部分，如图 11-9(b)所示。

图 11-8　砂轮越程槽、退刀槽　　　　　　　图 11-9　轴的结构考虑装卸示例

11.3　轴的强度计算

轴的工作能力主要取决于其强度和刚度。当强度不足时，会因断裂或塑性变形而失效；当刚度不足时，会因过大的弯曲变形或扭转变形而影响机器的正常工作。转速较高的轴还要考虑其振动稳定性。

轴的强度计算一般分为两步：第一步按材料的许用扭转应力确定最小轴径，在此基础上进行结构设计；第二步根据轴的结构及受力情况，确定危险截面并按材料的许用弯曲应力进行校核。

1．按许用扭转应力计算

当按轴的许用扭转应力估算轴径时，弯曲应力的影响通过降低许用扭转应力来加以考虑。对于只传递扭矩的圆截面轴，轴受扭矩作用时的强度条件为

$$\tau = \frac{T}{W_T} = \frac{9.55 \times 10^6 P / n}{0.2 d^3} \leqslant [\tau] \tag{11-1}$$

当估算轴径时，可将上式改写为

$$d \geqslant \sqrt[3]{\frac{9.55 \times 10^6 P}{0.2[\tau]n}} = c\sqrt[3]{\frac{P}{n}} \tag{11-2}$$

式中，T 为扭矩，单位为 N·mm，$T=9.55 \times 10^6 \times P/n$；$\tau$ 为扭转应力，单位为 N/mm^2；W_T 为轴的抗扭截面模量，单位为 mm^3，对圆截面轴 $W_T = \frac{\pi d^3}{16} \approx 0.2 d^3$；$P$ 为轴所传递的功率，单位为 kW；n 为轴的转速，单位为 r/min；d 为轴的直径，单位为 mm；$[\tau]$ 为许用扭转应力，单位为 N/mm^2；c 为与 $[\tau]$ 有关的系数，$c = \sqrt[3]{\frac{9.55 \times 10^6}{0.2[\tau]}}$。

表 11-4 列出了常用材料的 $[\tau]$ 和 c 值。

表 11-4　常用材料的 $[\tau]$ 和 c 值

轴的材料	A3，20	A5，35	45	40Cr，35SiMn，42SiMn，38SiMnMo，20CrMnTi
$[\tau]/(\mathrm{N/mm}^2)$	12～20	20～30	30～40	40～52
c	158～134	134～117	117～106	106～97

注：当轴上弯矩载荷小于扭矩载荷时，c 取较小值，否则取较大值。

2. 按许用弯曲应力校核

当轴的结构尺寸确定后，可根据轴上各零件的受力计算出轴所受的弯矩、扭矩等。通常，轴受弯矩和扭矩联合作用，在这种复合应力作用下，轴的当量应力可由第三强度理论计算，即

$$\sigma_b = \frac{\sqrt{M^2 + T^2}}{W} \leqslant [\sigma_{-1}]_b \tag{11-3}$$

一般由弯矩引起的应力为对称循环应力，而扭矩引起的应力的循环特性往往与 σ_b 不同。为考虑循环特性的不同对疲劳强度的影响，引入 α，对扭矩进行修正，于是

$$\sigma_b = \frac{\sqrt{M^2 + (\alpha T)^2}}{W} \leqslant [\sigma_{-1}]_b \tag{11-4}$$

式中，α 为修正系数，不变扭矩，$\alpha=[\sigma_{-1}]_b/[\sigma_{+1}]_b \approx 0.3$，脉动变化扭矩，$\alpha=[\sigma_{-1}]/[\sigma_0]_b \approx 0.6$，对称变化扭矩，$\alpha=1.0$；$\sigma_b$ 为当量弯曲应力，单位为 MPa；M 为弯矩，单位为 N·mm；W 为轴抗弯截面模量，单位为 mm^3，圆截面轴 $W=0.1d^3$；$[\sigma_{-1}]_b$ 为许用弯曲应力，单位为 MPa。

表 11-5 列出了常用材料的 $[\sigma_{-1}]_b$ 值。

表 11-5　常用材料的 $[\sigma_{-1}]_b$ 值

材　料	σ_b/MPa	$[\sigma_{+1}]_b/\mathrm{MPa}$	$[\sigma_0]_b/\mathrm{MPa}$	$[\sigma_{-1}]_b/\mathrm{MPa}$
碳素钢	400	130	70	40
	500	170	75	45
	600	200	95	55
	700	230	110	65
合金钢	800	270	130	75
	1000	330	150	90
铸　钢	400	100	50	30
	500	200	70	40
灰铸铁	400	650	35	25

【例 11-1】 图 11-10(a)为单级直齿圆柱齿轮减速器高速级轴的结构简图。已知轴材料为 45 钢，强度极限 $\sigma_b=550$ N/mm²。齿轮受径向力 482 N，圆周力 1322 N，扭矩 41300 N·mm，皮带轮上受带拉力 486 N，与齿轮所受径向力在同一平面内，试校核该轴的强度。

解：

（1）根据齿轮和带轮的受力，画出轴的受力计算简图，如图 11-10(b)所示。

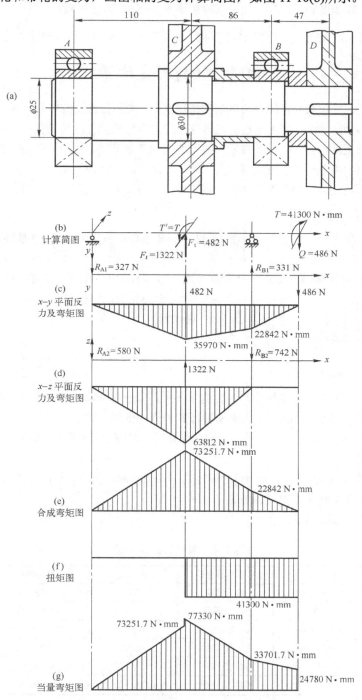

图 11-10 单级直齿圆柱齿轮减速器高速级轴

（2）分别求出 xy 平面、xz 平面的反力，并作出弯矩图，如图 11-10(c)、图 11-10(d)所示。

（3）求出合成弯矩图 $M=\sqrt{M_{xy}^2+M_{xz}^2}$，如图 11-10(e)所示。

（4）作出扭矩图，如图 11-10(f)所示。

（5）求出当量弯矩 $M'=\sqrt{M^2+(\alpha T)^2}$，并作图。这里 $\alpha=0.6$，当量弯矩图如图 11-10(g)所示。

（6）根据当量弯矩图和结构图，找出危险截面 c，并进行强度校核 $\sigma_b=\dfrac{M'}{W}=\dfrac{M'}{0.1d^3}=\dfrac{77330}{0.1\times30^3}=$ 28.6 N/mm²，$[\sigma_{-1}]_b$=50 N/mm²（从表 11-5 查得）。由于 $\sigma_b<[\sigma_{-1}]_b$，所以轴的强度足够。

11.4　轴的刚度计算

轴的刚度不足，受载后会发生弯曲变形和扭转变形。变形过大将影响轴上零件的正常工作和传动精度，甚至导致轴的破坏。精密丝杠的扭转变形过大会影响丝杠的传动精度。轴的弯曲变形过大会破坏轴上齿轮的正常啮合，使滑动轴承产生不均匀的严重磨损，或使滚动轴承内圈过度歪斜，导致转动不灵活。电动机主轴变形过大则改变了转子与定子间的间隙而影响电动机的性能，等等。对于高速轴，刚度不足还会引起共振。因此，在设计有刚度要求的轴时，必须进行刚度的校核计算。

1. 弯曲刚度的计算

轴受弯矩后，将产生弯曲变形（见图 11-11）。y 是轴截面产生的挠度，θ 是轴截面产生的转角。

常见的轴大多可视为简支梁。若是光轴，可直接用材料力学中的公式计算其挠度或偏转角；若是阶梯轴，如果对计算精度要求不高，则可用当量直径法近似计算。即把阶梯轴看成是当量直径为 d_v 的光轴，再按材料力学中的公式计算。当量直径为

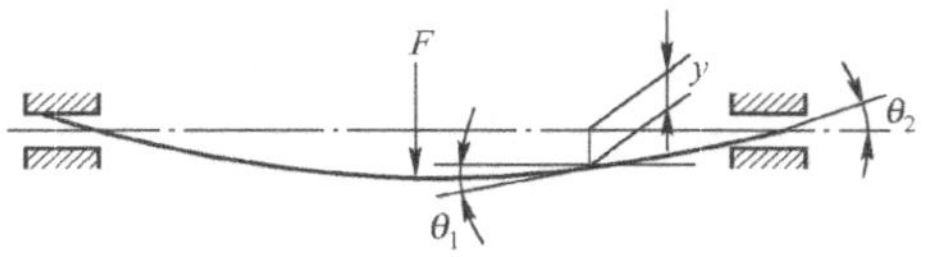

图 11-11　轴的弯曲变形

$$d_v=\sqrt[4]{\dfrac{L}{\sum\limits_{i=1}^{z}\dfrac{l_i}{d_i^4}}}$$

式中，l_i 为阶梯轴第 i 段的长度，单位为 mm；d_i 为阶梯轴第 i 段的直径，单位为 mm；L 为阶梯轴的计算长度，单位为 mm；z 为阶梯轴计算长度内的轴段数。

当载荷作用于两支撑之间时，$L=l$（l 为支撑跨距）；当载荷作用于悬臂端时，$L=l+K$（K 为轴段的悬臂长度）。

轴的弯曲刚度条件为：挠度 $y\le[y]$；偏转角 $\theta\le[\theta]$ rad。其中，$[y]$ 为轴的允许挠度，单位为 mm；$[\theta]$ 为轴的允许偏转角，单位为 rad。

轴允许的变形量见表 11-6。

表 11-6　轴允许的变形量

应用场合	$[y]$/mm	应用场合	$[\theta]$/rad	应用场合	$[\varphi]$/(°/m)
一般用途的轴	$(0.0003\sim0.0005)l$	滑动轴承	≤0.001	一般传动	$0.5\sim1$
刚度要求较高的轴	$\le0.0002l$	向心球轴承	≤0.005	较精密的传动	$0.25\sim0.5$
安装齿轮的轴	$(0.01\sim0.05)m_n$	向心球面轴承	≤0.05	向心球面轴承	≤0.05
安装蜗轮的轴	$(0.02\sim0.05)m_t$	圆柱滚子轴承	≤0.0025	重要传动	0.25
蜗杆轴	$(0.01\sim0.02)m_t$	圆锥滚子轴承	≤0.0016	l—轴的跨距，mm；$\varDelta$—电动机转子与定子
电动机轴	$\le0.1\varDelta$	安装齿轮处	$\le(0.001\sim0.002)$	间的气隙，mm；m_n—齿轮的法面模

2. 扭转刚度的计算

（1）等直径轴

等直径轴受扭矩 T 作用时（见图 11-12），其扭转角 $\varphi = TL/(GI_P)$，可得单位轴长的扭转角为

$$\varphi / l = \frac{T}{GI_P} \times \frac{180°}{\pi} \leqslant [\varphi] \qquad (11\text{-}5)$$

式中，l 为轴受扭矩的长度，单位为 mm；G 为轴材料的抗剪弹性模量，单位为 MPa；I_P 为轴截面的极惯性矩，单位为 mm^4；$[\varphi]$ 为每米轴长许用扭转角，单位为 °/m。

对于钢制实心轴，极惯性矩和抗剪弹性模量为 $I_P = \dfrac{\pi d^4}{32}$，

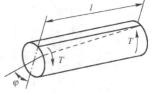

图 11-12 轴的扭转变形

$G=81000$ MPa，$T = 9.55 \times 10^6 \dfrac{P}{n}$。将 T、I_P、G 的值代入式（11-5）并简化得

$$d \geqslant \sqrt[4]{\frac{9.55 \times 10^6 \times 1000}{81000 \times \frac{\pi}{32} \times \frac{[\varphi]}{57.3}}} \times \sqrt[4]{\frac{P}{n}} \geqslant A \sqrt[4]{\frac{P}{n}} \qquad (11\text{-}6)$$

式中，P 为轴传递功率，单位为 kW；n 为转速，单位为 r/min；A 值查表 11-7。

表 11-7 A 值表

$[\varphi]/(°/m)$	0.1	0.2	0.3	0.4	0.5	0.75	1
A 值	162	136	123	115	108	98	91

（2）阶梯轴

阶梯轴扭转角的计算公式及刚度条件为

$$\varphi = \frac{57.3°}{G} \times \sum_{i=1}^{n} \frac{T_i}{I_{Pi}} \leqslant [\varphi]$$

式中，i 为阶梯轴的分段数，$i=1$，2，…，n；T_i 为第 i 段轴的扭矩，单位为 N·mm；I_{Pi} 为第 i 段轴的截面极惯性矩，单位为 mm^4。

习 题 11

11-1 轴的分类依据有哪些？

11-2 轴的结构设计时需要满足哪些要求？

11-3 轴上轴颈段的尺寸和所用滚动轴承的安装尺寸有何种联系？

11-4 轴上零件的轴向和周向固定方式有哪些？

11-5 为什么多数直轴要做成阶梯轴？阶梯轴采用两头小中间大的结构有什么好处？

11-6 自行车的前轴、后轴和中轴是心轴还是转轴？

11-7 公式 $d \geqslant c \sqrt[3]{\dfrac{P}{n}}$ 有何用途？c 如何取，算出的 d 应为轴的哪一段直径？该段如有键槽，应如何处理？

11-8 按当量弯矩校核计算轴的强度时，在 $M_e = \sqrt{M^2 + (\alpha T)^2}$ 中，T 为什么要乘折算系数 α？如何取值？

11-9 指出图 T11-1 中所示轴系结构设计的错误（注：润滑方式、倒角和圆角忽略不计，在错误处打上小圈，并编号加以说明）。

11-10 指出图 T11-2 所示轴系结构设计的错误（注：润滑方式、倒角和圆角忽略不计，并编号加以说明）。

11-11 指出图 T11-3 中所示轴系结构设计的错误（注：润滑方式、倒角和圆角忽略不计，在错误处打上小圈，并编号加以说明）。

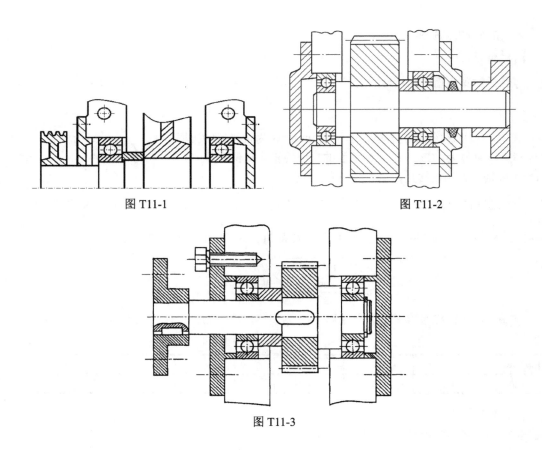

图 T11-1

图 T11-2

图 T11-3

第12章 轴 承

为了保证轴及轴上零件准确地绕规定的轴线转动，必须按照机械运动学原理，约束轴的五个自由度，仅保留一个绕规定轴线转动的自由度。用来支撑和约束轴的零件或组合件一般是相对固定的，通常称为轴承。轴上被支撑和约束的部分称为轴颈。轴承和轴颈的组合称为支撑轴。

12.1 轴承的分类

轴承是支撑轴的部件。按其承受载荷的方向，轴承可分为承受径向载荷的向心轴承，承受轴向载荷的推力轴承和同时承受径向载荷与轴向载荷的向心推力轴承。

根据轴承工作时的摩擦性质，轴承可分为滑动摩擦轴承（简称滑动轴承）和滚动摩擦轴承（简称滚动轴承）。

从码头工人到
蓝领专家

滑动轴承按其工作表面的摩擦状态可分为液体摩擦滑动轴承和非液体摩擦滑动轴承。液体摩擦滑动轴承的轴颈与轴承的工作表面完全被油膜隔开，所以摩擦系数很小，一般仅为 0.001～0.008；非液体摩擦滑动轴承的轴颈与轴承工作表面之间虽有润滑油存在，但在表面局部凸起部分仍会发生金属的直接接触，因此摩擦系数较大，容易磨损。

滚动轴承一般由内圈 1、外圈 2、滚动体 3 和保持架 4 组成（见图 12-1）。内圈装在轴颈上，外圈装在机座或零件的轴承孔内。内外圈上有滚道，当内外圈相对旋转时，滚动体将沿着滚道滚动。保持架的作用是把滚动体均匀地隔开。

滚动体与内外圈的材料应具有高的硬度和接触疲劳强度，以及良好的耐磨性和冲击韧性，一般用铬合金制造，经热处理后硬度可达 61～65 HRC，工作表面

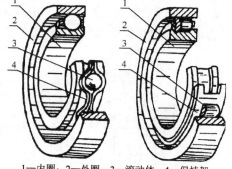

1—内圈；2—外圈；3—滚动体；4—保持架

图 12-1 滚动轴承的构造

必须经过磨削和抛光。保持架一般用低碳钢板冲压而成，高速轴承的保持架多采用有色金属或塑料。

与滑动轴承相比，滚动轴承具有摩擦阻力小、启动灵敏、效率高、润滑简便和易于互换等优点，所以获得广泛应用。它的缺点是抗冲击能力较差，高速时出现噪声，工作寿命也不及液体摩擦的滑动轴承。

滚动轴承已经标准化，并由轴承厂大批生产。设计人员的任务主要是熟悉标准，正确选用。

12.2 滑动轴承的结构形式与轴承材料

滑动轴承一般由轴承壳、轴瓦、润滑系统等部分组成。常用滑动轴承的结构形式及其尺寸已经标准化，根据使用要求应尽量选用标准形式，也可以进行专门设计，以满足特殊需要。

1. 滑动轴承的结构形式

（1）向心滑动轴承

向心滑动轴承最常用的是剖分式（又称为水平对开式，见图 12-2），由轴承盖、轴承座、剖

分轴瓦和连接螺栓组成。轴承中直接支撑轴颈的零件是轴瓦。轴承盖应适度压紧轴瓦，以防止轴瓦在轴孔中转动。轴承盖上制有螺纹孔，以便安装油杯或油管。这类轴承装拆方便，轴承孔与轴颈之间的间隙可适当调整。当轴瓦严重磨损时，只需更换轴瓦而不必报废整个轴承。

整体式滑动轴承（见图 12-3）的结构比水平对开式更简单，但装拆时轴或轴承需要轴向移动，因此使用上受到一定限制。加之轴瓦也是整体式，磨损后轴承间隙无法调整，所以这种轴承多用在间歇性工作和低速轻载的简单机械中。

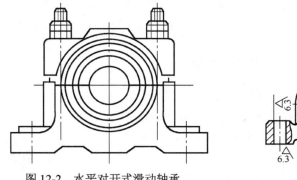 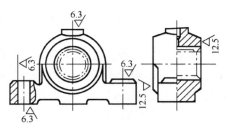

图 12-2　水平对开式滑动轴承　　　　　　图 12-3　整体式滑动轴承

（2）推力滑动轴承

推力滑动轴承用来承受轴上轴向力。图 12-4 为普通推力轴承的结构形式，由轴承座和推力轴颈组成。止推面可以是轴的端面，如图 12-4(a)和(b)所示；也可在轴的中段制造出单环或多环形凹肩作为止推面，如图 12-4(c)和(d)所示。

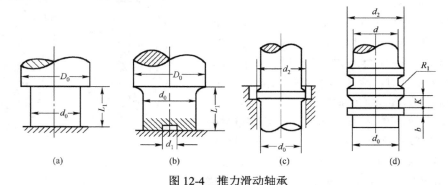

(a)　　　　　　(b)　　　　　　(c)　　　　　　(d)

图 12-4　推力滑动轴承

2. 轴承材料

轴承材料是指轴瓦和轴承衬的材料。对轴承材料的要求是：摩擦系数小，良好的导热性、工艺性和饱合性，耐磨，耐蚀，抗胶合能力强，足够的强度和一定的塑性，对润滑油有较高的亲和性。事实上，找到能同时满足上述要求的轴承材料是困难的，因此应该根据主要使用要求，同时考虑批量生产和综合经济性要求进行选择。

常用轴承材料一般分为三类，金属类轴承材料、金属陶瓷类轴承材料和非金属类轴承材料。

（1）金属类轴承材料

在金属类轴承材料中，锡基和铅基轴承合金的综合性能最好，通称为巴氏合金。

锡基轴承合金摩擦系数小，抗胶合能力良好，对油的亲和性强，耐腐蚀，易跑合，是优良的轴承材料，常用于高速重载的场合。但因其价格较贵，且机械强度较差，锡基轴承多用作轴承衬材料，浇铸在钢、铸铁或青铜轴瓦上。

铅基轴承合金的性能与锡基轴承合金的性能相近，但比较脆，不宜承受较大的冲击载荷，一般用在中载的场合。

另一种常用轴承材料是铜基轴承合金，即青铜和黄铜。这类材料的熔点高，硬度高，但饱和性能差。根据添加元素的不同，其性能及应用场合也有区别。

（2）金属陶瓷类轴承材料

金属陶瓷类轴承材料有铁-石墨和青铜-石墨两种。用这类材料制作轴承时，要经过粒料制备、与黏合剂按比例均匀混合、成型和烧结等工艺过程。这种轴承具有多孔组织，使用前先将轴承侵入润滑油中，让润滑油充分地渗入其微孔组织。因轴承本身已含有润滑油，故称为含油轴承。轴承工作时由于受载而温升，因此润滑油会自动溢出，从而实现自润滑，所以又称为自润滑轴承。

（3）非金属轴承材料

制作轴承的非金属材料主要是塑料。它们耐腐蚀性很好，且具有摩擦系数低，抗冲击，抗胶合等优点，但导热性较差，尤其用于重载轴承时，必须充分润滑。

重载大型滑动轴承（如水轮机轴承）可选用酚醛塑料，中小型滑动轴承可选用聚酰胺塑料。此外，碳-石墨、橡胶和木材等也可用做轴承材料。

12.3　滚动轴承的基本类型和特点

滚动轴承通常按其承受载荷的方向和滚动体的形状进行分类。滚动体与外圈接触处的法线同垂直于轴承轴心线的平面之间的夹角称为公称接触角，也叫接触角。公称接触角是滚动轴承的一个主要参数，轴的受力分析和承载能力等都与公称接触角有关。

按照承受载荷的方向或公称接触角的不同，滚动轴承可分为：① 向心轴承，主要用于承受径向载荷，其公称接触角 $0° \leqslant \alpha \leqslant 45°$；② 推力轴承，主要用于承受轴向载荷，其公称接触角 $45° \leqslant \alpha \leqslant 90°$。我国机械工业中常用滚动轴承的主要类型和特性见表 12-1。

表 12-1　常用滚动轴承的主要类型和特性

轴承名称、类型及代号	结构简图及承载方向	极限转速	允许角偏差	主要特性和应用
调心球轴承 10000		中	2°～3°	主要承受径向载荷，也能承受少量的轴向载荷。因为外圈滚道表面是以轴承中点为中心的球面，所以能调心
调心滚子轴承 20000C		低	0.5°～2°	能承受很大的径向载荷和少量轴向载荷，承载能力大，具有调心性能
圆锥滚子轴承 30000		中	2′	能同时承受较大的径向、轴向联合载荷，因系线接触，承载能力大于"7"类轴承。内外圈可分离，装拆方便，成对使用

轴承名称、类型及代号	结构简图及承载方向	极限转速	允许角偏差	主要特性和应用
推力球轴承 50000	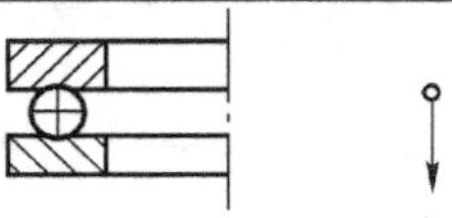 (a) 单向 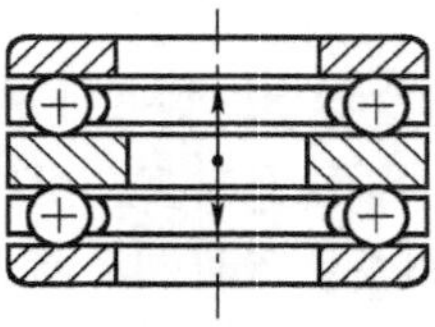 (b) 双向	低	不允许	$\alpha=90°$，只能承受轴向载荷，而且载荷作用线必须与轴线相重合，不允许有角偏差。有两种类型：单向——承受单向推力，双向——承受双向推力。高速时，因滚动体离心力大，球与保持架摩擦发热严重，寿命较低，可用于轴向载荷大、转速不高之处
深沟球轴承 60000	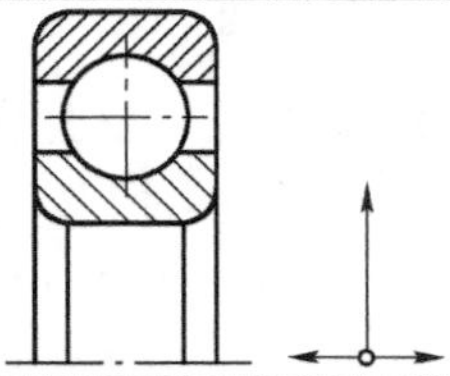	高	$8'\sim16'$	主要承受径向载荷，也可承受一定量的轴向载荷。当转速很高而轴向载荷不太大时，可代替推力球轴承承受纯轴向载荷。当承受纯径向载荷时，$\alpha=0°$
角接触球轴承 70000C($\alpha=15°$) 70000AC($\alpha=25°$) 70000B($\alpha=40°$)	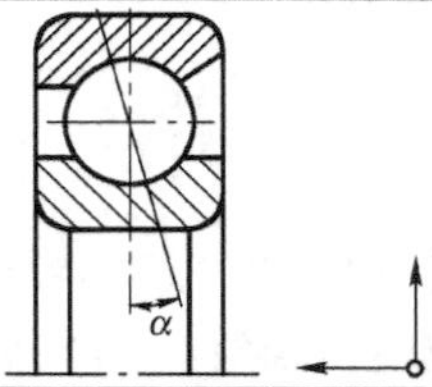	较高	$2'\sim10'$	能同时承受径向、轴向联合载荷，公称接触角越大，轴向承载能力也越大。公称接触角 α 有 15°、25°、40° 三种，通常成对使用，可以分装于两个支点或同装于一个支点上
推力圆柱滚子轴承 80000	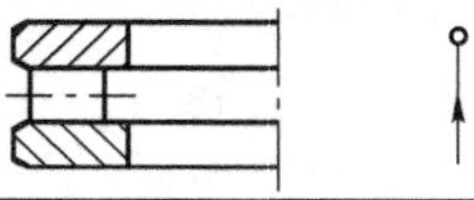	低	不允许	能承受很大的单向轴向载荷
圆柱滚子轴承 N0000	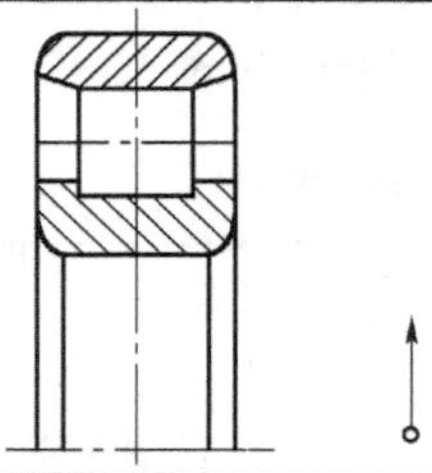	较高	$2'\sim4'$	能承受较大的径向载荷，不能承受轴向载荷。因是线接触，内外圈只允许有极小的相对偏转。除左图所示的外圈无挡边（N）结构外，还有内圈无挡边（NU）、内外圈单挡边（NF）、内圈单挡边（NJ）等结构形式
滚针轴承 (a) NA0000 (b) RNA0000	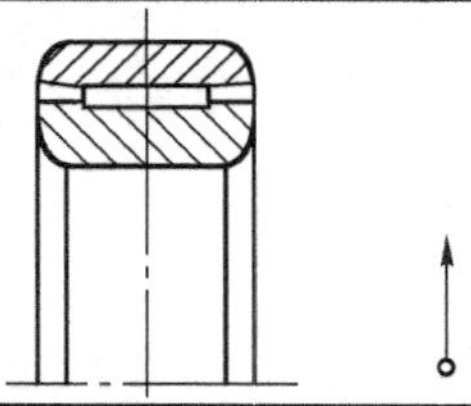	低	不允许	只能承受径向载荷，承载能力大，径向尺寸特小。一般无保持架，因而滚针间有摩擦，轴承极限转速低。这类轴承不允许有角偏差。左图结构特点是有保持架

　　按照滚动体形状，滚动轴承可分为球轴承和滚子轴承。滚子轴承又分为圆柱滚子（见图 12-5(a)）、圆锥滚子（见图 12-5(b)）、球面滚子（见图 12-5(c)）和滚针（见图 12-5(d)）等。

(a) 圆柱滚子　　　(b) 圆锥滚子　　　(c) 球面滚子　　　　　(d) 滚针

图 12-5　滚子的类型

由于结构的不同，各类轴承的使用性能也不相同。

1．承载能力

在同样外形尺寸下，滚子轴承的承载能力约为球轴承的 1.5～3 倍，所以在载荷较大或有冲击载荷时宜采用滚子轴承。当轴承内径 $d\leqslant20$ mm 时，滚子轴承和球轴承的承载能力已相差不多，而球轴承的价格一般低于滚子轴承，故可优先选用球轴承。

角接触轴承可以同时承受径向载荷和轴向载荷。角接触向心轴承（$0°<\alpha<45°$）以承受径向载荷为主，角接触推力轴承（$45°<\alpha<90°$）以承受轴向载荷为主。推力轴承（$\alpha=90°$）只能承受轴向载荷。径向接触向心轴承（$\alpha=0°$），当以滚子为滚动体时，只能承受径向载荷；当以球为滚动体时，因内外滚道为较深的沟槽，除主要承受径向载荷外，也能承受一定量的双向轴向载荷。深沟球轴承结构简单，价格便宜，应用最广泛。

2．极限转速

滚动轴承转速过高会使摩擦面间产生高温，润滑失效，从而导致滚动体回火或胶合破坏。滚动轴承在一定载荷和润滑条件下，允许的最高转速称为极限转速，其具体数值见有关手册。各类轴承极限转速的比较见表 12-1。

如果轴承极限转速不能满足要求，可采取提高轴承精度，适当加大间隙，改善润滑和冷却条件，选用青铜保持架等措施。

3．角偏差

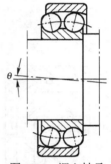

图 12-6　调心轴承

轴承由于安装误差或轴的变形等都会引起内外圈中心线发生相对倾斜，其倾斜角 θ 称为角偏差，如图 12-6 所示。角偏差较大时会影响轴承正常运转，故在这种场合应采用调心轴承。调心轴承的外圈滚道表面是球面，能自动补偿两滚道轴心线的角偏差，从而保证轴承正常工作。滚针轴承对轴线偏斜最为敏感，应尽可能避免在轴线有偏斜的情况下使用。各类轴承的允许角偏差见表 12-1。

12.4　滚动轴承的代号

滚动轴承的类型很多，而各类轴承又有不同的结构、尺寸、公差等级和技术要求，为便于组织生产和选用，规定了滚动轴承的代号。我国滚动轴承的代号由基本代号、前置代号和后置代号构成，其排列顺序见表 12-2。

表 12-2　滚动轴承代号的排列顺序

前置代号	基本代号				后置代号
△	×(△)	× ×		× ×	△或加×
	类型代号	尺寸系列代号		内径代号	内部结构的改变、公差等级及其他
成套轴承分部件代号		宽（高）度系列代号	直径系列代号		

注：△—字母；×—数字

① 基本代号：表示轴承的基本类型、结构和尺寸，是轴承代号的基础。按国家标准生产的滚动轴承的基本代号，由轴承类型代号、尺寸系列代号和内径代号构成，见表 12-2。

基本代号左起第一位为类型代号，用数字或字母表示，见表 12-1 第一栏。代号为"0"（双列角接触球轴承），则省略。

尺寸系列代号由轴承的宽（高）度系列代号（基本代号左起第二位）和直径系列代号（基本代号左起第三位）组合而成。向心轴承和推力轴承的常用尺寸系列代号见表 12-3。

表 12-3　向心轴承和推力轴承的常用尺寸系列代号

直径系列代号		向心轴承			推力轴承	
		宽度系列代号			高度系列代号	
		(0)	1	2	1	2
		窄	正常	宽	正常	
		尺寸系列代号				
0	特轻	(0) 0	10	20	10	-
1	特轻	(0) 1	11	21	11	-
2	轻	(0) 2	12	22	12	22
3	中	(0) 3	13	23	13	23
4	重	(0) 4	—	24	14	24

注：① 宽度系列代号为零时，不标出；② 在 GB/T 272—1993 规定的个别类型中，宽度系列代号"1"和"2"可以省略；③ 特轻、轻、中、重为旧标准相应直径系列的名称；窄、正常、宽为旧标准相应宽（高）度系列的名称。

图 12-7 为内径相同而直径系列不同的 4 种轴承的对比，它们用于适应不同工况的要求。

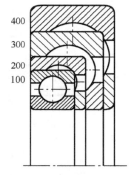

400
300
200
100

图 12-7　直径系列的对比

内径代号（基本代号左起第 4 位与第 5 位数字）表示轴承公称内径尺寸，按表 12-4 的规定标注。

② 前置代号：用字母表示成套轴承的分部件。前置代号及其含义可参阅 GB/T 272—1993。

③ 后置代号：用字母（或加数字）表示，置于基本代号右边，并与基本代号空半个汉字距离或用符号"–""/"分隔。轴承后置代号排列顺序见表 12-5。

轴承内部结构代号见表 12-6。例如，角接触球轴承等随其不同公称接触角而标注不同代号。

公差等级代号列于表 12-7。

表 12-4　轴承的内径代号

内 径 代 号	00	01	02	03	04～99
轴承内径尺寸/mm	10	12	15	17	数字×5

注：内径小于 10 mm 和大于 495 mm 的轴承内径代号另有规定。

表 12-5　轴承后置代号排列顺序

后置代号（组）	1	2	3	4	5	6	7	8
含　义	内部结构	密封与防尘、套圈变形	保持架及其材料	轴承材料	公差等级	游隙	配置	其他

表 12-6　轴承内部结构代号

轴承类型	代 号	含 义	示 例
角接触球轴承	B	$\alpha = 40°$	7210B
	C	$\alpha = 15°$	7005C
	AC	$\alpha = 25°$	7210AC
圆锥滚子轴承	B	公称接触角 α 加大	32310B
	E	加强型	N207E

表 12-7　公差等级代号

代 号	省略	/P6	/P6x	/P5	/P4	/P2
公差等级符合标准规定的	0 级	6 级	6x 级	5 级	4 级	2 级
示 例	6203	6203/P6	30210/P6x	6203/P5	6203/P4	6203/P2

注：公差等级中 0 级最低，向右依次增高，2 级最高。

【例 12-1】　试说明滚轴承代号 62203 和 7312AC/P6 的含义。

解：

含义如图 12-8 所示。

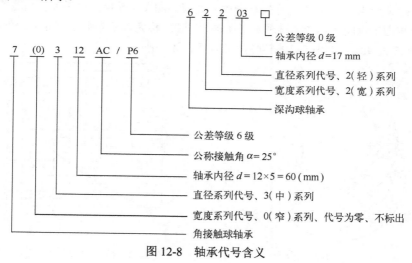

图 12-8　轴承代号含义

12.5　滚动轴承的选择计算

1. 失效形式

滚动轴承在通过轴心线的轴向载荷（中心轴向载荷）F_a 作用下时，可认为各滚动体所承受的载荷是相等的。当轴承受纯径向载荷 F_r 作用时（见图 12-9），情况就不同了。假设在 F_r 作用下，内外圈不变形，那么内圈沿 F_r 方向下移 δ 距离，上半圈滚动体不承载，而下半圈各滚动体承受不同的载荷（由于各接触点上的弹性变形量不同）。处于 F_r 作用线最下端的滚动体承载最大（$F_{\max}$），而远离作用线的各滚动体，承载逐渐减小。对于 $\alpha = 0°$ 的向心轴承，可以得出

$$F_{\max} \approx \frac{5F_r}{z}$$

式中，z 为轴承的滚动体的总数。

滚动轴承的失效形式主要如下。

① 疲劳破坏：滚动轴承工作过程中，滚动体相对内圈（或外圈）不断地转动，因此滚动体与滚道接触表面受变应力作用。如图 12-9 所示，此变应力可近似看作载荷按脉动循环变化。由于脉动接触应力的反复作用，首先在滚动体或滚道表面下一定深度处产生疲劳裂纹，继而扩展到接触表面，形成疲劳点蚀，致使轴承不能正常工作。通常，疲劳点蚀是滚动轴承的主要失效形式。

② 永久变形：当轴承转速很低或间歇摆动时，一般不会产生疲劳损坏，但在很大的静载荷或冲击载荷作用下，会使轴承滚道和滚动体接触处产生永久变形（滚道表面形成变形凹坑），从而使轴承在运转中产生剧烈振动和噪声，以致轴承不能正常工作。

此外，由于使用维护和保养不当或密封润滑不良等因素，也能引起轴承早期磨损、胶合、内外圈和保持架破损等不正常失效。

2. 轴承寿命

轴承的一个套圈或滚动体的材料在出现第一个疲劳扩展迹象前，一个套圈相对于另一个套圈的总转数，或在某一转速下的工作小时数，称为轴承的寿命。

对一组同一型号的轴承，由于材料、热处理和工艺等很多随机因素的影响，即使在相同条件下运转，寿命也不一样，有的相差几十倍。因此，对一个具体轴承很难预知其确切的寿命。但大量的轴承寿命试验表明，轴承的可靠性与寿命之间有如图 12-10 所示的关系。可靠性常用可靠度 R 度量。一组相同轴承能达到或超过规定寿命的百分率，称为轴承寿命的可靠度。寿命 L 为 1×10^6 转时，可靠度 R 为 90%；L 为 5×10^6 转时，可靠度 R 为 50%。

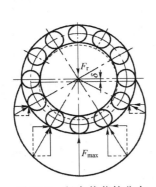

图 12-9 径向载荷的分布

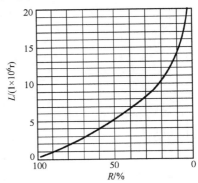

图 12-10 轴承寿命曲线

一组同一型号的轴承在同一条件下运转，当其可靠度为 90% 时，能达到或超过的寿命称为基本额定寿命，记为 L（单位为百万转，即 10^6 r）或 L_h（单位为小时）。换言之，即 90% 的轴承在发生疲劳点蚀前能达到或超过的寿命，称为基本额定寿命。对单个轴承来讲，能够达到或超过此寿命的概率为 90%。

当一套轴承进入运转并且基本额定寿命为一百万转时，轴承所能承受的载荷，称为基本额定动载荷，用 C 表示。由于向心轴承是在纯径向载荷下进行寿命试验的，所以其基本额定动载荷称为径向基本额定动载荷，记为 C_r；推力轴承是在纯轴向载荷下进行试验的，故称为轴向基本额定动载荷，记为 C_a。大量试验表明，滚动轴承的基本额定寿命 L（10^6 r）与基本额定动载荷 C（N）、当量动载荷 P（N）间的关系为

$$L = \left(\frac{C}{P} \right)^{\varepsilon} \quad (10^6 \ \text{r}) \tag{12-1}$$

式中，ε 为寿命指数，对于球轴承，$\varepsilon=3$，对于滚子轴承，$\varepsilon=10/3$；C 为基本额定动载荷，对向心轴承为 C_r，对推力轴承为 C_a，C_r、C_a 可在滚动轴承产品样本或手册中查得。

实际计算时，用小时表示轴承寿命比较方便，如用 n 代表轴的转速 r/min，则上式可写为

$$L_h = \frac{10^6}{60n}\left(\frac{C}{P}\right)^{\varepsilon} \quad (\text{h}) \tag{12-2}$$

式（12-1）和式（12-2）中的 P 称为当量动载荷。P 为一恒定径向（或轴向）载荷，在该载荷作用下，滚动轴承具有与实际载荷作用下相同的寿命。P 的确定方法将在下一节阐述。

轴承在温度高于 100℃ 下工作时，基本额定动载荷 C 有所降低，故引进温度系数 f_t（$f_t \leq 1$），对 C 值予以修正。f_t 可查表 12-8。考虑到工作中的冲击和振动会使轴承寿命降低，为此又引进载荷系数 f_p。f_p 值可查表 12-9。做了上述修正后，寿命计算式可写为

$$\begin{cases} L_h = \dfrac{10^6}{60n}\left(\dfrac{f_t C}{f_p P}\right)^{\varepsilon} \quad (\text{h}) \\ C = \dfrac{f_p P}{f_t}\left(\dfrac{60n}{10^6}L_h\right)^{1/\varepsilon} \quad (\text{N}) \end{cases} \tag{12-3}$$

式（12-3）是设计计算时常用的轴承寿命计算式，由此可确定轴承的寿命或型号。

表 12-8　温度系数 f_t

轴承工作温度/℃	100	125	150	200	250	300
温度系数 f_t	1	0.95	0.90	0.80	0.70	0.60

表 12-9　载荷系数 f_p

载荷性质	无冲击或轻微冲击	中等冲击	强烈冲击
f_p	1.0～1.2	1.2～1.8	1.8～3.0

各类机器中轴承预期寿命 L_h 的参考值列于表 12-10 中。

表 12-10　轴承预期寿命的 L_h 的参考值

使用场合	L_h/h	使用场合	L_h/h
不经常使用的仪器和设备	500	间断使用，中断会引起严重后果	8000～12000
短时间或间断使用，中断时不致引起严重后果	4000～8000	每天 8h 工作的机械	12000～20000
		24h 连续工作的机械	40000～60000

3. 当量动载荷的计算

滚动轴承的基本额定动载荷是在一定的试验条件下确定的，对向心轴承是指承受纯径向载荷，对推力轴承是指承受中心轴向载荷。如果作用在轴上的实际载荷是既有径向载荷又有轴向载荷，则必须将实际载荷换算成与试验条件相同的载荷后，才能与基本额定动载荷进行比较。换算后的载荷是一种假定的载荷，称为当量动载荷。当量动载荷的计算公式为

$$P = XF_r + YF_a \tag{12-4}$$

式中，F_r、F_a 分别为轴承的径向载荷及轴向载荷；X、Y 分别为径向动载荷系数及轴向动载荷系数。

对于向心轴承，当 $F_a/F_r > e$ 时，可由表 12-11 查出 X 和 Y 的数值；当 $F_a/F_r \leq e$ 时，轴向力的影响可以忽略不计（这时，表中 $Y=0$、$X=1$）。e 值列于轴承标准中，其值与轴承类型和 F_a/C_{0r} 比值有关（C_{0r} 是轴承的径向额定静载荷）。X、Y、e、C_{0r} 各值由制定轴承标准的部门根据试验确定。

表 12-11 向心轴承当量动载荷的 X、Y 值

轴承类型		$\dfrac{12.3F_a}{C_{0r}}$	e	$F_a/F_r > e$		$F_a/F_r \leqslant e$	
				X	Y	X	Y
深沟球轴承		0.172	0.19		2.30		
		0.345	0.22		1.99		
		0.689	0.26		1.71		
		1.03	0.28		1.55		
		1.38	0.30	0.56	1.45	1	0
		2.07	0.34		1.31		
		3.45	0.38		1.15		
		5.17	0.42		1.04		
		6.89	0.44		1.00		
角接触球轴承（单列）	$\alpha=15°$	0.178	0.38		1.47		
		0.357	0.40		1.40		
		0.714	0.43		1.30		
		1.07	0.46		1.23		
		1.43	0.47	0.44	1.19	1	0
		2.14	0.50		1.12		
		3.57	0.55		1.02		
		5.35	0.56		1.00		
		7.14	0.56		1.00		
	$\alpha=25°$	—	0.68	0.41	0.87	1	0
	$\alpha=40°$	—	1.14	0.35	0.57	1	0
圆锥滚子轴承（单列）		—	$1.5\tan\alpha$	0.4	$0.4\cot\alpha$	1	0
调心球轴承（双列）		—	$1.5\tan\alpha$	0.65	$0.65\cot\alpha$	1	$0.42\cot\alpha$

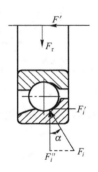

图 12-11 径向载荷产生
的轴向分量

当向心轴承只承受径向载荷时，$P=F_r$；推力轴承（$\alpha=90°$）只能承受轴向载荷，其轴向当量动载荷为 $P=F_a$。

4．角接触向心轴承轴向载荷的计算

角接触向心轴承的结构特点是在滚动体和滚道接触处存在公称接触角 α。当它承受径向载荷 F_r 时，作用在承载区内第 i 个滚动体上的法向力 F_i 可分解为径向分力 F_i'' 和轴向分力 F_i'（见图 12-11）。各滚动体上承受轴向分力的和即为轴承的内部轴向力 F_i'。F_i' 的近似值可按照表 12-12 中的公式计算求得。

为了使角接触向心轴承的内部轴向力得到平衡，以免轴串动，通常这种轴承要成对使用，对称安装。安装方式有两种：图 12-12 为两外圈窄边相对（正装），图 12-13 为两外圈宽边相对（反装），图中 F_A 为轴向外载荷。计算轴承的轴向载荷 F_a 时还应将由径向载荷 F_r 产生的内部轴向力 F' 考虑进去。图中 O_1、O_2 点分别为轴承 1 和轴承 2 的压力中心，即支反力作用点。O_1、O_2 与轴承端面的距离 a_1、a_2 可由轴承样本或有关手册查得，

但为了简化计算，通常可认为支反力作用在轴承宽度的中心。

表 12-12　角接触向心轴承内部轴向力 F'

轴承类型	角接触向心球轴承			圆锥滚子轴承
	$\alpha=15°$	$\alpha=25°$	$\alpha=40°$	
F'	eF_r	$0.68F_r$	$1.14F_r$	$F_r/(2Y)$　$(Y=\dfrac{F_a}{F_r}>e)$

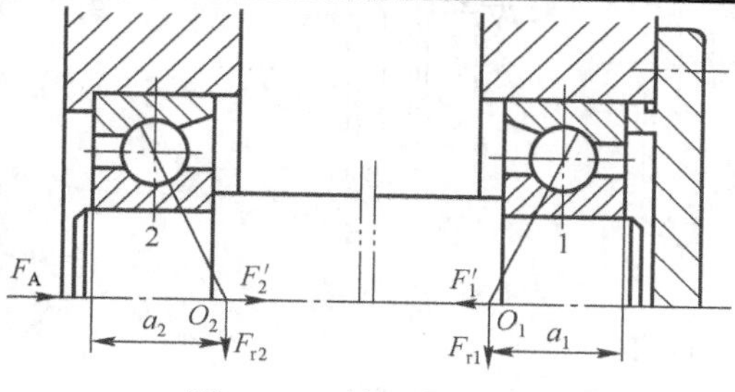

图 12-12　外圈窄边相对安装

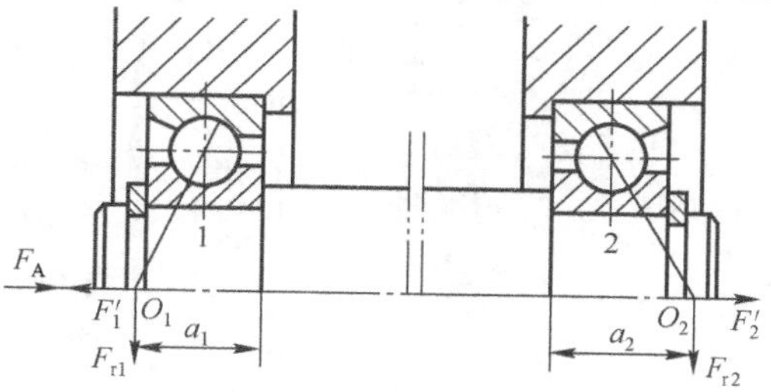

图 12-13　外圈宽边相对安装

若把轴和内圈视为一体，并以它为脱离体考虑轴系的轴向平衡，则可确定各轴承的轴向载荷。例如，在图 12-11 中，有两种受力情况：

① 若 $F_A + F_2' > F_1'$，由于轴承 1 的右端已固定，轴不能向右移动，即轴承 1 被压紧，由力的平衡条件得#

$$\begin{cases} F_{a1} = F_A + F_2' & \text{轴承1（压紧端）承受的轴向载荷} \\ F_{a2} = F_2' & \text{轴承2（放松端）承受的轴向载荷} \end{cases} \tag{12-5}$$

② 若 $F_A + F_2' < F_1'$，则轴承 2 被压紧，由力的平衡条件得

$$\begin{cases} F_{a1} = F_1' & \text{轴承1（放松端）承受的轴向载荷} \\ F_{a2} = F_1' - F_A & \text{轴承2（压紧端）承受的轴向载荷} \end{cases} \tag{12-6}$$

放松端轴承的轴向载荷等于它本身的内部轴向力，压紧端轴承的轴向载荷等于除本身内部轴向力外其余轴向力的代数和。轴向外载荷 F_A 与图示方向相反时，F_A 应取负值。为了对图 12-13 所示的反装结构同样使用式（12-5）、式（12-6）来计算轴承的轴向载荷，只需将图 12-13 中左边轴承（即轴向外载荷 F_A 与内部轴向力 F' 的方向相反的轴承）定为轴承 1，右边轴承定为轴承 2。

5. 滚动轴承的静载荷计算

滚动轴承的静载荷是指轴承内外圈之间相对转速为零或接近为零时作用在轴承上的载荷。为了限制滚动轴承在过载或冲击载荷下产生永久变形，有时还需按静载荷进行校核。滚动轴承的静载荷计算可参阅有关机械设计手册。

12.6　滚动轴承的组合设计

为了保证轴承在机器中正常工作，除合理选择轴承类型、尺寸外，还应正确进行轴承的组合设计，处理好轴承与其周围零件之间的关系，也就是要解决轴承的轴向位置固定，轴承与其他零件的配合，间隙调整，装拆和润滑密封等一系列问题。

1. 轴承的固定

轴承的固定有两种方式。

① 两端固定。如图 12-14(a)所示，使轴的两个支点中的每个支点都限制轴的单向移动，则两个支点合起来就限制了轴的双向移动，这种固定方式称为两端固定。这种固定方式适用于工作温度变化不大的短轴，考虑到轴因受热而伸长，在轴承盖与外圈端面之间应留出热补偿间隙 c，c=0.2～0.3 mm（见图 12-14(b)）。

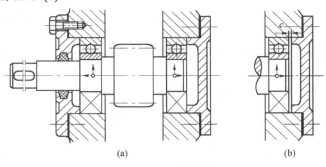

(a)   (b)

图 12-14　两端固定

② 一端固定、一端游动。这种固定方式是在两个支点中使一个支点双向固定以承受轴向力，另一个支点则可轴向游动。可轴向游动的支点称为游动支点，显然它不能承受轴向载荷。在选用深沟球轴承作为游动支点时，应在轴承外圈与端盖间留适当间隙（见图 12-15(a)）；在选用圆柱滚子轴承时，轴承外圈应进行双向固定（见图 12-15(b)），以免内外圈同时移动，造成过大错位。这种固定方式适用于温度变化较大的长轴。

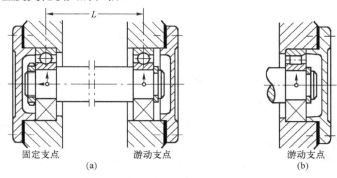

固定支点　　　　　游动支点　　　　　　　　游动支点

(a)   (b)

图 12-15　一端固定、一端游动

2．轴承组合的调整

（1）轴承间隙的调整

轴承间隙的调整方法有：① 靠加减轴承盖与机座间垫片厚度进行调整（见图 12-16(a)）；② 利用螺钉 1 通过轴承外圈压盖 3 移动外圈位置进行调整（见图 12-16(b)），调整之后，用螺母 2 锁紧防松。

（2）轴承的预紧

对某些可调游隙式轴承，在安装时给予一定的轴向压紧力（预紧力），使内外圈产生相对位移而消除游隙，并在套圈和滚动体接触处产生弹性预变形，借此提高轴的旋转精度和刚度，这种方法称为轴承的预紧。预紧力可以利用金属垫片（见图 12-17(a)）或磨窄套圈（见图 12-17(b)）等方法获得。

（3）轴承组合位置的调整

轴承组合位置调整的目的是使轴上的零件（如齿轮、带轮等）具有准确的工作位置。例如圆锥齿轮传动，要求两个节锥顶点相重合，方能保证正确啮合，而蜗杆传动要求蜗轮中间的平面通过蜗杆的轴线等。图 12-18 为圆锥齿轮轴承组合位置的调整，套杯与机座间的垫片 1 用来调整圆锥齿轮的轴向位置，垫片 2 则用来调整轴承游隙。

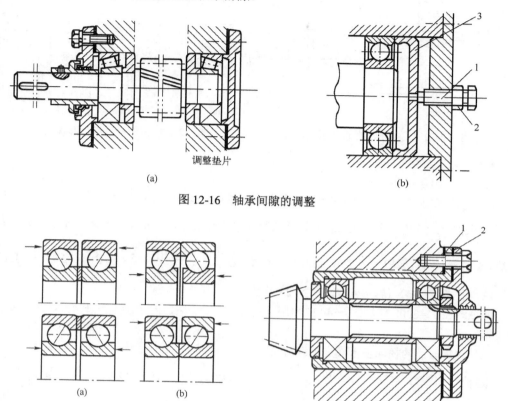

调整垫片

(a)

(b)

图 12-16　轴承间隙的调整

(a)　　　　(b)

图 12-17　轴承的预紧

图 12-18　圆锥齿轮轴承组合位置的调整

3. 滚动轴承的配合

由于滚动轴承是标准件，为了便于互换及适应大量生产，轴承内圈孔与轴的配合采用基孔制，轴承外圈与轴承座孔的配合则采用基轴制。

当选择配合时，应考虑载荷的方向、大小和性质，以及轴承类型、转速和使用条件等因素。当外载荷方向不变时，转动套圈应比固定套圈的配合紧一些。一般情况下是内圈随轴一起转动，外圈固定不转，故内圈与轴常取具有过盈的过渡配合，如轴的公差采用 k6、m6；外圈与座孔常取较松的过渡配合，如座孔的公差采用 H7、J7 或 JS7。当轴承作为游动支撑时，外圈与座孔应取保证有间隙的配合，如座孔公差采用 G7。

4. 轴承的装拆

当设计轴承组合时，应考虑有利于轴承的装拆，以便在装拆过程中不损坏轴承和其他零件。如图 12-19 所示，若轴肩高度大于轴承内圈外径，则难以放置拆卸工具的钩头。对外圈拆卸要求也是如此，应留出拆卸高度 h_1（见图 12-20(a)和(b)）或在壳体上留出能放置拆卸螺钉的螺孔（见图 12-20(c)）。

【例 12-2】　一水泵轴选用深沟球轴承。已知轴颈 d=35 mm，转速 n=2900 r/min，轴承所受径向载荷 F_r=2300 N，轴向载荷 F_a=540 N，要求使用寿命 L_h=5000 h，试选择轴承型号。

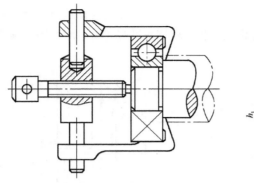

图 12-19　用钩爪器拆卸轴承

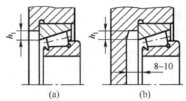

(a)　　　　(b)　　　　(c)

图 12-20　拆卸高度和拆卸螺孔

解：

（1）先求出当量动载荷 P

因该向心轴承受 F_r 和 F_a 的作用，必须求出当量动载荷 P。计算时用到的径向系数 X、轴向系数 Y 要根据 $\dfrac{12.3F_a}{C_{0r}}$ 值查取，而 C_{0r} 是轴承的径向额定静载荷，在轴承型号未选出前未知，故用试算法。根据表 12-11，暂取 $\dfrac{12.3F_a}{C_{0r}}=0.345$，则 $e=0.22$。因 $\dfrac{F_a}{F_r}=\dfrac{540}{2300}=0.235>e$，由表 12-11 查得 $X=0.56$，$Y=1.99$。由式（12-4）得，$P=XF_r+YF_a\approx2360\ \text{N}$。

即轴承在 $F_r=2300\ \text{N}$ 和 $F_a=540\ \text{N}$ 作用下的使用寿命，相当于在纯径向载荷为 2360 N 作用下的使用寿命。

（2）计算所需的径向基本额定动载荷值

根据式（12-3）$C_r=\dfrac{f_P P}{f_t}\left(\dfrac{60n}{10^6}L_h\right)^{1/\varepsilon}$（N），其中 $f_P=1.1$（查表 12-9），$f_t=1$（查表 12-8），因工作温度不高，所以

$$C_r=\frac{1.1\times2360}{1}\times\left(\frac{60\times2900}{10^6}\times5000\right)^{1/\varepsilon}\approx24800\ \text{（N）}$$

（3）选择轴承号

查手册，选 6207 轴承，其 $C_r=25000\ \text{N}>24800\ \text{N}$，$C_{0r}=15200\ \text{N}$，则对于 6207 轴承，有

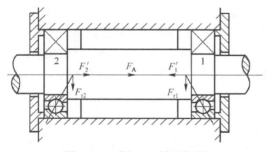

图 12-21　例 12-3 轴承装置

$\dfrac{12.3F_a}{C_{0r}}=\dfrac{12.3\times540}{15200}=0.436$，与原估计接近，适用。

【例 12-3】　一工程机械传动装置中的轴，根据工作条件决定采用一对角接触球轴承（见图 12-21），并暂定轴承型号为 7208ACJ。已知轴承载荷 $F_{r1}=1000\ \text{N}$，$F_{r2}=2060\ \text{N}$，$F_A=880\ \text{N}$，转速 $n=5000\ \text{r/min}$，运转中受中等冲击，预期寿命 $L_h=2000\ \text{h}$，试问所选轴承型号是否恰当。（注：AC 表示 $\alpha=25°$，J 表示钢板冲压保持架）

解：

（1）先计算轴承 1 和轴承 2 的轴向力 F_{a1} 和 F_{a2}。

由表 12-12 查得，轴承的内部向力为

$$F_1'=0.68F_{r1}=680\ \text{N}\qquad（方向见图 12-21）$$

$$F_2' = 0.68F_{r2} = 1400 \text{ N} \qquad （方向见图 12-21）$$

因为 $F_2' + F_A = 1400 + 880 = 2280 > F_2'$，所以轴承 1 为压紧端 $F_{a1} = F_2' + F_A = 2280 \text{ N}$，而轴承 2 为放松端 $F_{a2} = F_2' = 1400 \text{ N}$。

（2）计算轴承 1 和轴承 2 的当量动载荷

由表 12-11 查得 $e = 0.68$，而

$$\frac{F_{a1}}{F_{r1}} = \frac{2280}{1000} = 2.28 > 0.68 , \qquad \frac{F_{a2}}{F_{r2}} = \frac{1440}{2060} = 0.68 = e$$

查表 12-11 可得，$X_1 = 0.41$、$Y_1 = 0.87$，$X_2 = 1$、$Y_2 = 0$，所以当量动载荷为

$$P_1 = 0.41F_{r1} + 0.87F_{a1} = 2394 \text{ N} , \qquad P_2 = 0.41F_{r2} + 0.87F_{a2} = 2060 \text{ N}$$

（3）计算所需的径向基本额定动载荷 C_r

因轴的结构要求两端选择同样尺寸的轴承，令 $P_1 > P_2$，故应以轴承 1 的径向当量动载荷 P_1 为计算依据。因受中等冲击载荷，查表 12-9 得，$f_p = 1.5$；工作温度正常，查表 12-8 得 $f_t = 1$，所以

$$C_{r1} = \frac{f_P P_1}{f_t} \left(\frac{60n}{10^6} L_h \right)^{1/3} = 30290 \text{ N}$$

（4）由手册查得，7208ACJ 轴承的径向基本额定动载荷 $C_r = 35200 \text{ N}$。因为 $C_{r1} < C_r$，故所选 7208ACJ 轴承适用。

5. 轴承的密封

轴承密封的目的是防止润滑剂流失和灰尘、水分及其他杂物等侵入。密封方式分为接触式和非接触式两类。

（1）接触式密封

① 毡圈密封（见图 12-22）：适用于接触处轴的圆周速度小于 4～5 m/s，温度低于 90° 的脂润滑。毡圈密封结构简单，但摩擦较大。

② 唇式密封圈密封（见图 12-23）：适用于接触处轴的圆周速度小于 7 m/s，温度低于 100° 的脂或油润滑。使用时注意密封唇方向朝向密封部位，如密封唇朝向轴承，用于防止润滑油或脂漏出（见图 12-23(a)）；密封唇背向轴承，用于防止灰尘和杂物侵入（见图 12-23(b)）。必要时可以同时安装两个密封圈（见图 12-23(c)），以提高密封效果。唇式密封圈密封使用方便，密封可靠。接触式密封要求轴颈硬度大于 40 HRC，表面粗糙度 $Ra < 0.8 \text{ μm}$。

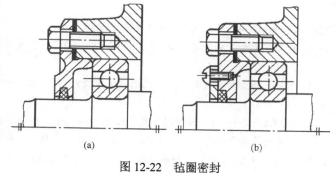

(a)   (b)

图 12-22　毡圈密封

（2）非接触式密封

使用非接触式密封，可避免接触处产生滑动摩擦，故常用于速度较高的场合。

① 间隙式密封（见图 12-24）时，在轴与轴承盖之间留有细小的径向缝隙，为增加密封效果，可在缝隙中填充润滑脂。

② 曲路式密封（见图 12-25）时，在旋转的密封零件与固定的密封零件之间组成曲折的缝隙来实现密封，缝隙中填充润滑油，可提高密封效果。这种密封形式对脂、油润滑都有较好的密封效果，但结构较复杂，制造、安装不太方便。

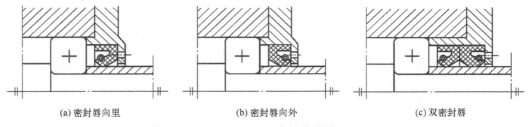

(a) 密封唇向里　　　　　　　(b) 密封唇向外　　　　　　　(c) 双密封唇

图 12-23　唇式密封圈密封

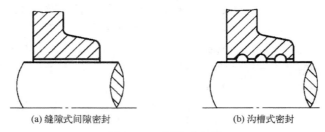

(a) 缝隙式间隙密封　　　　　　　　　　(b) 沟槽式密封

图 12-24　间隙式密封

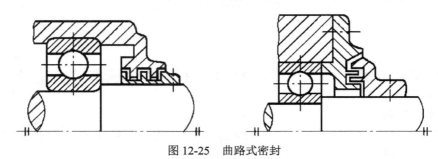

图 12-25　曲路式密封

习 题 12

12-1　滑动轴承的结构形式有几种？各有什么特点？

12-2　说明下列型号轴承的类型、尺寸系列、结构特点、公差等级及其适用场合：6005，N209/P6，7207CJ，30209/P5。

12-3　有一非液体摩擦滑动轴承，已知轴颈直径为 100 mm，轴的转速为 1200 r/min，径向载荷为 24200 N。试设计此轴承。

12-4　根据工作条件，某机械传动装置中轴的两端各采用一个深沟球轴支撑，轴颈 d＝35 mm，转速 n＝2000 r/min，每个轴承受径向载荷 F_r＝2000 N，常温下工作，载荷平衡，预期寿命 L_h＝8000 h。试设计轴承。

12-5　一齿轮轴由一对 30206 轴承支撑（见图 12-14），支点间的跨距为 200 mm，齿轮位于两支点的中央。已知齿轮模数 m_n＝2.5 mm，齿数 z_1＝17，螺旋角 β＝16.5°，传递功率 P＝2.6 kW，齿轮轴的转速 n＝384 r/min。试求轴承的基本额定寿命。

12-6　如图 T12-1 所示轴系中采用一对 70000AC 角接触球轴承，轴承的径向载荷分别为 F_{r1}＝2000N，F_{r2}＝4000N，作用在轴上的轴向外加载荷 F_A＝1000N，当轴承的轴向载荷与径向载荷之比 F_a/F_r＞e 时，X＝0.41，Y＝0.87，当 F_a/F_r≤e，X＝1，Y＝0，e＝0.68。试计算两轴承的轴向载荷和当量动载荷。

T12-1

第13章 弹性元件及常用机构

13.1 弹性元件

13.1.1 弹性元件的类型、功能及材料

材料在外力的作用下产生变形，外力去除后可恢复其原状的性能，称为材料的弹性。利用材料的弹性性能和结构特点，能完成各种功能的零部件称为弹性元件。弹性元件结构简单、价格低廉、工作可靠，成为精密机械中应用比较广泛的零件之一。

1. 弹簧的类型和功用

在精密机械中，常见弹性元件有两大类型：

① 弹簧。弹簧可分为螺旋弹簧、片弹簧、热敏双金属片簧。由于弹簧在长度方面的尺寸远远大于断面直径或宽度，故其设计可按材料力学中的公式进行。

② 压力弹性敏感元件，又可分为膜片、膜盒、波纹管、弹簧管。由于压力弹性敏感元件的工作直径远远大于其厚度，故其设计应按弹性力学理论进行。

弹性元件的主要功用有：① 测力，如弹簧秤中的弹簧、测力矩扳手的弹簧等；② 产生振动，如振动筛、振动传输机中的支承弹簧等；③ 存储能量，如钟表弹簧（发条）、枪栓弹簧等；④ 缓冲和吸振，如车辆的减振弹簧和各种缓冲器中的弹簧；⑤ 控制机械运动，如内燃机汽缸的阀门弹簧和离合器中的控制弹簧；⑥ 改变机械的自振频率，如用于电机和压缩机的弹性支座；⑦ 消除空回和配合间隙，如各种微动装置中用以消除空回的压缩弹簧。

2. 常用弹性元件材料

弹性元件材料应具有较高的弹性极限和疲劳极限，有足够的冲击韧性和塑性、良好的热处理性能。选择弹性元件材料时，应综合考虑其使用条件和工作条件，参照同类设备，进行类比分析和选择。碳素弹簧钢丝的拉伸强度见图 13-1，常用弹性元件材料的使用性能见表 13-1。

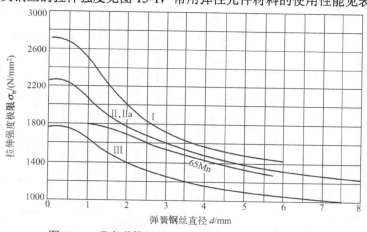

图 13-1　碳素弹簧钢丝（65 钢、70 钢）的拉伸强度

表 13-1 常用弹性元件材料的使用性能

类别	代号	许用剪应力 [τ]/(N·mm⁻²)			许用弯曲应力 [σb]/(N·mm⁻²)			切变模量 G/(N·mm⁻²)		弹性模量 E/(N·mm⁻²)		推荐硬度范围 HRC	推荐使用温度/℃	特性及用途
		I类	II类	III类	I类	II类	III类	$d<4$	$d>4$	$d<4$	$d>4$			
钢	碳素弹簧钢 65Mn	$0.3\sigma_b$	$0.4\sigma_b$	$0.5\sigma_b$	$0.5\sigma_b$	$0.5\sigma_b$	$0.625\sigma_b$	81400~78500	78500	203000~201000	196000	—	-40~120	强度高，性能好，价格便宜，适于小弹簧
	60Si2Mn 60Si2MnA	471	628	785	785	785	981	80000		200000		45~50	-40~200	弹性好，回火稳定性好，易脱碳，用于大载荷弹簧
	504CrVA	450	600	750	750	750	940	80000		200000		43~47	-40~500	高温时强度高，力学性能好，淬透性好，价格高，用于重要场合
不锈钢	1Cr18Ni9 2Cr18Ni9	330	440	550	550	550	690	73000		197000		—	-250~300	耐腐蚀和高温，工艺性好，用于小弹簧
	4Cr13	450	600	750	750	750	940	77000		219000		48~53	-40~300	耐蚀和高温，适于小弹簧
	Ni36CrTiAl	450	600	750	750	750	940	77000		20000		—	-40~250	弹性模量、强度、抗磁性均高，耐腐蚀性，适于精密仪表弹簧
	Ni42CrTi	420	560	700	700	700	880	67000		19000		—	-60~100	恒弹性，耐蚀，加工性好，适于灵敏弹性元件如游丝
钢合金	QSi3-1	265	353	441	441	441	549	40200		93200		90~100HBW	-40~120	耐腐蚀，防磁
	QSn4-3	265	353	441	441	441	549	39200		93200				耐腐蚀，防磁，导电性及弹性好
	QBe2	353	441	549	549	549	735	42200		12950		37~40		

注：① 表中许用剪应力为压缩弹簧的许用值，拉伸弹簧的许用剪应力为压缩弹簧的 80%；② 碳素弹簧钢丝的抗拉强度 σ_b 见图 13-1；③ 碳素弹簧钢按钢丝抗拉强度 σ_b 不同分为 I、II、IIa、IIIa、III 组，I 组强度最高，依次为 II、IIa、IIIa、III 组；④ 弹簧的工作极限应力 τ_{lim}：I 类 ≤1.67[τ]，II 类 ≤1.25[τ]，III 类 ≤1.12[τ]；⑤ 强压处理的弹簧，其许用应力可增大 25%；喷丸处理的弹簧，其许用应力可增大 20%。

13.1.2 螺旋弹簧

1. 螺旋弹簧的功能和种类

螺旋弹簧是用金属线材绕制成空间螺旋线形状的弹性元件，用来将沿轴线方向的力或垂直于轴线平面内的力矩转换为弹簧两端的相对位移（沿轴线方向的轴向位移或垂直于轴线的平面上的角位移），或者将两端的相对位移转换为作用力或力矩。螺旋弹簧簧丝的截面通常是圆形或矩形，旋向多为右旋。在精密机械中应用最多的是圆柱螺旋弹簧。

圆柱螺旋弹簧按其受力方式可分为 3 种：① 拉伸圆柱螺旋弹簧（见图 13-2(a)），简称拉簧，承受沿轴向的拉力作用，产生拉伸变形；② 压缩圆柱螺旋弹簧（见图 13-2(b)），简称压簧，承受沿轴向的压力作用，产生压缩变形；③ 扭转圆柱螺旋弹簧（见图 13-2(c)），简称扭簧，承受绕轴线的扭转力矩的作用，产生扭转变形。

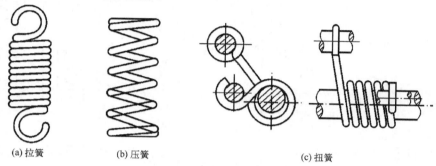

(a) 拉簧   (b) 压簧   (c) 扭簧

图 13-2 圆柱螺旋弹簧的形式

由于螺旋弹簧制造简单、价格低廉，在机构中所占空间小，安装和固定简单，工作可靠，因而得到了广泛的应用。用高质量材料制成的螺旋弹簧，弹性滞后和后效很小，特性稳定，可以作为测量弹簧使用。螺旋弹簧也常用于完成结构的力封闭，使零件间保持一定的压紧力。在某些精密机械中，如照相机的快门，螺旋弹簧用作机构的能源。

2. 圆柱螺旋弹簧的特性

弹簧的设计任务是在已知弹簧的最大工作载荷、最大工作变形、结构和工作条件情况下，确定弹簧的几何尺寸和结构参数。设计中既要保证有足够的强度，又要符合载荷变形特性曲线的要求，不失稳，工作可靠。为了清楚地表示弹簧在工作中其作用载荷与变形之间的关系，需要绘出弹簧的特性曲线，以此作为弹簧设计和生产过程中进行检验或试验的依据。

（1）压簧

图 13-3 为压簧及其特性曲线。H_0 是弹簧不受外力时的自由长度，弹簧在工作前，通常预受一个最小载荷 F_1 作用，使其能够可靠地稳定在安装位置上，此时弹簧的压缩量为 λ_1，长度为 H_1。当弹簧受到最大工作载荷 F_{max} 作用时，其压缩量增至 λ_{max}，长度降至 H_2，则弹簧的工作行程为 λ_h，$\lambda_h = \lambda_{max} - \lambda_1 = H_1 - H_2$。$F_j$ 为弹簧的极限载荷，在它的作用下，弹簧钢丝应力将达到材料的弹性极限。这时弹簧产生的变形量为 λ_3，长度被压缩到 H_j。

弹簧承受的最大载荷由机构的工作条件决定，而最小载荷通常取 $F_1=(0.1\sim0.5)F_{max}$，实际应用中，一般不希望弹簧失去直线的特性关系，所以最大载荷小于极限载荷，通常满足 $F_{max}\leq0.8F_j$。

（2）拉簧

图 13-4 为拉簧及其特性曲线，图 13-4(b)是无初拉力时的特性线，与压簧的相似。图 13-4(c)

是有初拉力时的特性线，即拉伸弹簧在自由状态下就受初拉力 F_0 的作用。其初拉力是由于卷制弹簧时使各弹簧圈并紧和回弹而产生的。一般情况下，初拉力 F_0 取以下值：$d \leqslant 5$ mm，$F_0 \approx F_j/3$；$d > 5$ mm，$F_0 \approx F_j/4$。拉簧的端部制有钩环，以便安装和加载，分为半圆钩环、圆钩环、可转钩环和可调钩环。

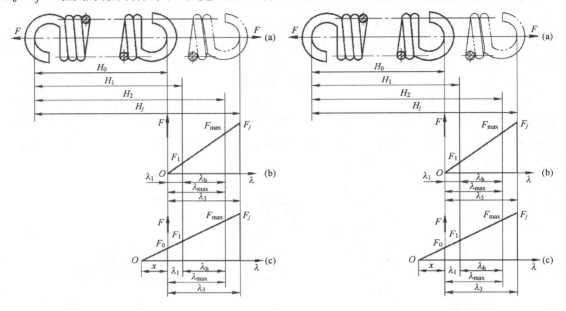

图 13-3 压簧及其特性曲线   图 13-4 拉簧及其特性曲线

（3）扭簧

扭簧及其特性曲线如图 13-5 所示，符号意义与压簧相同，只是扭簧所受外力为转矩 T，所产生的变形为扭转角 φ。最小转矩和最大转矩、最大转矩与极限转矩间的关系仍可参考压簧中所给的数值。

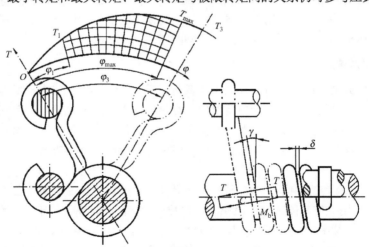

图 13-5 扭簧及其特性曲线

3. 圆柱螺旋弹簧的强度计算

（1）压簧

压簧在轴向载荷 F 作用下，在簧丝任意截面上，将受转矩 T、弯矩 M_b、切向力 F_q 和法向力 F_n 作用，如图 13-6(a)所示。

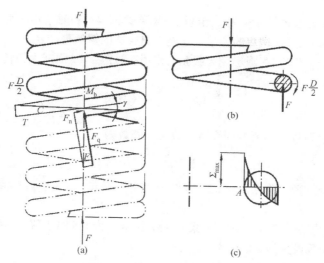

图 13-6　压簧受力分析和变形

一般情况下，压簧的螺旋升角 γ 较小（5°～9°），计算时可以将弯矩 M_b 和法向力 F_n 忽略不计。在初步计算时，取 $\gamma \approx 0$，则簧丝的受力情况如同一个受扭矩 $T=FD/2$（D 为弹簧中径）和切向力 $F_q=F$ 作用的曲梁。当取出一段簧丝，在簧丝截面上相应产生扭转切应力和切应力，由于簧丝曲度的存在，这两种应力的合成呈非线性，并且簧丝内侧应力比外侧应力大，如图 13-6(c) 所示，最大切应力发生在内侧 A 点，则

$$\tau_{max} = K_1 \frac{8FD}{\pi d^3} \qquad (13\text{-}1)$$

式中，K_1 为曲度系数，用来修正弹簧丝曲率对切应力分布的影响。

对于圆截面弹簧丝，曲度系数为

$$K_1 = \frac{4C-1}{4C-4} + \frac{0.615}{C} \qquad (13\text{-}2)$$

式中，C 为弹簧的旋绕比，又称为弹簧指数，为弹簧中径 D 与簧丝直径 d 之比，即 $C=D/d$。

当其他条件相同时，C 值越小，弹簧丝内、外侧的应力差越悬殊，材料利用率越低；反之，C 值过大，应力过小，弹簧卷制后将有显著回弹，加工误差增大。因此，通常取 C 值在 4～16 范围内。不同簧丝直径旋绕比 C 的推荐用值参照表 13-2。

表 13-2　簧丝直径旋绕比 C 的推荐用值

d/mm	0.2~04	0.45~1	1.1~2.2	2.5~6	7~16
$C=D/d$	7~14	5~12	5~10	4~9	4~8

弹簧在承受最大载荷 F_{max} 作用时所产生的最大切应力 τ_{max} 应满足强度条件，即

$$\tau_{max} = K_1 \frac{8F_{max}D}{\pi d^3} \leqslant [\tau] \qquad (13\text{-}3)$$

以 $D=Cd$ 代入式（13-3），可得圆形簧丝直径为

$$d = 1.6 \sqrt{\frac{F_{max}K_1C}{[\tau]}} \qquad (13\text{-}4)$$

式中，$[\tau]$ 为弹簧钢丝材料的许用切应力，单位为 N/mm^2，根据弹簧的材料和工作特点按表 13-1 的规定选取。

由于旋绕比 C 和簧丝直径 d 有关,当选用碳素弹簧钢丝材料时,其许用切应力$[\tau]$随簧丝直径 d 的不同而不同,故必须采用试算的方法,才能得出合适的簧丝直径 d。

压簧承受轴向载荷 F 时,在圆形簧丝截面上作用有转矩 T,从而产生扭转变形(见图 13-6(b))。弹簧变形量 λ 为

$$\lambda = \frac{8FD^3n}{Gd^4} = \frac{8FC^3n}{Gd} \tag{13-5}$$

利用式(13-5),可以求出所需的弹簧有效工作圈数为

$$n = \frac{G\lambda d}{8FC^3} \tag{13-6}$$

式中,D 为弹簧中径,单位为 mm;d 为簧丝直径,单位为 mm;G 为弹簧材料的切变模量,单位为 N/mm^2。

有效圈数计算后要进行数值整理。如果 $n<15$,则取 n 为 0.5 的倍数;如果 $n>15$,则取 n 为整圈数。弹簧的有效圈数最少为 2 圈。

由式(13-5)得,弹簧刚度为

$$F' = \frac{F}{\lambda} = \frac{Gd^4}{8D^3n} = \frac{Gd}{8C^3n} \tag{13-7}$$

由式(13-7)可知,旋绕比 C 值的大小对弹簧刚度影响很大。当其他条件相同时,C 值越小的弹簧刚度越大,即弹簧越硬,反之则越软。

(2)拉簧

无初拉力的拉簧的特性曲线与压簧相似,计算方法也相同。有初拉力的弹簧在自由状态下就受初拉力的作用,所以将有所不同。若在其特性曲线中增加一段假想的变形量 x,则又与无初拉力的特性曲线完全一样。因此可以直接利用压簧的强度条件公式来计算拉簧的簧丝直径。

对初拉力 F_0 的估计,可取以下值:$d \leqslant 5$ mm,$F_0 \approx F_j/3$;$d>5$ mm,$F_0 \approx F_j/4$。也可利用下式计算

$$F_0 = \frac{\pi d^3}{8D}\tau' \tag{13-8}$$

式中,τ'为拉簧的初切应力,单位为 N/mm^2,可由图 13-7 查得。

拉簧簧丝直径的计算公式与压簧相同。无初拉力($F_0=0$)时拉簧的弹簧圈数为

$$n = \frac{G\lambda d^4}{8(F - F_0)D^3} \tag{13-9}$$

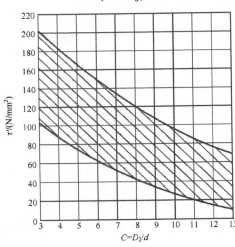

图 13-7 拉簧的初切应力 τ'

（3）扭簧

在垂直于弹簧轴线平面内受转矩 T 作用的扭簧，在其弹簧丝的任一截面上受弯矩 $M_b=T\cos\gamma$ 和转矩 $T'=T\sin\gamma$ 作用（见图 13-5），由于螺旋角 γ 很小，所以转矩 T' 可以忽略不计，并可认为 $M_b \approx T$。因此，扭簧的弹簧丝中主要受弯矩 M_b 的作用。由此可知，扭簧应按受弯矩的曲梁来计算，在簧丝的任一截面上的应力分布情况与压簧完全相似，只是应力为弯曲应力。最大弯曲应力为

$$\sigma_{b\max} = K_2 \frac{M_b}{W} \leqslant [\sigma_b] \tag{13-10}$$

式中，W 为弯曲时的截面系数，单位为 mm^3，对于圆弹簧丝 $W=\pi d^3/32 \approx 0.1d^3$；$K_2$ 为扭簧的曲度系数，对于圆弹簧丝 $K_2=(4C-1)/(4C-4)$；$[\sigma_b]$ 为许用弯曲应力，单位为 N/mm^2，取 $[\sigma_b]=1.25[\tau]$。

扭簧受转矩 T 作用后的扭转变形量为

$$\varphi = \frac{M_b l}{EI} = \frac{180 M_b D n}{EI} \tag{13-11}$$

式中，φ 为弹簧的变形量，单位为 $(°)$；I 为弹簧丝截面的极惯性矩，单位为 mm^4，对于圆弹簧丝 $I=\pi d^4/64$；E 为材料的弹性模量，单位为 N/mm^2。

利用式（13-11）可求出所需的弹簧圈数为

$$n = \frac{EI\varphi}{180 M_b D} \tag{13-12}$$

13.1.3 片簧和热敏双金属片簧

1. 片簧

片簧是用带材或板材制成的各种片状的弹簧，主要用于弹簧工作行程和作用力均不大的情况，图 13-8(a) 是直片簧用于继电器中的电接触点，图 13-8(b) 是弯片簧用作棘轮、棘爪的防反转装置，图 13-8(c) 是用于转轴转动 90° 的定位器。

片簧按外形可分为直片簧（见图 13-8(a)）和弯片簧（见图 13-8(b) 和 (c)），其中应用最多的是直片簧。直片簧按截面形状可分为等截面和变截面（见图 13-9）两种，按其安装情况，又可分为有初应力片簧和无初应力片簧。

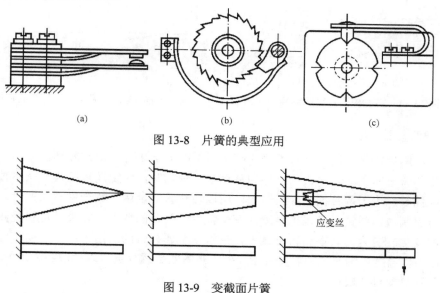

(a)　　　　　　　　　(b)　　　　　　　　　(c)

图 13-8　片簧的典型应用

应变丝

图 13-9　变截面片簧

直片簧的外形和固定处结构如图 13-10 所示。图 13-10(a)是最常用的螺钉固定的方法，采用两个螺钉，以防止片簧转动，也可采用如图 13-10(b)所示的结构。当只用一个螺钉固定片簧时，为防止片簧的转动，可采用图 13-10(c)或(d)所示的结构。

固定片簧用的垫片的边缘均应做成圆角。当片簧的固定部分宽于工作部分时，两部分应采用圆角光滑衔接，以减小应力集中。当片簧用作电接触点弹簧时，应用绝缘材料使片簧与基座、螺钉绝缘（见图 13-8(a)）。

受单向载荷作用的片簧，通常采用有初应力片簧。如图 13-11 所示，位置 1 为有初应力片簧的自由状态，安装时，在刚性较大的支片 A 作用下产生了初挠度而处于位置 2。当外力小于 F_1 时，片簧不再变形，只有外力大于 F_1 时，片簧才与支片 A 分离而变形，所以有初应力片簧在振动条件下仍能可靠工作（当惯性力不大于 F_1 时）。此外，在同样工作要求下（即在载荷 F_2 作用下，两种片簧从安装位置产生相同的挠度 λ_2），有初应力片簧安装时已有初挠度 λ_1，所以在载荷 F_2 作用下，总挠度 $\lambda=\lambda_1+\lambda_2$，因此片簧弹性特性具有较小的斜率。如因制造、装配而引起片簧位置的误差相同时（如等于$\pm\Delta$），则有初应力片簧中所产生的力的变化，将比无初应力片簧（见图 13-12）要小些。

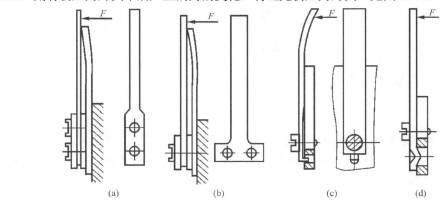

图 13-10　直片簧的外形和固定处结构

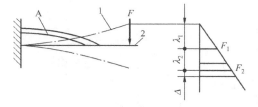

图 13-11　有初应力片簧的特性

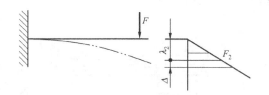

图 13-12　无初应力片簧的特性

2. 热敏双金属片簧

热敏双金属片簧是用两个具有不同线膨胀系数的薄金属片钎焊或轧制而成的。其中，线膨胀系数高的一层叫主动层，低的一层叫从动层。受热时，两金属片因线膨胀系数不同而有不同程度的伸长。由于两片彼此焊在一起，所以使热敏双金属片簧产生弯曲变形。因此，利用热敏双金属制成的弹簧，可以把温度的变化转变为弹簧的变形；如果其位移受到限制，则可把温度的变化转变为力。在精密机械中，热敏双金属片簧的应用很广，除用作温度测量元件外，还可用作温度控制元件和温度补偿元件。热敏双金属片簧可以做成各种形状，图 13-13是常用的几种热敏双金属片簧。

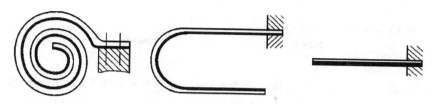

图 13-13　热敏双金属片簧

图 13-14 为长度等于 Δl 的一微小段热敏双金属片簧，当温度升高时，它变成了一段圆弧，此段圆弧对应的中心角为 $\Delta\varphi$，则

$$\Delta\varphi = \frac{6(\alpha_1 - \alpha_2)\Delta l(t_1 - t_0)}{\dfrac{(E_1 h_1^2 - E_2 h_2^2)^2}{E_1 E_2 h_1 h_2 (h_1 + h_2)} + 4(h_1 + h_2)} \qquad (13\text{-}13)$$

式中，h_1、h_2 分别为主动层、从动层的厚度，单位为 mm；α_1、α_2 分别为主动层、从动层材料的线膨胀系数；E_1、E_2 分别为主动层、从动层材料的弹性模量，单位为 N/mm²；t_0、t_1 分别为变形前、后的温度，单位为 ℃。

如果设计满足 $E_1 h_1^2 = E_2 h_2^2$，则热敏双金属片簧的灵敏度最高，其变形为

$$\Delta\varphi = \frac{3(\alpha_1 - \alpha_2)}{2(h_1 + h_2)}\Delta l(t_1 - t_0) \qquad (13\text{-}14)$$

式（13-13）、式（13-14）为微小段热敏双金属片簧在温度变化时的变形规律。由此，可求得任意形状的热敏双金属片簧在温度变化时的变形。

对于长度为 l 的直片热敏双金属片簧（见图 13-15），温度变化时，其自由端的位移为

$$S = \int_0^l \frac{3(\alpha_1 - \alpha_2)}{2(h_1 + h_2)}(t_1 - t_0)x\,\mathrm{d}x = \frac{3(\alpha_1 - \alpha_2)}{4(h_1 + h_2)}l^2(t_1 - t_0) \qquad (13\text{-}15)$$

热敏双金属片簧已经系列化，设计时应根据结构要求和灵敏度要求适当选择。

用于制造热敏双金属片簧的材料应满足下列要求：① 主、从动层两种材料的线膨胀系数之差应尽可能大，以提高灵敏度；② 两种材料的弹性模量应接近，以扩大其工作温度范围；③ 要有良好的力学性能，便于加工；④ 焊接容易。

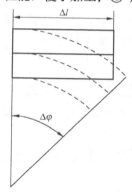

图 13-14　热敏双金属片簧变形

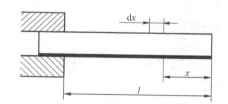

图 13-15　直片热敏双金属片簧变形图

铁镍合金是常用的从动层材料。含镍 36% 的铁镍合金在室温范围内线膨胀系数几乎为 0，因此又叫不变钢（或称为因钢）。工作温度超过 150℃ 时，不变钢线膨胀系数增加较快，因此采用含镍量为 40%～46% 的铁镍合金可以得到较小的线膨胀系数。常用的主动层材料有黄铜、锰镍铜合金、铁镍钼合金等。

13.1.4 其他类型弹性元件简介

1. 游丝

游丝是用金属带料绕制成平面螺线形状的弹性元件,是平面涡卷簧的一种,如图 13-16 所示。用于精密机械中的游丝分为测量游丝和接触游丝两种。例如,电工测量仪表中产生反作用力矩的游丝属于测量游丝,千分表中产生力矩、使传动机构中各零件相互保持接触的游丝属于接触游丝。

游丝的材料要求具有良好的弹性特性、稳定的弹性和耐腐蚀等性能。制造游丝常用的材料有锡青铜、恒弹性合金、黄铜、不锈钢等。其中,锡青铜具有良好的弹性、工艺性和导电性;黄铜便宜,便于加工,但弹性性能较差;不锈钢用于制造耐腐蚀的游丝。

图 13-16 游丝

2. 膜片、膜盒

膜片是一种周边固定的圆形弹性薄片。根据轴向截面形状的不同,膜片分为平膜片和波纹膜片(见图 13-17(a)和(b))。波纹膜片由于具有同心环状波纹,灵敏度较高,并可通过改变波纹形状尺寸调节膜片特性,所以其应用比平膜片广泛。为了便于膜片与机构的其他零件连接,可以在膜片中心焊上硬心。两个膜片对焊起来组成膜盒,几个膜盒连起来构成膜盒组(见图 13-17(c))。膜盒和膜盒组可以提高膜片的灵敏度,增大变形位移量。

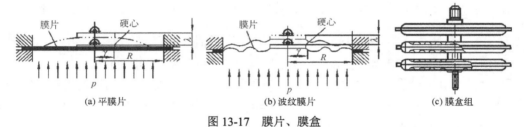

(a) 平膜片　　　　　　　　(b) 波纹膜片　　　　　　　　(c) 膜盒组

图 13-17 膜片、膜盒

膜片的材料分为金属和非金属两种。金属材料主要有黄铜、锡青铜、锌白铜、铍青铜和不锈钢等。非金属材料主要有橡胶、塑料和石英等。波纹膜片大多用金属材料制造。

3. 弹簧管

弹簧管是一个弯成圆弧形的空心管(见图 13-18),它的截面形状通常为椭圆或扁圆形,也有 D 形、8 字形等其他非圆截面形状(见图 13-19)。管截面的布置原则是使截面短轴位于管的对称平面内。

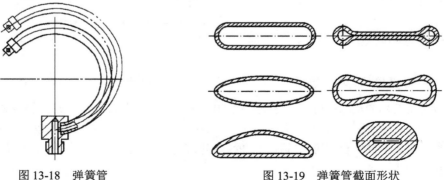

图 13-18 弹簧管　　　　　　　　图 13-19 弹簧管截面形状

制造弹簧管的主要材料根据使用要求选择：测量的压力不大而对迟滞要求不高的，可采用黄铜、锡青铜；测量压力较大者采用合金弹簧钢；若要求强度高、迟滞小而特性稳定的，可用铍青铜和恒弹性合金；在高温和腐蚀性介质中工作的弹簧管，可用镍铬不锈钢制造。

弹簧管常用作测量压力的灵敏元件，其测量压力范围较大，同时能给出较大位移量和压力。因此，弹簧管适用于机械放大式仪表，但是弹簧管容易受震动、冲击的影响。

4. 波纹管

波纹管是一种具有环形波纹的圆柱薄壁管，一端开口、另一端封闭（见图 13-20(a)），或者两端开口（见图 13-20(b)）。通常，波纹管是单层的，也有双层或多层的（见图 13-20(b)）。在厚度和位移相同的条件下，多层波纹管的应力小、耐压高、耐久性高。如果内层为耐腐蚀材料，则具有良好的耐腐蚀性。由于各层间的摩擦，所以多层波纹管的滞后误差加大。

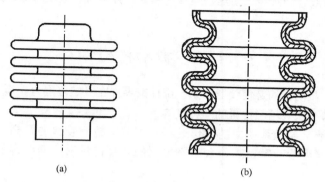

(a)   (b)

图 13-20 波纹管

波纹管被广泛用作测量或控制压力的敏感元件，常与螺旋弹簧组合使用。在仪器仪表和自动化装置中，波纹管应用很广。此外，波纹管也用作密封元件（见图 13-21(a)）、介质分隔元件（见图 13-21(b)）、导管挠性连接元件（见图 13-21(c)）等。

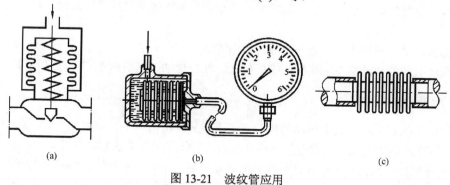

(a)   (b)   (c)

图 13-21 波纹管应用

制造波纹管的主要材料有黄铜、锡青铜、铍青铜、不锈钢等。黄铜的弹性较低，滞后和后效较大，因此主要用于不重要的波纹管。

5. 各种异型弹性元件

（1）形状记忆合金弹性元件

形状记忆合金（如 Ti-Ni）的形状被改变后，一旦加热达到一定的跃变温度，就可以恢复到原来的形状。形状记忆合金弹性元件受温度的作用可以伸缩，因此具有神奇的"记忆"功能，主要用于恒温、恒载荷、恒变形量的控制系统，既是传感元件又是执行元件。形状记忆合金弹性元件作用的机构主要依靠弹性元件的变形伸缩推动执行，所以弹性元件的工作应力变化较大。

形状记忆合金弹性元件可作为温度敏感元件应用于汽车的自动控制领域，实现温度自反馈控制、车门和发动机防盗装置等，以提高轿车乘坐的舒适性和安全性。

（2）波形弹簧

波形弹簧简称波簧，是一种金属薄圆环上有若干起伏峰谷的弹性元件，由薄钢板冲压形成。改变弹簧自由高度、厚度和波数能够改变其承载能力。其特点是很小的变形即能承受较大的载荷，通常应用在变形量和轴向空间要求都很小的场合。制作材料通常有 60Si2MnA、50CrVA、0Cr17Ni7Al 等。

有关片簧、热敏双金属片簧、游丝、膜片和膜盒、弹簧管、波纹管等详细的设计计算内容，可参阅相关文献资料。

13.2　微动机构

在精密仪器中，微动机构是使仪器中某一部件或零件在一定范围内做缓慢而平稳的微量移动或转动，或将其调节至所需精确位置的一种机构。

它们主要应用于：显微系统中的调焦过程，调节物镜到物体的距离，完成对焦；移动部件的精确定位及微量进给和精密工作台水平位置的调整；精密仪器中调整读数机构刻度尺的零位等。

对微动机构的基本要求如下。

（1）微动灵敏度高，微动机构达到的最小位移量能满足仪器性能要求。

（2）传动灵活、平稳，不会出现空程和爬行现象。

（3）工作可靠，调整好的位置在工作过程中应保持固定。

（4）精密仪器的读数系统中的微动机构，其微动手轮的转角与运动件的微位移量或角转动量成正比。

（5）结构简单，传动比大，布局合理，使用方便。

常用微动机构的传动类型主要有：螺旋传动、杠杆传动、斜面传动和摩擦传动等。

13.2.1　螺旋微动机构

螺旋微动机构是利用螺旋副传动的机构。由于其具有结构简单、传动比大的特点，应用十分广泛。图 13-22 所示为万能工具显微镜纵横向拖板上使用的典型螺旋微动机构。

手轮 4 与螺杆 5 紧固在一起，使用时只要转动手轮 4，手轮 4 旋转的同时产生轴向位移，并推动微动轴实现拖板位置微调。螺杆 5 端部的钢球 6 是为了接触可靠以及避免螺杆端面和轴线不垂直等误差引起的轴向窜动而影响微调时的平稳性。

螺旋微动机构的最小微动量 S_{min} 为：

$$S_{min} = P \frac{\Delta \varphi}{360°} \tag{13-16}$$

式中，P 是螺杆的螺距，$\Delta \varphi$ 是人手的灵敏度。当手轮直径为 40～60mm 时，人手的灵敏度 $\Delta \varphi$ 一般取 0.5°～0.25°，手轮直径越大，人手灵敏度越高。

由式（13-16）可知，要提高螺旋微动机构的灵敏度（即最小微动量），可通过增大手轮或者减小螺距的方法实现。同时，为避免机构体积过大，手轮不宜设计过大；而螺距太小也会产生加工困难、容易磨损的问题。

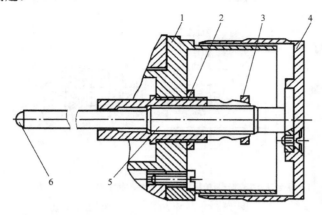

1—手轮套；2—螺母；3—消隙螺母；4—微调手轮；5—螺杆；6—钢球

图 13-22　典型螺旋微动机构

13.2.2　差动螺旋微动机构

为了进一步提高螺旋微动机构的传动比和灵敏度，可将两对螺距不等而螺纹旋向相同的螺旋副组合成差动螺旋机构，在相对运动中，获得微量位移。为实现差动螺旋机构的微量位移需要适当选择两个螺距不同的螺旋副。

图 13-23 所示为电接触测量仪中使用的差动螺旋微动机构。

螺杆 1 为主动件，从动件为调节螺母 2 和微动轴 3，2 与 3 连接在一起，4 为固定螺母。螺杆 1 上有两段螺纹 A 和 B，其螺距分别为 P_1、P_2，这里 P_2 大于 P_1。当两段螺纹均为右旋时，可移动螺母的真正位移可由下式求出

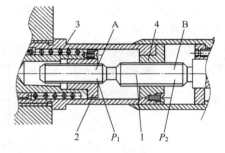

$$s = (P_2 - P_1)n \qquad (13-17)$$

式中，n 为螺杆 1 的转数。

图 13-23 中的压力弹簧用来消除螺杆与螺母间的轴向间隙，使传动过程中不会产生空程。一般螺旋微动机构，由于

1—螺杆；2—调节螺母；3—微动轴；4—固定螺母

图 13-23　差动螺旋微动机构

工艺上的困难，螺距不可能做得很小，所以传动比不大。而相对于普通螺旋微动机构，差动螺旋微动机构传动比大，但结构复杂，滑动摩擦较大，机构不灵活。

13.2.3　螺旋-斜面微动机构

螺旋-斜面微动机构是由斜面传动与螺旋传动两种机构组合而成的，用螺旋传动推动斜面位移，再经过斜面传动，可实现较大的传动比且具有较高的灵敏度。斜面微动机构是利用小倾角斜面及沿斜面底边位移量与斜面升程之间传动比关系设计的机构，斜面倾角越小，传动比越大。

图 13-24 所示为检定测微计精度机构的示意图。1 为标准斜面体，3 为螺旋测微器，拉力弹簧 4 使斜面体与测微螺旋可靠接触。当螺旋测微器移动距离为 S 时，被检测微计 2 的测杆位移量为：

$$S' = S \tan \alpha \qquad\qquad (13\text{-}18)$$

式中，α 为斜面体的倾斜角。

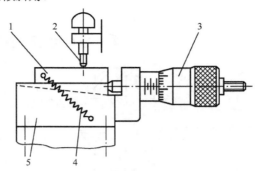

1—标准斜面体；2—被检测微计；3—螺旋测微器；4—拉力弹簧；5—基准

图 13-24　检定测微计精度机构示意图

S 可在螺旋测微器上读出。α 越小，测微螺杆螺距越小，则微动灵敏度越高。例如，当 $\tan \alpha = 1/50$ 时，螺旋测微器的微分筒每转动一格，使测微螺杆轴向位移 0.01mm，则被检测微计测杆位移量 S' =0.01×1/50=0.0002mm。在此机构中，螺旋测微器微分筒的转角与测微计测杆的位移应严格成正比关系。所以斜面体的斜角 α 应准确，其上下平面和基准的上平面均应精细加工，斜面体移动的方向精度也应该好，否则将影响微调精度。

13.2.4　螺旋-杠杆微动机构

螺旋-杠杆微动机构由螺旋传动微动机构与杠杆传动微动机构组合而成。杠杆传动微动机构利用杠杆两臂长度不等来改变传动比。

如图 13-25 所示为使用螺旋-杠杆微动机构的测角仪，其中压缩弹簧是用来消除各接触点的间隙，同时使螺旋传动机构单向接触，消除间隙。

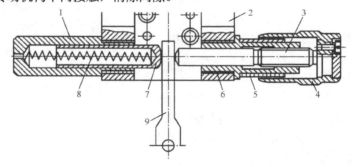

1—套筒；2—支架；3—螺杆；4—读数手轮；5—读数套筒；6—螺母；7—滑动套筒；8—压缩弹簧 ；9—摆动杆

图 13-25　测角仪上的螺旋-杠杆微动机构

仪器回转机构的摆动杆的末端在滑动套筒和螺杆之间，转动螺杆，摆动杆便绕其中心转动。由于摆动杆与仪器回转机构固连为一体，所以当摆动杆偏转时，仪器回转机构也随之转动。

在不动的读数套筒上刻有测定读数手轮整转数的标尺线，而在读数手轮上则刻有测定分转数的精度标尺线。

13.2.5 齿轮-杠杆微动机构

如图 13-26 所示的齿轮-杠杆微动机构用于显微镜工作台的轴向微动，可以实现高倍率物镜的精确调焦。为满足实现工作台微小而可靠移动的要求，这里采用三级齿轮减速，转动带有小齿轮 Z_1 的手柄轴 1，这时，通过三级齿轮减速，带动扇形齿轮 Z_6 微小转动，再通过杠杆机构将扇形齿轮的微小转动变为工作台右端的上下微动。

工作台内的压缩弹簧所产生的推力可以消除齿轮副的间隙避免空程。

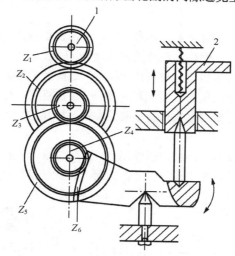

1—手柄轴；2—工作台

图 13-26　齿轮-杠杆微动机构

13.3　示数装置

示数装置是仪器仪表的重要组成部分，主要用来引入或显示代表某一物理量或几何量的数值，以指示仪器仪表的工作状态或工作结果。设计示数装置应满足的基本要求如下。

（1）保证足够的精度，减少示数装置带来的误差。一般示数装置的精度是根据仪器总精度提出的，与总精度相适应。

（2）读数方便、迅速，能够直接读出被测量或引入量的数值，而无须任何换算。

（3）保证零点位置准确，且可以对零位进行调整。

（4）结构简单、工艺性好，便于制造、安装和调整。

按照工作原理不同，示数装置可以分为机械式、光学机械式、电子式或光电式。光电式示数装置显示精度高、反应速度快，因而随着电子技术和光电技术的迅速发展，在一些精密机械中大量应用。由于机械式示数装置的原理和结构简单，目前仍然应用广泛。

按示数的性质不同，常见的示数装置有：标尺指针（指标）示数装置、记录装置和计数装置。本节主要介绍标尺指针（指标）示数装置。

13.3.1　标尺指针（指标）示数装置

标尺指针（指标）示数装置是通过标尺与指针（指标）的相对运动完成指示工作的。按相对运动情况的不同，可分为标尺运动而指针固定，标尺固定而指针运动，标尺、指针都运动 3 种示数装置。

对标尺指针（指标）示数装置的要求包括以下几点：读数方便、简单；视差小；容易安装、方便调零；可以消除回差；标尺与指针之间的摩擦较小。对于示数装置的设计，不仅需要选择正确的示数装置类型，而且必须选择合理的结构与参数，才能够达到需要的精度要求。

13.3.2　标尺及指针

1. 标尺的类型

标尺是标尺指针（指标）示数装置的基本零件之一，也是示数装置示数的基准件。常用的标尺类型有：直标尺、圆盘标尺、圆柱标尺及螺旋标尺等。

直标尺是按直线排列分度的标尺，与指针（指标）之间的相对运动为直线运动。

圆盘标尺又称为度盘，是在平面上按圆周或圆弧分度的标尺。也有在圆盘标尺上有若干排标尺，分别用来表示不同的量程或者用来测量不同的参数。标尺与指针（指标）之间的相对运动为转动。

圆柱标尺是将标尺呈环状刻在圆柱或圆锥面上，标尺与指针（指标）之间的相对运动为转动。

螺旋标尺是将标尺呈螺旋状刻在圆柱面上。标尺与指针（指标）之间的相对运动为转动和移动，如图 13-27 所示。

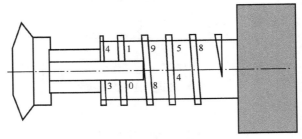

图 13-27　螺旋标尺

2. 标尺的基本参数

标尺的基本参数如下。

（1）分度。分度是指标尺上相邻两标线的间隔，又称为刻度、分划或格。

（2）分度线。分度线是一组按一定规律排列的短细线，代表被测量的大小，也被称为刻线、分划线或格线。为了方便读数，分度线一般都有长短线之分。

（3）分度尺寸。分度尺寸是两相邻分度线之间的实际夹角或者距离。角度用 $\Delta\varphi$ 表示，长度用 Δl 表示。

（4）分度值。分度值对应一个分度尺寸 $\Delta\varphi$（或 Δl）的被测量的大小，用 ΔA 表示：

$$\Delta A = \frac{A_{\max} - A_{\min}}{n} \tag{13-19}$$

式中，$A_{\max}$ 为测量上限，即标尺最后分度线代表的被测量的大小；$A_{\min}$ 为测量下限，即标尺起始分度线代表的被测量的大小；n 为分度数。

（5）标尺长度、标尺角。起始分度线与最后分度线之间的距离称为标尺长度，用 l 表示；对圆弧形标尺则称为标尺角，用 φ 来表示。

标尺设计是否合理，直接影响读数的准确程度；标尺设计不合理，观察者较难得到准确的示数，同时也增加了读数误差的概率，因此标尺的正确设计十分重要。

3. 指针应满足的要求

根据使用情况，指针应满足下列要求。

（1）具有明显端部，保证读数准确、快捷、方便。

（2）质量轻、转动惯量小，以减小示数装置的阻尼时间。

（3）有足够的强度和刚度，保证指针工作稳定，受到冲击时不会产生永久形变。

指针运动到极限位置时，一般会装有限动销。限动销具有弹性，可以吸收指针运动的大部分动能。

13.3.3 示数装置的误差

示数装置的误差是仪器误差的一部分，设计时应根据仪器的精度给出对应示数装置误差大小的要求，一般示数装置的误差不超过仪器总误差的三分之一。

根据误差产生的原因不同，示数装置误差主要有两种。

（1）由于标尺和指针等制造不准确引起的误差。例如，标尺分度不准确、标线粗细不一致或倾斜、指针形状不准确以及度盘偏心等。

（2）在实际应用中，度盘偏心和视差造成的误差是最主要的误差。最常见的消除度盘偏心引起的误差的方法是采用双边读数法，即在刻度标尺相隔 180° 的两处同时读数，并取两读数的算术平均值作为读数值，就可以消除度盘偏心引起的误差。

减小视差引起的误差的主要方法如下。

（1）在设计示数装置的结构时，应使标尺与指针位于同一平面或者两者尽量靠近。

（2）采用反视差的结构，当观察到指针与其在反射镜上的影像重合时读数。

13.4 记录装置

记录装置用于将被测量的变动情况间断或连续地记录下来，可以记录人们能够直接观察到的现象，也可以将人们不能感觉到的变化用曲线记录下来。它具有以下几个特点。

（1）能够记录最慢的蠕变和最快的动态过程，以供分析研究。在进行长时间观察或者同时测量多个参数时，使用记录装置能够节省大量的人力，并且能够记录下非可预测、突发的过程，如事故等。

（2）记录曲线是被测量的客观变化，可以排除直接观察指示值时的主观误差。

（3）记录曲线和观察记录一样便于保存。

（4）记录装置可以在人所不能达到或难以达到的地方进行记录，也能用于不便于人体测量的场合。

按记录曲线的连贯性不同，记录装置可以分为连续记录和间歇记录两种方式。

13.4.1 连续记录

顾名思义，连续记录所得到的曲线是连续的，常见的连续记录方法有：笔尖在特制纸上记录、墨水笔尖在特制纸上记录、照相记录、电气记录等。

1. 笔尖在特制纸上记录

常见的有下列几种方式。

（1）用金属或玛瑙笔尖在蜡纸上记录，记录出的曲线不论用何种方法更改都会留下痕迹，因此可以防止在记录纸上作假。

（2）用笔尖在熏黑的烟纸上记录，将记录好的烟纸喷涂松香浓度为 4%~10%的酒精溶液，酒精蒸发后，留下的松香薄膜将记录固定在烟纸上。

（3）用加热的笔尖在热敏记录纸上记录，一般用线圈感应加热，可记录显示出红色或蓝色的线条，使用、维护方便。

2. 墨水笔尖在特制纸上记录

这是目前应用范围最为广泛的一种记录方法，其机构简单，成本较低。墨水质量是决定记录曲线是否清晰、准确的因素之一。因此，对记录墨水有以下几点要求。

（1）在墨水缸中不容易干涸，但在记录纸上时，应能在 30~50s 内干涸。

（2）在环境温度 0~60℃范围内，下水应很流畅。

（3）笔尖在记录纸上不动时，不应滴漏或者沉积。

记录笔尖应在纸上画出 0.2~0.4mm 的清晰线条，对记录笔尖的要求是：不受墨水腐蚀、耐磨损、光滑，并且与记录纸的摩擦小。

记录纸分为带形和圆形两种，带形记录纸又有卷筒纸带和折叠纸带两种。

卷筒纸带，是把 10~100m 的纸带绕在硬纸筒上，纸带侧边有一排均匀分布的小孔，与驱纸滚筒上的销齿啮合，使得纸带匀速移动。纸带印有坐标格，长度方向为时间坐标，宽度方向为被测量坐标。

折叠纸带，是将记录纸带折叠装入带盒中。

圆形记录纸，被测量用圆弧坐标表示，圆周方向为时间坐标。通常记录纸每 24h 转一周，更换一次。

3. 照相记录

当光线或电子射线照射感光纸时，将留下光电轨迹的影像。记录过的感光纸需要进行显影、定影处理。

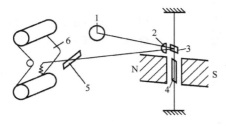

1—光源；2，5—透镜；3—小镜；
4—检测线圈；6—感光纸带
图 13-28　照相记录原理

照相记录原理如图 13-28 所示。光源发出的光经透镜照射在小镜上。小镜与检测线圈都是固定的。当线圈中有电流时，小镜发生偏转，反射的光经过透镜和透镜照射在等速移动的感光纸带上，在纸带上照下光点的轨迹。

照相记录无摩擦，无惯性，适用于记录快速变化的过程，但是记录成本比较高。

4. 电气记录

在浸碳导电的厚度为 1mm 的黑色纸上面敷上对电流敏感的白色表层，在纸的底面镀上金属层。当电流从贴在纸面上的金属记录笔流向金属底面时，由于电敏或热敏物质受电流作用而改变颜色，记录纸上有电流流过的地方由白色转变为黑色，在记录纸的白色表层上记录出黑色曲线。

13.4.2　间歇记录

间歇记录是指每隔一定的时间在等速移动的记录纸带上记上一个点、数字、符号等。当点的间隔适当时，看上去就像连续的实线。当被测量为跳跃式变化时，间歇记录可能失真，所以间歇记录一般用于记录缓慢变化的过程，如温度变化曲线等。

图 13-29 所示为落弓色带间歇记录装置。记录纸带在记录处绕过细轴，记录纸上方有一条拉紧的色带，前部呈刀形的指针悬在色带的上方。位于指针上方的落弓，被凸轮控制而做周期性的升起和落下运动。当落弓落下时，搭在指针上，在色带和记录纸的接触点打上一个色点。当落弓升起时，指针恢复自由活动，指示出对应的测量值。打印周期有 5s、10s、30s 和 60s 不等。当记录纸移动的速度在 20～60mm/h 时，打出的色点就像连续的曲线。对于间歇记录方式，不记录时，指针不接触记录纸，没有摩擦力，适合应用于转矩不大的指示仪表的自动记录。

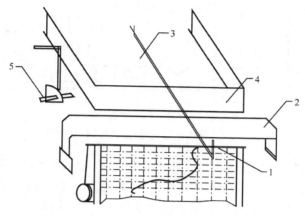

1—细轴；2—色带；3—指针；4—落弓；5—凸轮

图 13-29　落弓色带间歇记录装置

13.5　计数装置

计数装置常用于指示被测量在某一特定过程中的总数，其读数特点是读取被测量的累积值。计数容量是计数器所能表示的最大示数，它体现了计数器的计数范围。当计数达到计数容量后，如果继续计数，计数器的示数自动归回到零位，并开始重新计数。计数器具有较好的通用性，可以大批量生产，现已作为标准件生产。

计数装置的种类根据其结构可分为以下 3 种。

（1）指针式计数器：利用指针与标尺的相对位移来示数，如指针式水表。

（2）滚轮式计数器：利用轮面上刻有数字的滚轮的转动来示数，如滚轮式计米器。

（3）圆盘式计数器：利用盘面上刻有数字的圆盘的转动来示数，如圆盘式水表。

指针式计数器和圆盘式计数器计量精确，灵敏度高，但其价格较高。滚轮式计数器因其结构简单，制作方便，应用最广，在这种计数装置中又以齿轮传动滚轮式计数装置为最多。

图 13-30 所示为外啮合齿轮传动滚轮式计数装置。它包含 6 个可转动的圆轮，每个圆轮的轮面上刻着"0"到"9"10 个数字，这些圆轮被装在一个公共轴上，并可以套在轴上转动，整个机构装在一个外壳中，在外壳的一面开一个矩形窗口，由这个矩形窗口可以看到每一个滚轮上朝向开口面的数字。

位于最右边的一个滚轮叫作始轮。始轮右侧装有齿轮与被测量发生联系，始轮的左侧有两个齿。除始轮外，其余滚轮右侧都有整圈 20 个齿，左侧有两个齿（最左侧的滚轮左侧无齿）。在每一对相邻滚轮之间，装有一个直径很小的齿轮，这里称为介轮，介轮的齿数一般为 6 个齿，每个介轮与其左边的 20 个齿的齿轮啮合，并周期性地与其右边两齿的齿轮啮合。

在使用计数器前，从外壳窗口中看到各滚轮上的数字都应是 0。开始使用后，始轮开始转动，这时在窗口中看到各滚轮上的数由 0 顺序变换，当由 9 变换到 0 时，轮上的两齿与其相邻的介轮啮合，使介轮转过两个齿，而介轮又使与其啮合的左侧的 20 个齿的齿轮转过两个齿，这样左边的齿轮就要变换一个数字。通过这种方法，始轮每转一周，其左边的轮子就会转动两个齿（即相邻的两轮的传动比为 1/10）。以此类推，计数装置便可进行十进制计数。

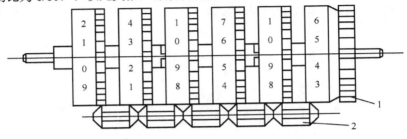

1—始轮；2—介轮

图 13-30 外啮合齿轮传动滚轮式计数装置

当介轮不与两齿齿轮啮合时，所有左方的滚轮及介轮可能由于振动及其他原因而转动某个角度，从而使在窗口处看到的各轮上的数字参差不齐，并会由于两齿齿轮再次与介轮啮合时不能得到正确啮合而使轮齿损伤。为避免这种情况，介轮上的一半齿的齿宽较小，另一半齿的齿宽较大，且齿宽大的齿和齿宽小的齿相间交错排列。当介轮不与两齿齿轮啮合时，两个齿宽较大的轮齿便在数字轮轮面上滑动，从而起到使介轮限位的作用。

13.6 锁紧装置

锁紧装置是利用摩擦力或其他形式的力，把精密机械中某一运动部件紧固在所需位置的一种装置。在传统锁紧装置中，根据锁紧力作用位置的不同，一般可分为径向锁紧装置和轴向锁紧装置。随着机械行业的发展和应用上的需要，新型锁紧装置不断出现。锁紧装置中除了采用螺旋转动产生锁紧力外，还可以采用凸轮、楔块、弹簧、液压和电磁等其他方法进行锁紧。在设计时可以根据具体需要和可能性选用。锁紧装置在设计时应满足以下 4 条要求。

（1）锁紧时，被锁部件的正确位置不应被破坏。

（2）锁紧后，被锁紧部件不能产生微动走位现象。

（3）锁紧力应均匀，大小可调节。

（4）结构简单，操作便利，制造、修理容易。

在精密机械的使用过程中，常常需要把某一运动部件紧固在某一所需的位置，这就需要用到相应的锁紧装置。例如，我们在使用游标卡尺测工件尺寸时，把被测物体卡在游标卡尺的两卡夹中间，当移动游标卡尺卡夹用适度的力卡紧被测工件时，用锁紧装置锁住此时移动游标卡尺的位置，取出游标卡尺后进行读数。这样可以达到我们在读游标卡尺示数时需要正视刻度的要求。

如图 13-31 所示为精密机械中常用到的顶紧式径向锁紧装置。该装置用顶紧力来充当径向锁紧力，通过旋转锁紧螺钉来控制锁紧还是放松。顺时针拧紧锁紧螺钉时，通过垫块压紧轴，从而将轴锁紧在支架上。反之，逆时针旋转锁紧螺钉可实现放松轴。其中，垫块的作用是减轻锁紧螺钉对轴表面的损伤。

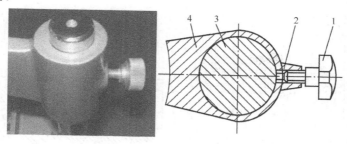

1—锁紧螺钉；2—垫块；3—轴；4—支架

图 13-31　顶紧式径向锁紧装置

这种顶紧式径向锁紧装置的缺点是，在锁紧时，轴会被挤到支架中孔的一边去，使轴与支架之间的空隙被挤到了另一边。这样不仅造成轴的轴线与支架中孔轴线的偏差值变大，而且锁紧力还会使轴发生局部形变。

为克服这种顶紧式径向锁紧装置的锁紧力不均匀和发生局部形变的缺点，可采用图 13-32 所示的夹紧式径向锁紧装置。通过拧紧锁紧螺母使带有开口的支架夹紧轴，从而实现锁紧。但是，支架中孔的轴线相对于轴也会有微量移动。

径向锁紧装置的优点是结构简单、容易制造，在精密机械中应用广泛。但由于被锁工件会产生微动，所以不能用于锁紧定位精度要求较高的地方。

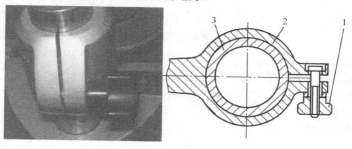

1—锁紧螺母；2—支架；3—轴

图 13-32　夹紧式径向锁紧装置

图 13-33 所示为光学经纬仪，它的锁紧装置可以把轴锁紧在微动板上。实现锁紧功能时，旋转手柄将螺杆旋入螺母内，这样螺杆的末端会向左挤压固定板，固定板又向左顶紧摩擦板，而摩擦板又是通过螺栓与轴连接的，这样就相当于螺杆间接地向左压紧横轴。另外，微动板向右移动推动垫圈也压向摩擦板。这两个力共同作用使得微动板和固定板将摩擦板固定，从而实现了锁紧轴的目的。

随着机械行业中应用要求的提高，锁紧装置不再只有径向锁紧装置和轴向锁紧装置之分。具体应用中还经常出现其他的锁紧装置，如图 13-34 所示为新型刀具锁紧机构。相对于传统锁紧机构的多方面缺点，该锁紧装置具有结构简单、易于加工制造、造价低等优点。将刀具锁紧时，圆柱销将锁紧块上部与刀板固定，使刀板不会产生水平方向的移动。按图 13-34 所示方式安装后，顺时针旋转锁紧螺钉，由于两锁紧块不能在水平方向运动，只能在垂直方向运动，可以使锁紧块上部向上运动，锁紧块下部向下运动，从而达到锁紧刀具的目的。

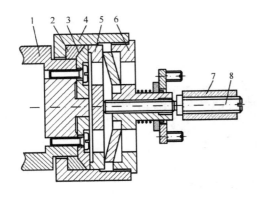

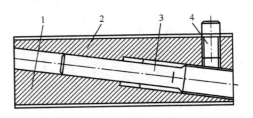

1—轴；2—垫圈；3—摩擦板；4—微动板；5—固定板；

6—螺母；7—手柄；8—螺杆

图 13-33　光学经纬仪

1—锁紧块下部；2—锁紧块上部；3—锁紧螺钉；

4—圆柱销

图 13-34　新型刀具锁紧机构

13.7　减　振　器

为了消除在精密机械工作过程中经常受到的振动作用，在仪器仪表与基座之间常常加入一种由具有弹性的装置组成的减振系统，以隔离或减弱外界振动，这种装置称为减振器。其常用材料有毛毡、蜂窝式纸板、泡沫塑料、橡胶及金属弹簧等。精密机械振动会造成仪器仪表指示不正确并降低指示精度，破坏工作环境，影响工作效率，甚至会产生过大的动态应力，加剧零件的磨损使零件疲劳损坏。减振器的作用就是变形时能够吸收能量，使得传给仪器仪表的动负荷显著减小。

对于不同的振动，应采取不同的有效减振措施，以消除或者减小振动的影响。减振措施一般分为两类。

（1）积极隔振：隔离振动源，减小振动源传出的振动。

（2）消极隔振：隔离需要防振的精密仪器与仪表，减小振动源传入的振动。

13.7.1　减振系统设计原理

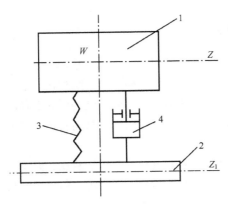

1—仪器；2—基座；3—弹簧；4—阻尼器

图 13-35　减振系统

减振器主要由弹簧元件和阻尼系统组成。弹簧元件的作用是存储能量，可以把振动和冲击的能量吸收存储起来，但是存储起来只是暂时的，需要阻尼系统将其中的能量部分转换成热能。图 13-35 所示为一个典型的减振系统。仪器通过减振系统安装在基座上，当基座按照正弦规律振动时，其位移的变化为：

$$Z_1 = A \sin \omega t \tag{13-20}$$

式中，Z_1 为基座竖直运动的位移；A 为基座振动的振幅；ω 为基座振动的角频率；t 为时间。

通过中间减振系统的减振作用，仪器受到基座的振动作用将会有所减缓。设仪器的质量为 m，重心 W 相对于坐标轴的位移为 Z，减振器的阻尼系数为 C，减振器的动刚度为 K，则仪器的运动微动方程为：

$$m \frac{\mathrm{d}^2 Z}{\mathrm{d}t^2} + C \frac{\mathrm{d}(Z - Z_1)}{\mathrm{d}t} + K(Z - Z_1) = 0 \tag{13-21}$$

将式（13-20）代入式（13-21）得：

$$m\frac{\mathrm{d}^2Z}{\mathrm{d}t^2} + C\frac{\mathrm{d}Z}{\mathrm{d}t} + KZ = A(K\sin\omega t + C\omega\cos\omega t) \tag{13-22}$$

解式（13-22）得到经过减振系统后仪器的运动特性：

$$Z = Q\mathrm{e}^{-\xi\omega_0 t}\sin(\sqrt{1-\xi^2}\,\omega_0 t + \varphi) + A\sqrt{\frac{1+4\xi^2\mu_\omega^2}{(1-\mu_\omega^2)^2 + 4\xi^2\mu_\omega^2}}\sin(\omega t - \varphi_z) \tag{13-23}$$

式中，Q、φ 是由起始条件决定的常数；ω_0 为系统的固有角频率，$\omega_0 = \sqrt{K/m}$；ξ 为阻尼系统的阻尼比，$\xi = C/2m\omega_0$；μ_ω 为频率比，$\mu_\omega = \omega/\omega_0$；$\varphi_z$ 为相位差，$\varphi_z = \arctan\{2\mu_\omega^2\xi/[(1-\mu_\omega^2) + 4\xi^2\mu_\omega^2]\}$。

从式（13-23）可以看出，仪器的振动由两部分组成，一部分为固有振动（式中第一项），振动角频率为 $\sqrt{1-\xi^2}\,\omega_0$；另一部分为强迫振动（式中第二项），振动角频率为 ω。

如果仪器所受的仅为具有周期性的外界振动，则固有振动这部分将逐渐衰减而消失。最后所剩下的振动为：

$$Z = A\sqrt{\frac{1+4\xi^2\mu_\omega^2}{(1-\mu_\omega^2)^2 + 4\xi^2\mu_\omega^2}}\sin(\omega t - \varphi_z) \tag{13-24}$$

即仪器做强迫振动，其振动频率等于基座的振动的角频率，相位差为 φ_z。

通常，为了衡量减振系统的设计效果，用仪器振动的振幅与基座振动的振幅的比例来判断，称为减振比，又称隔振系数，用 η 表示：

$$\eta = \frac{\text{仪器振动}}{\text{基座振幅}} = A\frac{\sqrt{1+4\xi^2\mu_\omega^2}}{(1-\mu_\omega^2) + 4\xi^2\mu_\omega^2} \tag{13-25}$$

由式（13-25）可知，当给定阻尼比 ξ 的值后，η 是关于 μ_ω 的函数，即 $\eta = f(\mu_\omega)$。对于不同的频率比 μ_ω 和阻尼比 ξ，减振比 η 的值可由图 13-36 查出。从图中可以看出。

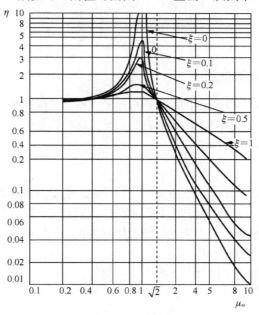

图 13-36　减振比曲线图

（1）频率比 μ_ω 对减振系数影响显著，当 $\mu_\omega = \sqrt{2}$ 时，$\eta = 1$，这表明减振器不起任何作用，基座把振动全部传给了仪器；当 $\mu_\omega < \sqrt{2}$ 时，$\eta > 1$，此时减振器不仅不减振，反而起到增振的作用，仪器的振幅比基座还大；当 $\mu_\omega = 1$，即 $\omega = \omega_0$ 时，η 有最大值，发生共振；只有当 $\mu_\omega > \sqrt{2}$ 时，才有 $\eta < 1$，随着 μ_ω 的增加，η 减小，即减振效果好。但是 μ_ω 也不应过大，否则减振器刚度很小，弹性元件太软，对固有振动的衰减能力会大大降低，而且 μ_ω 增大到一定的程度后，η 的下降就不显著了，通常 $\mu_\omega = \dfrac{\omega}{\omega_0} = 2.5 \sim 5$，即系统的固有角频率是基座振动角频率的 0.2～0.4 倍。

（2）阻尼比对 ξ 减振系数也有一定的影响。随着 ξ 的减小，η 也相应变小，隔振效果提高。但是为了衰减固有的振动，阻尼作用也是很有必要的，通常 $\xi < 0.1$。

设计减振器时，减振系数 η 是给定的设计要求。可根据图 13-15 所示确定 μ_ω，也可以通过计算确定。当采用计算的方法时，考虑到绝大多数减振器取 $\xi < 0.1$，因此减振系数 η 可以用下式表示：

$$\eta = \sqrt{\dfrac{1}{(1 - \mu_\omega^2)^2 + 4\xi^2 \mu_\omega^2}} \qquad (13\text{-}26)$$

所以频率比 μ_ω 可以近似利用下式确定：

$$\mu_\omega = \sqrt{\dfrac{1}{\eta} + 1} \qquad (13\text{-}27)$$

然后利用 $\mu_\omega = \omega / \omega_0$，可得到：

$$\mu_\omega = \dfrac{\omega}{\sqrt{K / m}} \qquad (13\text{-}28)$$

然后把 K 解出来即为减振器的动刚度：

$$K = m\omega^2 / \mu_\omega^2 \qquad (13\text{-}29)$$

由于 $\mu_\omega = 2.5 \sim 5$，可以计算出减振器的动刚度为：

$$K = (0.04 \sim 0.16)m\omega^2 \qquad (13\text{-}30)$$

13.7.2 减振器的类型及选用

减振器的类型有很多，国内用到的减振器有弹簧减振器、橡胶减振器、气压减振器、液压减振器等。在精密机械与仪器仪表中常用到的有弹簧减振器和橡胶减振器，或者是弹簧和橡胶结合起来的减振器。

1. 弹簧减振器

弹簧减振器如图 13-37 所示，一般由金属材料组成。由于弹簧的材料内摩擦力很小，自身固有阻尼小，自由衰减周期很长，容易产生共振和传播高频振动，所以有时会另加阻尼，比如浸没在油罐、串联橡胶垫、在弹簧内装上钢丝网或者填充卷状的钢丝网等。另外，钢丝弹簧减振器尤其对低频振动干扰有良好的减振作用。

实验表明，弹簧减振器的动刚度基本等于其静刚度。

2. 橡胶减振器

橡胶是一种高分子材料，其特点是既有高弹性态又有高黏着态，可以自由确定形状，通过调整橡胶的配方来控制硬度，满足各方面刚度和强度的要求。

根据实验，其静态弹性模量与动态弹性模量相差较大。通常动态刚度为静态刚度的 2.2～2.8 倍。图 13-38 所示为橡胶减振器的几种形式。其中图 13-38(a) 为支脚型减振器；图 13-38(b) 为加固型减振器；图 13-38(c) 为经过特殊设计，能在几个方向上减振的多方向型减振器，其环形部分可隔离轴向振动，而筒形部分则可以隔离平面上的振动和摆动，从而大大简化了减振系统的结构。

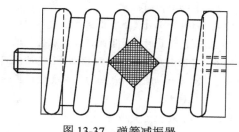

图 13-37　弹簧减振器

橡胶减振器不仅具有良好的弹性，还具有一定的阻尼作用；其内部摩擦较大，减振效果好，有利于越过共振区，衰减高频和噪声；弹性模量比金属小得多，可产生较大形变；质量小，易于安装和拆卸。但是橡胶减振器压缩量小，容易受外界影响，最大的缺点是橡胶的弹性随环境温度变化而改变。当温度降低时，减振系数 η 将增大，当温度很低（−60～−50℃）时，橡胶会变得很硬，失去减振作用。

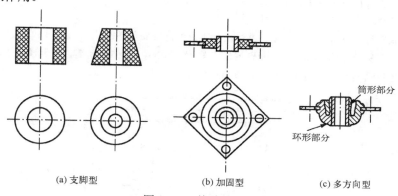

(a) 支脚型　　　　　(b) 加固型　　　　　(c) 多方向型

图 13-38　橡胶减振器

3. 弹簧橡胶减振器

弹簧橡胶减振器分为圆柱螺旋弹簧橡胶减振器和圆锥螺旋弹簧橡胶减振器。圆柱螺旋弹簧橡胶减振器的弹簧用于缓冲振动或冲击，而橡胶用来承受更强的冲击载荷。圆锥螺旋弹簧橡胶减振器适用于机械的重量可变的情况。当机械的重量增加时，弹簧直径较大的簧圈与底面接触，有效圈数减少，刚度增大，因而可使减振系统的固有频率基本保持不变。

减振器作为一类重要的减振零部件，已被广泛地应用在各种精密机械与仪器中，由专业化的工厂生产，有多种形式和规格可以选用。设计时应作如下考虑：

（1）能提供所需的减振量，满足减振器所需的动刚度；

（2）能承受规定的负载；

（3）能承受温度和其他环境条件（湿度、腐蚀性流体等）的变化；

（4）能保证足够的阻尼，满足规定的减振特性；

（5）能满足实际应用的精密仪器的重量和体积要求。

习　题　13

13-1　弹性元件的主要功用有哪些？

13-2 螺旋弹簧的旋绕比 C 表示什么？其取值范围如何？对弹簧有何影响？

13-3 有初拉力的拉簧适用于什么场合？

13-4 拉簧、压簧簧丝截面主要承受何种应力？易损坏的危险点在何处？

13-5 设计压簧时，是否允许工作载荷超过极限载荷？如果超过了，应采取什么措施？

13-6 有两个尺寸完全相同的拉簧，一个没有初拉力，另一个有初拉力。两个弹簧的自由高度相同，均为 80 mm。现对有初拉力的拉簧进行实测，结果如下：F_1=20 N，H_1=100 mm，F_2=30 N，H_2=120 mm。

试计算：

（1）初拉力 F_0 为多少？

（2）没有初拉力的那个弹簧，在 F_2=30 N 的拉力作用下，其高度 H_2 为多少？

13-7 热敏双金属片簧的结构有何特点？对其制造材料有何要求？

13-8 微动机构有哪几种类型？对它们的要求有什么区别和联系？

13-9 说明差动螺旋微动机构、螺旋-斜面微动机构、螺旋-杠杆微动机构的工作原理。

13-10 标尺参数有哪些？如何选用？

13-11 记录装置的分类有哪些？每种类型的特点是什么？

13-12 设计锁紧装置时的基本要求有哪些？

13-13 常用的锁紧装置有哪些？各自有什么特点？

13-14 精密机械中的减振器有哪些类型？具体设计时应注意哪些问题？

13-15 如图 T13-1 所示橡胶减振器，已知仪器的重量 W =80N，基座振动频率为 50Hz，振幅为 2mm，要求仪器的振幅不超过 0.4mm，设计出减振器的各参数。

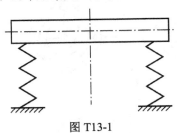

图 T13-1

第 14 章 基座和导轨

在精密机械、机床、仪器中都有基座和导轨。精密机械中的基座各种各样，它们不仅起着连接和支撑仪器中各种零部件的作用，还要保证仪器的工作精度。导轨是精密机械中的重要部件，也有很多类型。通常在导轨面上安装工作台、刀架及尾座等部件，所以导轨不仅承受着这些部件的载荷，还要保证各部件的相对位置和相对运动精度。

14.1 导轨的作用、特点和分类

1. 导轨的作用和特点

如图 14-1 所示的导轨副一般由运动件和支承件组成。其中，运动件的导轨称为动导轨，常见的有工作台、拖板或溜板的导轨；支承件的导轨称为静导轨，常见的有床身的导轨。由于动导轨沿着静导轨做定向运动，运动的直线性直接影响到加工和测量精度。因此，导轨部件与主轴部件一样，在精密机械设计中具有重要作用。导轨部件与主轴部件相比，具有以下特点。

① 工作台运动速度低。例如，精密外圆磨床的工作台移动速度一般为 4 m/min，激光比长仪的工作台移动速度为 0.03～0.06 m/min，有些设备的工作台速度会更低。因此，设计时要考虑低速爬行问题。

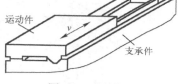

图 14-1 导轨副

② 导轨的工作部分刚性较差。如机床和仪器的工作台导轨，既长又薄，因此是机床和仪器中刚性最薄弱的环节。

③ 受力较复杂、计算较困难。

④ 导轨加工的工作量较大，需要专门机床加工（如导轨磨床）或手工刮研。

让中国铁路货车走向世界

2. 导轨的分类

（1）按导轨副摩擦性质分类

① 滑动导轨，即两导轨面间的摩擦性质是滑动摩擦，按其摩擦状态又分为液体或气体静压导轨、液体或气体动压导轨、混合摩擦导轨、边界摩擦导轨。

② 滚动导轨，即两导轨面间的摩擦性质是滚动摩擦，分为滚珠导轨、滚柱导轨、滚针导轨、滚动轴承导轨和组合导轨等。

（2）按动导轨的运动性质分类

① 主运动导轨，即动导轨做主运动，如立轴平面磨圆工作台导轨等。这种导轨的速度较高。

② 送进运动导轨，即动导轨做送进运动，如精密车床溜板、磨床工作台及激光比长仪导轨等。这种导轨的速度较低。

③ 移置导轨，即动导轨位置调整后便进行固定，如仪器尾座、卧式镗床后立柱导轨等。

（3）按导轨的受力情况分类

① 开式导轨，即只有一个导轨面承受作用力的导轨，如外圆磨床工作台导轨。这种导轨承受垂直动导轨面方向的载荷较大，承受偏载和倾侧力矩的能力较差。

② 闭式导轨，即有多个导轨面（上下和左右）承受作用力。这种导轨可承受任何方向载荷的作用。

14.2　导轨设计的基本要求

导轨设计的基本要求是导向精度高、刚度大、耐磨、运动灵活和平稳。

一些很高精度的导轨还要求导轨的承载面与导向面严格分开，承载大的动导轨需设置卸荷装置，设计导轨的支撑时必须符合运动学原理或误差平均原理。

1. 导向精度

导向精度是导轨副的主要技术指标。导向精度是指导轨副中运动件沿给定方向做直线或旋转运动的准确程度。运动件实际运动方向相对于给定方向的偏差越小，说明导轨精度越高。所以，导向精度首先是指运动件运动的直线性，其次是与其他有关基准件相对位置的准确性。

导向精度的高低主要取决于导轨面的几何精度及装配精度。这里着重介绍直线运动导轨几何精度的几项指标。

（1）导轨在水平平面和垂直平面内的直线度

图 14-2(a)和图 14-2(b)为 V 形导轨在水平平面和垂直平面内的直线度，其误差为 Δ。

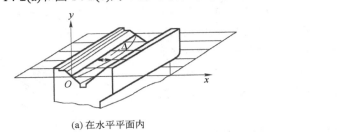

(a) 在水平平面内　　　　　　　　　　(b) 在垂直平面内

图 14-2　V 形导轨的直线度

对于车床、外圆磨床等设备，导轨水平平面内的直线度误差对工作直径的加工精度影响较大，而垂直平面内的直线度误差对工件外圆加工精度的影响却很小。例如，对于外圆磨床（见图 14-3(a)），当砂轮半径为 $R=200$ mm，工件半径 $r=20$ mm，垂直平面内的误差 $\Delta=0.03$ mm 时，工件半径误差为

$$\Delta r = \frac{\Delta^2}{2(R+r)} = \frac{0.03^2}{2(200+20)} = 0.002 \ (\mu m)$$

对于车床（见图 14-3(b)），工件的半径误差为

$$\Delta r = \frac{\Delta^2}{2r} = \frac{0.03^2}{2 \times 20} = 0.023 \ (\mu m)。$$

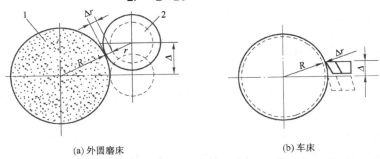

(a) 外圆磨床　　　　　　　　　　　(b) 车床

图 14-3　导轨在垂直平面内的直线度误差对工件外圆加工精度的影响

由此可知，在垂直平面内直线度误差对工件直径加工精度的影响非常小。但考虑到下列因素，这项误差也不能过大：① 为提高运动部件的平稳性和两导轨的接触精度；② 为减小热变形对导轨精度的影响；③ 为提高加工内外圆锥体母线的直线度；④ 为避免头架、尾座的顶尖位置发生变化而影响顶尖与工件中心孔的接触精度。

平面加工或测量的精密设备对垂直平面内直线度误差精度要求较高。如图 14-4 所示，设静导轨在垂直平面内的直线度误差是按抛物线 M 分布的，全长直线度误差为 Δ。动导轨刚度较差，紧贴在静导轨上运动，则与动导轨一起运动的工件误差 $\delta=\Delta(l/L)^2$。按此公式即可求出在静导轨全长 $L=1500$ mm，直线度误差 $\Delta =0.03$ mm，工件长度 $l =500$ mm 时的工件误差 $\delta=0.0033$ mm。

由此可知，导轨在垂直平面内的直线度误差对平面工件的加工精度影响较大。因此，导轨精度的确定，需根据具体情况而定。

（2）导轨间的平行度和垂直度

如坐标镗床、坐标测量机，除要求单个导轨的精度外，还要求两导轨间的平行度（见图 14-5）、两导轨或三导轨间的垂直度，因为导轨间的微小垂直误差会造成较大的加工（测量）误差。

实际上，动导轨运动时的误差是很复杂的，是上述几项误差的综合，使运动件产生沿 x、y、z 轴的平移或微小转动。导轨的综合误差是精密机械设备总误差的主要部分。因此，提高运动部件的运动精度一般应从提高导轨的制造精度着手，这是最根本的措施。

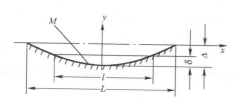

图 14-4　导轨在垂直平面内的直线度误差　　图 14-5　两导轨面的平行度对工件平面加工精度的影响

2．刚度

导轨的刚度是指外力作用下导轨本身抵抗变形的能力（不包括床身或基座刚度对导轨变形的影响）。由于工作台、工件等重量的作用，导轨的变形是绝对的，变形后的导轨必然影响加工或测量的精度。如坐标镗床和坐标测量机横梁导轨，由于横梁和主轴箱重量的作用，使横梁导轨弯曲变形（见图 14-6），主轴箱带动刀具或测量头移动时会造成很大的加工或测量误差。

为了确保导轨受力后的变形量在允许范围内，一般将导轨面先加工成中凸形，以补偿横梁导轨的弯曲变形，也可用机械、光学或液压的方法校正。大型三坐标测量机就是采用机械方法来校正纵横梁的弯曲变形的，其校正方法如图 14-7 所示。

纵梁固定在两条立柱上，横梁通过滚动轴承和小车的两个滚轮支撑在纵梁上，并可沿纵梁导轨移动。在紧固于纵梁下面的校正板的上面和纵梁的下面有很多互相对应的螺孔，根据纵梁导轨弯曲变形的情况装上所需要的螺杆。旋转螺杆使纵梁和校正板相互顶开，便可减小纵梁导轨的变形。为了提高校正效果，螺杆数量应多些，同时两螺杆的距离 L 最好满足式 $L=c/(n-1)$（c 为小车两滚轮的距离，n 为两滚轮距离内的螺杆个数）。

3．耐磨性

导轨精度除符合出厂要求外，还必须使这个精度在一定的期限内不变或少变，也就是通常所说的"精度保持性"。实践证明，不少精密机械设备多年使用下来仍然很好，有些则很快失效、精度降低，其原因虽然很多，但磨损是主要的因素。因为导轨磨损失去精度而进行大修是很不经济的，所以提高导轨耐磨性是提高产品质量的主要措施之一。

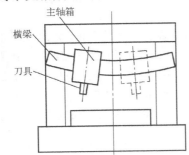

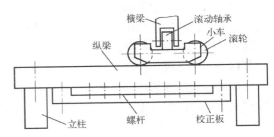

图 14-6　横梁导轨的弯曲变形造成加工或测量误差　　　图 14-7　纵横梁导轨弯曲变形的校正方法

导轨磨损是导轨副间互相摩擦的结果。干摩擦时，摩擦表面直接接触，磨损最严重。气体或液体摩擦没有磨损，但不是所有的场合都可应用。当导轨面上的切屑、灰尘较多时，易污染油液和堵塞导轨间隙。因此，设计导轨时首先应考虑无磨损措施，无法避免磨损时应尽量减小磨损，均匀磨损或补偿磨损，以提高导轨的使用期限。减小磨损的措施从设计角度考虑有以下几方面。

（1）降低导轨面压强

导轨面压强是指导轨单位面积上承受载荷的能力，即

$$p = \frac{W}{A} = \frac{W}{aL} \tag{14-1}$$

式中，p 为导轨面压强；W 为作用于导轨面上的集中载荷；A 为承载面积；a 为导轨宽度；L 为动导轨长度。

若导轨面压强取得过大，将导致导轨很快磨损。若轨面压强取得过小，将使导轨尺寸增大。对于精密导轨副，允许的平均压强约为 4 N/cm²，最大压强为 7～8 N/cm²。如果要求运动部件有较高的灵敏度，则应将允许的压强取得更小些。

（2）良好的防护与润滑

导轨加装防护罩不仅可以防止灰尘及污物进入，保护导轨的精度，还可以使外形美观。良好的润滑不仅可减小导轨的磨损，而且可降低温升，防止低速时的爬行。所选择的润滑油应具有良好的润滑性能、足够的油膜刚度、温度变化时较小的黏度变化、不腐蚀机体、较少的杂质等。润滑系统应有良好的过滤设备。

（3）正确选择导轨副的材料并做热处理

为了提高导轨的耐磨性，静导轨与动导轨一般使用硬度不同的材料制造，主要原因是这样的导轨磨损比用硬度相同的材料会小些。静导轨硬度最好比动导轨硬度大 1.1～1.2 倍（若采用相同的材料，应进行不同的热处理）。对于直线运动的导轨副，由于静导轨两端外露易被刮伤及全长磨损不均匀，修理时劳动量大，故应使用硬度高的耐磨材料制造。动导轨材料与静导轨材料搭配情况是：铸铁－淬火铸铁、铸铁－淬火钢、有色金属－铸铁、有色金属－钢。

采用淬火铸铁的导轨中，铸铁淬火后的硬度可从原来的 240～280 HBS 提高到 650 HBS 左右。这是提高导轨耐磨性的重要途径。

采用淬火钢的镶钢导轨，其耐磨性比铸铁高好几倍。但镶钢导轨紧固后可能产生变形，为了达到正确的几何精度，首先必须做准安装镶钢导轨的基准面，然后研磨或精磨导轨。

在精加工后的导轨面上涂上一层磷酸盐润滑薄膜，其耐磨性可提高 3 倍，摩擦系数减小 30%～50%，并改善导轨面微观几何形状。在 25 mm/min 进给量下，工作台不产生爬行，目前国外已广泛应用。

镶装塑料导轨具有摩擦系数小、耐磨、工艺简单、成本低等优点，各种动导轨均可应用，特别适用于润滑不良或无法润滑的垂直导轨、横梁导轨，以及要求重复定位的精度高、微进给时无爬行的数控机床导轨。塑料导轨所用的材料是聚四氟乙烯，如 DU 塑料板（英国专利产品，我国已研制生产推广应用），也称为"三合一"塑料导轨。所谓"三合一"，是指由三种材料制成：底基为 0.8 mm 普通含锰低碳钢带，厚度 1～2 mm；钢带上烧结一层 $\Phi 0.2$ mm、厚约 0.3 mm 的 ZQSn10-1 高锡青铜珠；再压上一层 0.02～0.04 mm 厚的聚四氟乙烯（F-4）和二硫化钼混合粉末。这种导轨不仅具有耐磨、吸振、动静摩擦系数相同的特点，而且摩擦系数小，防爬能力强，另外由于锡青铜的存在，使导轨刚度大，能承载较大载荷。

国外还制造出称为 SKC3 的涂层塑料。这种塑料加进适量耐磨填料的环氧胶粘剂，使用时调配成胶状，涂敷在一个导轨配合面上，然后以另一个导轨面作为"型模"进行压合和固化。这种成型工艺很简单，配合精度较高，摩擦性能比铸铁导轨好。

以上是减小磨损的一些措施，但有些导轨的磨损不仅不可避免而且较为严重，这时就必须采取调整的方法进行补偿或采取均匀磨损的措施。例如，矩形导轨、燕尾形导轨要人工定期调整镶条来进行补偿，三角形导轨靠自重自动补偿。要使导轨均匀磨损，除了使摩擦面上的压强均匀并保证平均压强 p_a 和 p_0v 值不超过许用值外，还要限制最大压强 p_{max} 和最小压强 p_{min} 之比。

当导轨面受到集中载荷 W 和倾侧力矩 M 的单独作用时，所引起的压强分别为：

$$p = \frac{W}{aL}, \qquad p_M = \frac{6M}{aL^2}$$

当 W、M 同时作用时，所引起的压强最大值、最小值及平均值分别为

$$\begin{cases} p_{max} = p + p_M = \dfrac{W}{al}\left(1 + \dfrac{6M}{WL}\right) \\ p_{min} = p - p_M = \dfrac{W}{al}\left(1 - \dfrac{6M}{WL}\right) \\ p_{av} = \dfrac{1}{2}(p_{max} + p_{min}) = \dfrac{W}{al} \end{cases} \qquad (14\text{-}2)$$

从式（14-2）看出，$M=0$ 时，$p=p_{max}=p_{min}=p_{av}$，即压强呈矩形分布（见图 14-8(a)），它的合力通过导轨的中心。$M \neq 0$ 时又可分为如下三种情况。

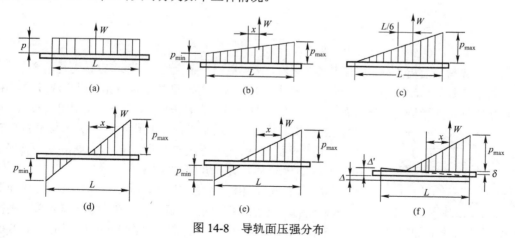

图 14-8　导轨面压强分布

① 当$(6M)/(WL)<1$时，$p_{\min}>0$，$p_{\max}<2p_{\mathrm{av}}$，压强呈梯形分布（见图14-8(b)），其合力作用点距导轨中心为$x=M/W<L/6$。设计时应尽可能保证这种受力情况。

② 当$M\ne0$且$(6M)/(WL)=1$时，$p_{\min}=0$，$p_{\max}=2p_{\mathrm{av}}$，压强呈三角形分布（见图14-8(c)），$x=M/W=L/6$，两导轨面的压强相差较大。因上述两种情况中$M/(WL)\le1/6$，故均不必加设压板。

③ 当$(6M)/(WL)>1$时，导轨面上将有一段长度不接触，这时应设置压板。当压板与辅助导轨面间的间隙$\varDelta=0$时，压强分布见图14-8(d)。当间隙$\varDelta>0$且导轨产生最大接触变形δ（见图14-8(e)）时，在动导轨的一端必定出现间隙$\varDelta_2$。若$\varDelta>\varDelta_2$，压板与静导轨面不接触，导轨部分长度压强呈三角形分布；若$\varDelta<\varDelta_2$，则按图14-8(f)分布。

为了使导轨均匀磨损，压强按矩形分布最好，但实际上不大可能，应尽量按梯形分布进行设计。

14.3 导轨导向设计

在导轨副设计中，还应考虑在什么条件下按运动学原理设计，在什么条件下按误差平均原理设计。

1. 按运动学原理设计

所谓按运动学原理设计，是指不允许有过多的约束。一个刚体在空间中运动有6个自由度，如图14-9(a)所示，即沿x、y、z轴的移动和绕这三个轴的转动α、β、γ，但在实际机械结构中往往是受约束的。如图14-9(b)所示，把圆柱B放在刚体的平面A上，取圆柱的重心为坐标的原点，圆柱的轴线为x轴，垂直方向为z轴。由于重力的作用，圆柱与平面相接触，重力方向（z轴方向）的运动被约束。圆柱的自身重量也不会向上（z轴方向）运动。另外，圆柱的母线与平面相接触，也不可能沿y轴转动。因此，这个单元仅约束β及z轴两个方向上的运动。

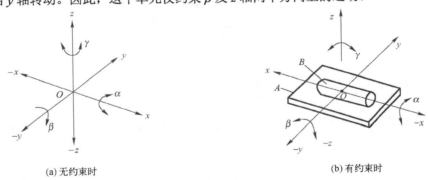

(a) 无约束时　　　　　　　　　　　　(b) 有约束时

图14-9　刚体运动的自由度

圆柱母线与平面相接触，从几何条件来看，两点决定一条直线，所以可以认为是两个接触点。因此，接触点数与运动约束数是一致的。根据导轨形体，导轨副的基本单元可组合成6种实用类型。如果将导轨的形体用符号来表示：球—S、平面—P、圆柱—C、V形—V_G、山形—V_M。则导轨副的基本单元可组合成如下6种实用类型：① 球与平面S·P；② 圆柱与平面C·P；③ 平面与平面P·P；④ 球与V形S·V_G；⑤ 山形与V形V_M·V_G；⑥ 圆柱与V形C·V_G。

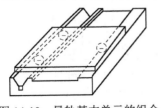

图14-10　导轨基本单元的组合

导轨副的设计要求1个方向运动，其余5个方向约束。因而上面基本单元的约束数是不够的，实际工作中必须将各基本单元进行组合，才能设计出所要求的单一方向运动的导向机构。如图14-10所示的导轨由两个导轨副组合而成。一个导轨副是两个球和一个 V 形槽，另一个导轨副是一个球和一个平面。在这种情况下共有 5 个接触点，所以运动约束数也是 5，符合运动学原理。

按照上述运动学原理设计的导向机构一般适用于精度高、承载小、运动件行程短的场合。例如，物理光栅刻线机采用 3 粒高精度钢球与平面组合 3S·P 作为水平导轨副，限制 3 个自由度，用 3 个聚四氟乙烯材料制造的球面与平面组合 2S·P 作为垂直导轨副，限制 2 个自由度，余下的 1 个自由度为工作台的运动。

对于大中型精密机械设备，当工作台和工件重量较大时，应考虑工作台的变形、工作台运动后的稳定性和可靠性，因为如图 14-10 所示的导向机构很难保证工作台及工件的重心落在 3 个球支承的范围内。如果不落在该范围内，则运动部件就会发生倾侧，所以不能用 3 个球支承作为工作台导轨。如果改用 4 个球支承对称布置，则可增加工作台运动的稳定性和可靠性。虽然它不符合 6 点定位原理，但可以通过提高导轨的制造精度和装配精度来保证工作台运动所需的导轨直线度。

2. 按误差平均原理设计

所谓按误差平均原理设计，就是在山形与 V 形、平面与平面导轨之间，不是放二粒或三粒，而是放多粒小尺寸的滚动体。这显然不符合上述运动学原理，但由于这些滚动体不是绝对的刚体，少数滚动体偏大时，它们会因受力而产生弹性变形，这样工作台的运动误差将由于"弹性平均作用"得到减小。大多数导轨副是按误差平均原理设计的。

14.4 滚动导轨

在动、静两导轨面间放入滚珠、滚柱或滚针等滚动体，导轨运动处于滚动摩擦状态，这种导轨称为滚动导轨。

滚动导轨与普通滑动导轨比较，其优点是摩擦系数小，动、静摩擦系数很接近，因而部件运动轻便、灵活、无爬行，定位精度高，摩擦发热小，润滑简单，所以广泛用于各种类型的精密机床和仪器中，如低速运动的坐标镗床、数控机床、工具磨床、中小型仪器的工作台、外圆磨床的砂轮架等。由于这种导轨是点接触或线接触的，所以在设计这种导轨时，对导轨的直线度和滚动体的尺寸精度要求较高。如精密级机床要求导轨的直线度在 10 μm/m 以内，两导轨间平行度误差小于 3 μm/250 mm，滚动体直径差小于 1 μm，滚柱锥度小于 0.5 μm。精密仪器的导轨精度要求会更高。

按滚动体分，滚动导轨有滚珠导轨、滚柱导轨、滚针导轨等。

1. 滚珠导轨

图 14-11(a)为双 V 形滚珠导轨。这种导轨对 V 形角 $2\theta_1$ 和 $2\theta_2$ 要求不高，工艺性较好，摩擦系数小，导轨运动的灵敏度较高。但这种导轨承载能力较小，故适用于载荷不大、行程较小、运动灵敏度较高的场合。

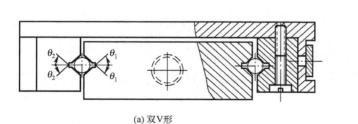

(a) 双V形

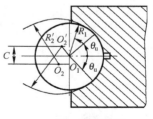

(b) 圆弧形

图 14-11 滚珠导轨结构形式

圆弧形滚珠导轨可以克服滚珠导轨接触面积小、磨损快的缺点。其结构特点是，用圆弧形导轨代替 V 形导轨，如图 14-11(b)所示。导轨圆弧半径 R_2 大于滚珠半径 R_1，其比值 R_1/R_2=0.90～0.95，接触角 2θ=90°。由于滚珠和导轨面的接触面积增大，因而提高了导轨的承载能力和耐磨性，有利于长期保持导轨的精度和延长导轨的寿命。但导轨副的摩擦力比双 V 形滚珠导轨大，制造也较困难。

2. 滚柱（针）导轨

滚柱或滚针导轨的结构形式如图 14-12 所示。这种导轨的承载能力和刚度都比滚珠导轨大且耐磨。V 形导轨的配合精度以及两导轨间的平行度要求较高，若导轨面与滚柱轴线有微小的不平行，则会引起滚柱的侧向滑动，使导轨磨损加剧。因此滚柱最好做成腰鼓形的，即中间直径比两端约大 0.02 μm。另外，滚柱与导轨产生的摩擦力比滚珠导轨大，灵敏度也差些，所以这种导轨多用于载荷较大的精密设备。

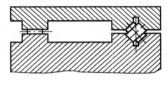

(a) 滚柱导轨   (b) 滚针导轨

图 14-12　滚柱（针）导轨的结构形式

滚柱结构有实心和空心两种。空心滚柱在载荷作用下有微小的弹性变形，可减小导轨局部误差和滚柱尺寸差对运动部件导向精度的影响。国产大型 GGB-1 型光电光波比长仪就采用了长为 30 mm、外径为 18 mm 的空心滚柱。

滚针比滚柱小，结构紧凑，在同样长度的动导轨上，滚针排列比滚柱密集，承载能力相应增大，对导轨局部缺陷不很敏感，故用在受载较大的设备上。

图 14-13 为精密激光比长仪工作台导轨，其截面形状与一般滑动导轨相同，即 $V_M \cdot V_G$ 和 $P \cdot P$ 组合，但精度要求很高，床身导轨直线度为 0.005 mm/m 及 0.01 mm/全长；工作台导轨的直线度和两导轨平行度均为 0.005 mm/全长，还要求 $V_M \cdot V_G$ 和 $P \cdot P$ 导轨副等高。为了使工作台能在任意位置上稳定定位，在工作台内装有若干个阻尼器，用弹簧 1 将阻尼块 2 压在辅助导轨面 3 上。

红外"芯"精神，
勇闯新天地

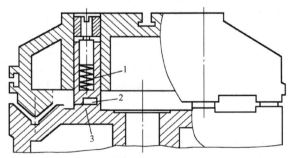

1—弹簧；2—阻尼块；3—辅助导轨面

图 14-13　精密激光比长仪工作台导轨

3. 滚动轴承导轨

滚动轴承既可装在运动部件上作为动导轨，亦可装在床身上作为静导轨。滚动轴承导轨的主要特点是摩擦系数小、运动灵活、承载大、调整方便，故适用于大型精密仪器和精密装置，如三坐标测量机、测长仪等。

用于导轨的滚动轴承与轴承厂供应的标准滚动轴承有所不同。标准滚动轴承一般外圈固定，内圈旋转。用于导轨的滚动轴承恰好相反，既承受载荷又作为导向，故这种轴承的内外圈不仅比标准滚动轴承厚而且精度高，如三坐标测量机及万能工具显微镜用的滚动轴承，径向跳动要求为 $0.5\sim1~\mu m$；而轴承厂供应的轴承，即使最精密的，其径向跳动也在 $2\sim3~\mu m$ 以上，所以用于导向的滚动轴承还需重新设计制造。

4．组合导轨

上述各种导轨都各有其优缺点，在实际应用中应根据具体情况，合理选择各种导轨的组合，以更好地满足导轨副设计的要求。将滚珠与滚柱以相互隔开的形式组合在一起的导轨（见图 14-14），由于滚珠直径比滚柱直径稍大，所以轻载时由滚珠承载并保证工作台移动轻便，重载时滚珠稍有变形并由滚柱和滚珠同时承载。这样的组合综合运用了滚珠导轨运动的灵活性和滚柱导轨承载大的优点。

又如，滚柱与长圆柱轴组合的导轨（见图 14-15），滚柱 2 装在床身导轨的 V 形槽上，长圆柱 3 装在工作台 4 上，对床身的 V 形角要求不高，制造高精度的圆柱 1 也不困难，因此在国外已用于轻载部件，以代替滚柱 V 形导轨。

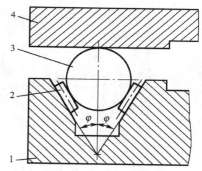

1—圆柱；2—滚柱；3—长圆柱；4—工作台

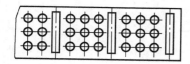

图 14-14　滚珠与滚柱组合的导轨　　　　图 14-15　滚柱与长圆柱轴组合的导轨

14.5　基　　　座

14.5.1　基座的结构特点及主要技术要求

在精密机械中具有各种各样的基座，不仅起着连接和支撑仪器的作用，还要保证仪器的工作精度。图 14-16 为精密数控铣床的结构，基座和机身支撑着精密工作台、传动系统及立柱。立柱上支撑着控制系统。由控制系统控制传动系统、精密工作台及切削刀具做 x、y、z 方向的运动。由基座构成的机身和立柱组成了整个设备的支撑结构，精密工作台不但具有运动和定位功能，而且对所加工的零件也起着支撑作用，基座与支承件的特点如下。

① 尺寸较大，是整台设备的基础支承件，支撑着仪器的各零部件及被测件（或被加工件），不仅自身重量较大，还承受着主要的外载荷。

② 结构比较复杂，有很多加工面（或孔），而且相对位置的精度和本身的精度较高。

根据以上特点，基座在设计时要特别注意刚性、热变形、精度、抗振性及结构工艺性等问题。

1．刚性

上述精密数控铣床的机身不仅本身重量较大，而且由于机身上有工作台及立柱，立柱上还有控制系统，因而一些部件载荷都直接或间接地作用在机身和立柱上。随着运动部件的移动，受载情况将发生变化。在这种情况下，要确保基座和立柱受力后的弹性变形在允许的范围内，就必须具有足够高的刚度。如果所设计的部件刚度不足，则由此造成的几何和位置偏差可能会大于制造误差；若所设计的刚度远远超出对刚度的要求，则使仪器大而笨拙。

刚度不仅影响精度，而且与自振频率有直接关系，对动态性能的改善有着重要意义。刚度按其所受载荷性质的不同，分为静刚度和动刚度。

2．热变形

对于精度要求较高的机械与仪器，热变形已成为产生误差的一个重要因素。例如，当机身导轨的上表面与底面有温差时，在垂直平面内导轨面将产生下凹或上凸（见图14-17），其最大弯曲量 δ 可按下式求得：

$$\delta = \frac{\varphi}{4} \times \frac{L}{2} = \frac{L\varphi}{8}$$

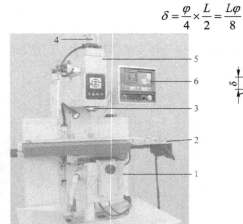

1—基座；2—工作台；3—传动系统；4—电动机；

5—主柱；6—控制系统

图14-16　精密数控铣床结构

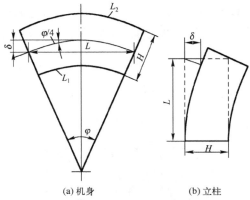

(a) 机身　　　(b) 立柱

图14-17　机身、立柱受热变形

又 $\varphi = \dfrac{\alpha L \Delta t}{H}$， $\Delta L = L_2 - L_1 = \varphi H = \alpha L \Delta t$，所以

$$\delta = \frac{\alpha \times \Delta t \times L^2}{8H} \tag{14-3}$$

式中，L 为机身（基座）长度，单位为 mm；H 为机身（基座）高度，单位为 mm；α 为基座材料线膨胀系数，对于铸铁 $\alpha = 11.1 \times 10^{-6}$，单位为 1/℃；$\Delta t$ 为温度差，单位为℃。

对于一端固定的立柱或横悬梁，热变形造成的弯曲量为

$$\delta = \frac{\alpha \times \Delta t \times L^2}{2H}$$

设基座铸件的长度 $L = 2000$ mm，高 $H = 500$ mm，当上下温差 $\Delta t = 1$℃时，求得基座弯曲量 $\delta = 0.011$ mm。由此可知，由热变形产生的误差是很大的。

由于整机及各部件的尺寸、形状和结构不同，因此到达平衡的时间也不同，构件热膨胀的速度与热容量的大小有关。

如果各部件发生各种不同的变形，热变形没有到达稳定状态，势必影响仪器的精度。因此，有必要采取措施将温度控制在一定的范围之内。

① 严格控制工作环境的温度。根据仪器的精度要求，对环境温度提出不同的要求。一般的恒温室，过滤后的空气可以从天花板流入室内，从靠近地板处排出室外。这样当空气经过灯源时，将把热量从天花板附近带下来，使室温升高。若将送入的空气温度降低到所要求的温度之下（如低于一般恒温 20℃），则又会使一部分冷空气下沉至地板，造成上下温度"分层"。对于较高的大型仪器，这种室内温度分层现象对于精度的影响是不容忽视的。较好的恒温室应从侧面或地板进气，由上面天花板排气。这种方式的优点是 20℃温度的空气直接从地板流进室内，从天花板排出，灯源的热量也由天花板散出。对于要求温度波动小的仪器（如激光测量仪），则需要采用"室中之室"和分级控制室温的方法。例如，将恒温室的温度变化控制在±1℃，然后对室内仪器另加保温罩，罩内温度变化控制在±0.15℃。国外先进的控制环境温度的技术已达到了很高的水平，美国有的实验室内温度可达到 20℃±0.0056℃。

② 控制仪器内部热源的热传递。仪器自身的电动机、照明灯等热源的热传递也需采取措施加以控制：采用冷光源（如发光二极管）；隔开热源或将热源分离出去；对于不能隔开又不便分离出去的热源，如轴承、丝杠螺母等则需采取措施，以减少热量的产生；待仪器温度平衡后再开始工作。

③ 采取温度补偿措施。可用结构设计补偿和计算机补偿等方法来补偿热变形误差。

3. 抗振性

支承件的抗振性是其抵抗受迫振动的能力。造成振动的振源可能是在仪器的内部，如驱动件的换向冲击；也可能在仪器的外部，如其他机器、车辆、人员活动以及恒温室的通风机、冷冻机等。当基座受到振源的影响而产生振动时，除了使仪器整机振动、摇晃外，各主要部件及部件相互之间还可能产生弯曲或扭转振动。整机摇晃振动一般不影响工作，但部件或部件相互之间振动可能对仪器精度产生影响。当振源频率与构件的固有频率重合或为其整倍数时将产生共振，严重时有可能使仪器不能正常工作，降低使用精度，缩短使用寿命。因此，对振动的振幅特别是相对振幅都有规定的允许值。如光波干涉孔径测量仪（精度为 0.03 mm），当激振频率为 35 Hz 时，允许工作台在垂直方向的振幅为 0.12 mm，水平方向的振幅为 0.22 mm。对于三坐标测量机，国外一些产品通常规定激振频率在 50 Hz 以下，振幅不得超过 5 mm。当振幅超过所规定的允许值时，为提高抗振性，通常从以下 4 方面着手进行改进。

① 提高静刚度。合理设计构件截面形状和尺寸，合理布置筋板或隔板可以提高静刚度，提高固有频率，避免产生共振。

② 减小内部振源的振动影响。可采用气体、液体静压导轨或轴系，对运动件进行充分润滑，以增加阻尼等。

③ 减轻重量。在不降低构件刚度的前提下减轻重量，可以提高固有频率。为了适当减薄壁厚，可采用钢材焊接结构等。

④ 有时采取隔振措施，以减小外界振源对仪器正常工作的影响。目前常用的隔振材料有钢弹簧、橡胶和泡沫乳胶，还可以采用气垫隔振。

4. 稳定性

基座和支承件的尺寸大，结构比较复杂，往往采用铸件。铸件在浇铸时由于各处冷却速度不均，容易产生内应力。这种内应力是造成零件尺寸长期不稳定的主要原因。此外，在基座等支承件上用螺钉等紧固件固装其他零部件的夹紧力也是不均匀的，会引起夹紧变形和夹紧力的释放变形，从而影响仪器的稳定性。因此，对基座和支承件要进行时效处理，以消除内应力，减小变形。

时效处理方法有两种，即自然时效和人工时效。

① 自然时效处理。将铸件毛坯或粗加工后的半成品自然地放置于露天场所，经过几个月甚至几年的时间，使其内部应力逐渐"松弛"。在内应力消除的过程中，铸件毛坯或粗加工后的半成品逐渐变形，待形状趋于稳定后再加工。根据经验，自然时效时间一般为1~6个月，时间长短取决于基座或支承件的尺寸大小、形状结构、铸造条件及最后精度要求等因素。大型仪器及精度高的构件，时效处理的时间长。自然时效方法简单，效果较好，但占地面积大，周期长，积压资金。

② 人工时效处理。最常应用的是热处理法。将铸件平整地悬搁在烘板上，以便四周受热均匀。

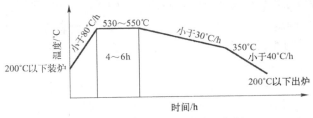

图 14-18　铸件人工时效处理实例

根据实际情况选择不同的温度变化速度。图 14-18 是一实例，开始时以 60℃/h 速度加热到 530~550℃，保温 4~6h，然后随炉冷却。一般精度的仪器构件经过一次时效处理即可达到要求，精度较高的构件在精加工前要进行多次时效处理。

为了减小夹紧件夹紧力所引起的变形，应尽量减少螺钉等紧固件的使用数量，可采用运动学原理定位法和弹性夹紧法。

14.5.2　基座与支承件的结构设计

结构形状对刚性、抗振性、稳定性和热变形起着决定性的作用。根据不同要求，结构设计可采取经验、类比、试验和计算等方法进行。

1. 正确选择截面

由材料力学可知，当构件受压时变形量与截面积的大小有关，当构件受弯、受扭时变形量与截面的抗弯、抗扭惯性矩有关，而惯性矩取决于截面形状。由同样重量的钢铁材料制成不同的截面或外形，其刚度会有很大的差别，因此正确选择截面与外形结构是十分重要的。

当构件承受弯曲载荷时，其弯曲变形量为

$$y = \frac{K_1}{I_w}$$

扭曲变形量为

$$\varphi = \frac{K_2}{I_n}$$

式中，K_1、K_2 分别为抗弯、抗扭系数，与材料弹性模数和尺寸有关；I_w、I_n 分别为截面抗弯、抗扭惯性矩，与构件的截面形状有关。

表 14-1 为截面积相同的不同截面形状的惯性矩，可以得出如下结论。

① 空心的截面惯性矩比实心的大，即空心截面构件的刚度比实心的高。因此，在相同截面面积的情况下，采用加大横截面轮廓尺寸而减小壁厚的办法可提高支承件的刚度。

② 采用圆形空心截面能提高抗弯和抗扭刚度。采用长方形空心截面对提高长边方向的抗弯刚度效果显著。

③ 截面为不封闭形式，抗扭刚度极差。因此，在相同的截面面积的情况下，支承件的截面最好做成四边封闭的箱形。

表 14-1　截面积相同的不同截面形状的惯性矩

序　号	截面形状	抗弯惯性矩 I_w(相对值)	抗扭惯性矩 I_n(相对值)	序　号	截面形状	抗弯惯性矩 I_w(相对值)	抗扭惯性矩 I_n(相对值)
1	$\phi113$	1	1	5	100, $\phi100$	1.04	0.88
2	$\phi113$ $\phi160$	5.04	5.04	6	50, 200	4.17	0.43
3	$\phi160$ $\phi196$	3.03	2.9	7	142, 100, 142, 100	3.21	1.27
4	$\phi160$ $\phi196$		0.07	8	85, 200, 235, 50	7.33	0.28

　　基座与支承件的外形面有矩形、圆形和船形。船形结构是根据等强度理论设计出的，无论外载荷作用在什么地方，基座弹性变形均相同，并且其重量可得以减轻。如果条件允许，选择三点支撑较为方便。

2. 合理布置筋板和加强筋

　　合理布置筋板（或加强筋）可以较好地增大刚度，其效果较增加壁厚更显著。

　　筋板按布置形式可以分为纵向筋板、横向筋板和斜置筋板。

　　① 纵向筋板，应布置在弯曲平面内，见图 14-19(a)，对提高抗弯刚度有明显效果。

　　② 横向筋板，见图 14-19(b)，当构件受扭转载荷时，横向筋板对加强抗扭刚度有明显效果。

　　③ 斜置筋板，可以提高抗弯和抗扭刚度，见图 14-19(c)。

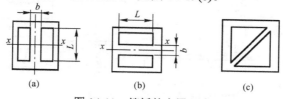

图 14-19　筋板的布置形式

　　筋条可采用直形筋或人字形筋，如图 14-20 所示。

　　基座筋的布置形式如图 14-21 所示。基本由上述 3 种形式构成。图 14-21 (a)、(b)和(c)都是方格式纵横筋，其中图(c)比图(b)的铸造性能好，因为图(c)中筋条受力状况好，交叉处金属聚集较少，分布均匀，内应力小。图 14-21(d)、(e)是三角形和菱形筋，不仅刚度较好，工艺也较简单。图 14-21(f)

是六角（蜂窝）形筋，抗弯、抗扭刚度较好，铸件均匀收缩，内应力小，不易断裂，但其铸造泥芯很多。图 14-21(g)、(h)形筋铸造工艺也较复杂，但刚度很好。

(a) 直形筋　　　　　　　　　　　(b) 人字形筋

图 14-20　筋条的形状

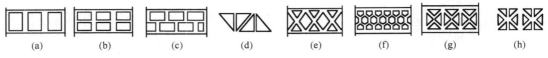

(a)　　　　(b)　　　　(c)　　　　(d)　　　　(e)　　　　(f)　　　　(g)　　　　(h)

图 14-21　基座筋的布置形式

通过正确选择截面，合理布置筋板等，基座刚度可以得到提高。但是在工作台移动过程中，由于工作台位置变化，其重心也随之变动，因而使基座产生微小的附加变形。这些变化带来的误差对于高精度仪器来说是不允许的。例如，在 2 m 长的刻线机基座的中间固定一个龙门架，架上安装一个反射镜，基座端头安放一个光波干涉仪。当工作台移动到端部时，光波干涉仪移动了 3 个干涉条纹，其基座变形带来的伪误差为 $\Delta\delta = \pm\dfrac{\lambda}{2}\times 3 = \pm 0.3164\times 3 = \pm 0.9492\ (\mu m)$。仅这项机械变形的误差就已经大大超过了整个仪器的精度要求，这显然是不允许的。为了防止产生这种变形，很多高精度大型仪器采用了双层基座三点松弛支撑的结构形式。图 14-22 为双层基座三点支撑的结构简图。上基座以 A、B 和 C 三点支撑在下基座上，下基座以对应的三点 a、b 和 c 支撑在地基上。在工作台移动时，重量始终是通过 A、B 和 C 三个支撑点作用在基座上，基座受力只有大小的变化而无方向和位置的变化，且又通过基座底部相应的三个支点 a、b 和 c 作用于地基上，因而基座变形要小得多。用上述光波干涉法测量，仅移动了 0.1 个干涉条纹，其基座变形带来的误差为 $\Delta\delta = \pm\dfrac{\lambda}{2}\times 0.1 = \pm 0.3164\ (\mu m)$。所采用的 A、B 和 C 支撑如图 14-22 所示，其结构各不相同。A 支撑由平行于纵向的两个 V 形槽和钢球组成，B 支撑由两平面和钢球组成，C 支撑由两内锥坑和钢球组成。这完全符合运动学设计原理，而且不会因温度变化而限制床身相对基座的自由伸缩。这种结构在大型仪器设备中应用较广。

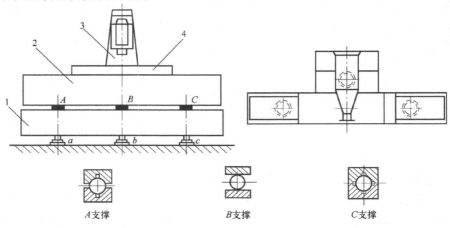

A 支撑　　　　　　　　B 支撑　　　　　　　　C 支撑

1—下基座；2—上基座；3—立柱；4—工作台

图 14-22　双层基座三点支撑结构简图

3. 良好的结构工艺性

在保证刚度要求的前提下，应尽量使铸造及机械加工劳动量最小，金属消耗量最低。

① 合理设计壁的厚度，根据受力大小决定壁的厚度。壁过薄容易引起浇铸不足和冷隔，壁过厚容易产生缩孔且浪费材料。合理壁厚是根据铸件材料和尺寸大小来确定的。尺寸为 200 mm×200 mm～500 mm×500 mm 的，其壁厚约为 6～10 mm；尺寸大于 500 mm×500 mm 的，壁厚约为 10～15 mm。筋板厚度通常取壁厚的 0.8 倍，加强筋的高度一般不超过壁厚的 5 倍。表 14-2 给出了铸造上允许的基座与支承件的最小壁厚、筋板厚度、肋条厚度。

表 14-2　基座与支承件的最小壁厚、筋板厚度、肋条厚度

质量/kg	外形尺寸/mm	壁厚/mm	筋板厚/mm	筋条厚/mm
<5	300	7	6	5
6～10	500	8	7	5
11～60	750	10	8	6
61～100	1250	12	10	8
110～500	1700	14	12	8
510～800	2500	16	14	10
810～1200	3000	18	16	12

② 各处壁厚力求均匀。为了使铸件均匀冷却，避免产生缩孔、疏松、变形或裂纹等缺陷，壁厚应均匀，厚壁与薄壁之间应光滑过渡。

③ 要充分考虑铸造、机械加工和装配的工艺性。为了便于清砂，清砂口要足够大。凸台面应尽可能处于同一平面高度，以便于机械加工。要考虑加工时的辅助基面要求，必要时应增设凸台。大的构件应考虑起吊孔。

④ 模型试验。为了校核机械构件（零件或部件）设计方案是否能满足性能要求和选择较优设计方案，必要时可采用模型试验的方法。所谓模型试验，就是将仪器实物按比例缩小尺寸制成模型，利用模型模拟实物进行试验。例如，进行静刚度试验、热变形试验和抗振性试验等。

14.5.3　基座与支承件的材料选择

通常要求材料具有较高的强度、刚度和耐磨性，以及良好的铸造和焊接工艺性，并且成本要低，如铸铁、合金铸铁、钢板和花岗岩等。

1. 铸铁

铸铁的熔点低，铸造性能好，易铸成各种复杂形状的零件。它的吸振性和耐磨性好，成本较低，是一种应用最为广泛的材料。它的缺点是制造周期长，需要木模和砂芯，工艺繁杂。

常用的铸铁如下。

① HT20～40（一级铸铁）。抗弯、抗压应力较大，可以用作机身上的导轨。由于流动性能较差，不适用于结构过于复杂的支承件。

② HT15～32（二级铸铁）。铸造性能好，但机械性能稍差，适用于形状复杂而受载不大的支承件。

③ 合金铸铁。为了提高导轨的耐磨性，有时用磷铜钛合金铸铁、高磷铸铁、钒钛铸铁和铬钼合金铸铁等。合金铸铁耐磨性能比灰口铸铁高 3 倍，价格也贵。

2. 钢板

钢板焊接成的构件，其弹性模量比铸铁件大，在承受同样的载荷时，壁厚可以比铸件薄，因而重量轻，适用于可移动的框架。钢板焊接制造周期短，节省材料，劳动条件也比铸造好。

3. 花岗岩

近年来，国内外采用花岗岩制造基座、支承件（以及各种量具）日益普遍。泰山花岗岩"泰山青"的实测力学性能如表 14-3 所示。

表 14-3　泰山花岗岩"泰山青"的实测力学性能

抗压强度	262.2 MPa
抗弯强度	374.8 MPa
相对密度	3.07
硬度	肖氏硬度 79.8
吸水率	一般在 0.5%～0.7%
线膨胀系数	$5.7 \times 10^{-6} \sim 7.3 \times 10^{-6}$（1/℃）
弹性模量	1280 MPa

用花岗岩制作基座具有以下优点。

① 稳定性好。经过百万年的天然时效处理，内应力早已消除，几乎不会变形，能长期保持稳定的精度。

② 加工简便。通过研磨、抛光等方法很容易得到很好的表面粗糙度和精度，不像金属件需经复杂的翻砂、锻造或热处理工艺，因而加工设备简单。在表面干净的条件下，耐磨性比铸铁高 5～10 倍。

③ 保养简便。不需涂任何防锈油脂，能抵抗一般酸碱性气体和溶液的侵蚀。表面被划痕或碰撞后，没有毛刺，也不影响精度。

④ 对温度敏感度较小。即温度稳定性好，导热系数和膨胀系数均很小，即使在没有恒温的环境下也能保持精度；在室内温度缓慢变化的条件下，产生的变形比钢小得多，约为铸铁的 0.5 倍。

⑤ 吸振性好。内阻尼系数比钢铁大 15 倍，不传递振动。

⑥ 不导电，抗电磁。不会与金属产生黏合或磁化。

⑦ 价格便宜。同样规格尺寸下，比铸铁便宜很多。

当然，它也有其缺点，主要是脆性大，不能承受过大的撞击和敲打。

花岗石现已被用于许多仪器设备上，如三坐标测量机和印制电路板的钻孔机等，作为气浮导轨的基座尤为理想。

习　题　14

14-1　试述导轨的功能、组成及分类（按摩擦性质和结构特点）。

14-2　试从运动学原理来说明直线运动导轨的设计基础。

14-3　滑动摩擦导轨的设计要点是什么？

14-4　试述常用滚动摩擦导轨的结构形式和特点。

14-5　试述基座的主要结构形式和特点。

14-6　基座常用的材料有哪些？

第15章 连 接

15.1 概 述

精密机械是由许多零件、部件按照一定的方式组合成的一个整体，各零部件之间的关系称为连接，按照运动关系可以分为动连接和静连接。形成动连接的零部件之间存在相对的运动，如啮合的齿轮；形成静连接的零部件之间没有相对运动，如螺纹连接。本章节主要介绍静连接。

连接按照是否可拆卸分为两种。

（1）可拆连接：可经多次拆装，拆装时无须损坏连接中的任何零件，且其工作能力不遭受破坏的连接称为可拆连接，如螺纹连接、键连接、型面连接等。

（2）不可拆连接：在拆开连接时，至少损坏连接中的一个零件，无法再恢复其工作能力的连接称为不可拆连接，如铆钉连接、焊接、胶接等。

过盈配合连接可以拆卸，但不能反复多次拆装使用，近年来高压液压泵拆卸技术的应用使得这类问题得到改善。到底选用哪类连接形式应根据使用中是否要经常拆卸或拆卸时是否要求保持零件的完整来决定。

连接按照锁合类型可分为三种。

（1）力锁合连接：又称为摩擦锁合连接，依靠被连接件的结合面上的正压力在接触面间产生摩擦力，阻止被连接件之间的相对运动，从而达到连接的目的，如有横向载荷的普通螺栓连接、过盈配合连接等。正压力可由惯性力、电磁力、重力或弹性变形力产生。这种连接在载荷反向时可以没有空回，但在振动时容易松动。

（2）形锁合连接：依靠被连接件或附加零件的形状互相嵌合，使零件间产生连接作用，如铰制孔用螺栓连接、平键连接、型面连接等。在无负荷情况下，两零件的结合面间一般没有压力。这类连接拆卸方便，结构简单尺寸紧凑，适合振动或冲击较大的场合。

（3）材料锁合连接：在被连接件之间涂敷附加材料，靠其分子间作用力将零件连接在一起，如胶接、钎焊等。这种连接一般为不可拆连接。

15.2 螺纹的基本知识

15.2.1 螺纹的分类及特点

螺纹类型较多，也有不同的分类方式，按螺纹旋线的旋向，可以分为左旋螺纹和右旋螺纹，一般情况下用右旋螺纹，特殊场合用左旋螺纹；按螺纹旋线的数目，可分为单线螺纹和多线螺纹，连接螺纹一般用单线螺纹，多线螺纹常用于传动，但一般不超过四线；按螺纹牙型，可以分为三角形螺纹、矩形螺纹、梯形螺纹和锯齿螺纹；按螺纹牙面位置，可分为外螺纹和内螺纹。

常见螺纹见表 15-1。

表 15-1　常见螺纹

螺纹类型	国标代号	图例	特点	应用
普通螺纹	GB/T 13576.1～4—1992		牙型角为 60° 的三角形螺纹，自锁性能好，分为粗牙和细牙两种	主要用于紧固连接，也可用于微调结构的调整
管螺纹	GB/T 7306.1～2—2000 GB/T 7307—2001 GB/T 12716—2002		分为密封性和非密封两种	广泛应用于各种管件的连接
矩形螺纹	无国标		牙型角为 0° 的正方形螺纹，牙厚为螺距的一半，传动效率高，对中性不好，工艺性差	主要用于力的传递，如千斤顶、小型压力机等
梯形螺纹	GB/T 5796.1～4—2005		牙型角为 30° 的梯形螺纹，牙型高度为 0.5P，传动效率比矩形略低，但对中性好，工艺性好	广泛应用于各种传动和大尺寸机件的紧固连接，如传动螺旋、丝杠等
锯齿形螺纹	GB/T 13576.1～4—1992		一般螺纹牙工作面牙侧角为 3°，非工作面牙侧角为 30° 兼具矩形螺纹和梯形螺纹的优点	用于单向受力的传力和定位，如轧钢机、水压机、起重机等传力机构

注：表中的 5 类常用螺纹，前两种主要应用于连接，后三种主要应用于传动。

1. 普通螺纹

普通螺纹是牙型角 $\alpha = 60°$ 的三角形螺纹。其自锁性能好，同一直径的螺纹按螺距的大小可分为粗牙和细牙两种，螺距最大的一种是粗牙，其余的均为细牙。细牙螺纹螺距小、升角小、小径小，螺纹的杆身面积大、强度高、自锁性能较好，但不耐磨、易脱扣。粗牙螺纹的直径和螺距比例适中、强度好，在多数场合使用粗牙螺纹。螺纹未特别标明牙距的一般是粗牙螺纹。细牙螺纹多用于薄壁或细小零件，以及受冲击、振动和变载荷的连接中，也可用作微调机的调整螺纹。

2. 管螺纹

管螺纹有三种标准，牙型角 $\alpha = 55°$ 的非密封管螺纹（GB/T 7307—2001）、牙型角 $\alpha = 55°$ 的密封管螺纹（GB/T 7306.1～2—2000）和牙型角 $\alpha = 60°$ 的密封管螺纹（GB/T 12716—2002）。常用的管螺纹是英制细牙三角形螺纹，牙型角 $\alpha = 55°$，牙顶有较大的圆角，内外螺纹旋合后牙型间无径向间隙，公称直径近似为管内径。管螺纹螺距以每英寸的螺纹牙数表示，多用于有紧密性要求的管件连接。

3. 矩形螺纹

矩形螺纹的牙型为正方形，牙型角 $\alpha = 0°$。矩形螺纹牙厚为螺距的一半，传动效率高，牙根强度弱，对中性不好，磨损后间隙无法补偿，精加工困难，工艺性差，工程上已逐渐被梯形螺纹所替代。它常用作传力螺纹，应用于千斤顶、小型压力机等。

4. 梯形螺纹

牙型角 $\alpha = 30°$ 的梯形螺纹，牙型高度为 0.5P，传动效率比矩形略低，但对中性好，牙根强度高，工艺性好。它广泛应用于各种传动和大尺寸机件的紧固连接，常用作传动螺旋、丝杠等。

5. 锯齿形螺纹

锯齿形螺纹兼具矩形螺纹的高效率和梯形螺纹的牙根强度高、工艺好的优点，是一种非对称牙型的螺纹，外螺纹的牙底有相当大的圆角，可以减少应力集中。一般螺纹牙工作面牙侧角为3°，非工作面牙侧角为30°，也可以根据传动效率来选择承载面的牙侧角。锯齿形螺纹主要用于单向受力的传力和定位，如轧钢机、螺旋压力机、水压机、起重机等传力机构。目前使用的有3°/30°、3°/45°、7°/45°、0°/45°等数种不同牙侧角的锯齿形螺纹。

15.2.2 螺纹的主要参数

下面以普通螺纹为例来介绍螺纹的主要参数，如图15-1和图15-2所示。

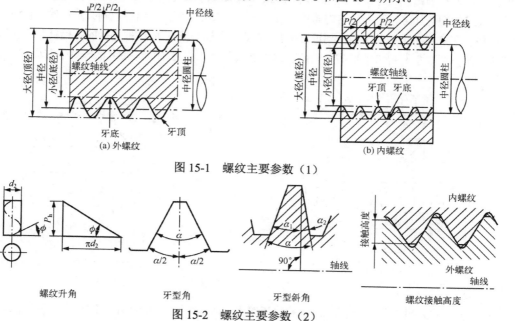

图 15-1 螺纹主要参数（1）

图 15-2 螺纹主要参数（2）

（1）大径 d（或 D）：与外螺纹牙顶或内螺纹牙底相重合的假想圆柱面的直径，亦称公称直径，是外螺纹的顶径，内螺纹的底径。

（2）小径 d_1（或 D_1）：与外螺纹牙底或内螺纹牙顶相重合的假想圆柱面的直径，一般为外螺纹危险剖面的直径，是外螺纹的底径，内螺纹的顶径。

（3）中径 d_2（或 D_2）：在轴向剖面内，牙厚等于牙间距的假想圆柱面的直径。它是确定螺纹几何参数和配合性质的直径。

（4）螺距 P：螺纹相邻两个牙型对应点的轴向距离。

（5）螺纹线数 n：螺纹螺旋线的数目，一般 $n \leqslant 4$。

（6）导程 L：螺纹上任一点沿同一条螺旋线转一周所移动的轴向距离。单线螺纹 $L = P$；多线螺纹 $L = nP$。

（7）螺纹升角 ϕ：在中径圆柱面上，螺旋线的切线与垂直于螺纹轴线的平面间的夹角，

$$\phi = \arctan \left(\frac{L}{\pi d_2} \right) 。$$

（8）牙型角 α：在轴向剖面内，相邻螺纹牙型两侧边间的夹角。

（9）牙型斜角：在轴向剖面内，螺纹牙型侧边与螺纹轴线垂线间的夹角。

（10）螺纹接触高度 h：内外螺纹的径向接触高度。

15.3 螺纹连接的主要类型及应用

螺纹连接的主要类型有螺栓连接、双头螺柱连接、螺钉连接及紧定螺钉连接 4 种，下面分别进行介绍。

1. 螺栓连接

图 15-3 所示为螺栓连接，它分为普通螺栓连接和铰制孔用螺栓连接两种。当用普通螺栓连接时，被连接件的通孔与螺栓间有一定间隙，无论连接传递的载荷是何种形式，螺栓都受到拉伸的作用。由于这种连接的通孔加工精度低、结构简单、装拆方便，故应用广泛。当用铰制孔用螺栓连接时，螺栓的光杆和被连接件的孔多采用基孔制过渡配合（H7/m6 或 H7/n6），这种连接的螺栓杆在工作时受到剪切和挤压作用，主要用来承受横向载荷。它用于载荷大、冲击严重、要求良好对中的场合。

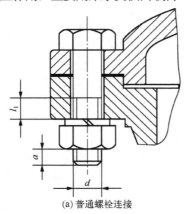
(a) 普通螺栓连接

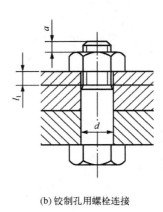
(b) 铰制孔用螺栓连接

图 15-3   螺栓连接

普通螺栓螺纹余留长度 l_1 确定如下：静载荷作用下，$l_1 \geqslant (0.3 \sim 0.5)d$；变载荷作用下，$l_1 \geqslant 0.75d$；冲击载荷或弯曲载荷作用下，$l_1 \geqslant d$。铰制孔用螺栓，$l_1$ 应尽可能小。螺纹伸出长度 $a = (0.2 \sim 0.3)d$。

2. 双头螺柱连接

如图 15-4(a) 所示，当被连接件之一较厚而不宜制成通孔且需经常拆卸时，可用双头螺柱连接。其中一个被连接件需要切制螺纹孔，螺柱两端无钉头，车制全螺纹，装配时一端旋入带螺纹孔的被连接件，另一端配以螺母，另一连接件压在螺母和带螺孔的连接件间。拆装时一般只需拆下螺母，而不将双头螺柱从被连接件中拧出。

3. 螺钉连接

螺钉连接如图 15-4(b) 所示，这种连接不需要用螺母，螺钉直接旋入被连接的螺孔，结构比较简单，其用途和双头螺柱连接相似，多用于受力不大且不需要经常拆卸的场合。

螺孔座端拧入深度 H 可通过如下公式确定：螺纹孔材料为钢或青铜，$H=d$；铸铁，$H=(1.25 \sim 1.5)d$；铝合金，$H=(1.5 \sim 2.5)d$。螺孔深度 $H_1 = H + (2 \sim 2.5)P$。钻孔深度 $H_2 = H_1 + (0.5 \sim 1.0)d$。$l_1$、$a$ 值的确定同螺栓连接。

4. 紧定螺钉连接

图 15-4(c) 为紧定螺钉连接，螺钉旋入一零件的螺纹孔中，并以其末端顶住另一零件的表面或

嵌入相应的凹坑中，以固定两个零件的相对位置，可以传递不大的力或转矩。

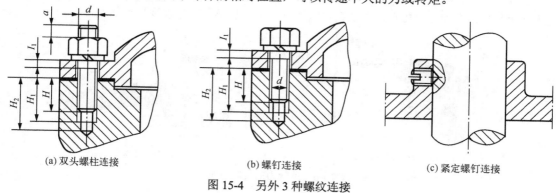

(a) 双头螺柱连接   (b) 螺钉连接   (c) 紧定螺钉连接

图 15-4　另外 3 种螺纹连接

15.4　螺纹连接的预紧与防松

15.4.1　螺纹连接的预紧

在实际工作中，大多数螺纹连接在装配时都需要拧紧，使之在承受工作载荷之前预先受到力的作用，这个预加作用力称为预紧力。预紧的目的是增强连接的可靠性和紧密性，以防止受载后被连接件间出现缝隙或发生相对移动。

预紧力的大小根据连接工作的需要确定。装配时需要拧紧的连接称为紧连接，反之则称为松连接。预紧力的确定原则一般为：拧紧后螺纹连接件的预紧力不得超过其材料的屈服极限的 80%。

碳素钢的预紧力后应小于 $0.6 \sim 0.7$ 倍 $\sigma_s A_1$，合金钢的预紧力 F_0 应小于 $0.5 \sim 0.6$ 倍 $\sigma_s A_1$，其中，σ_s 为材料的屈服极限。

1. 拧紧（扳手）转矩的确定

如图 15-5 所示，在拧紧螺母时，拧紧转矩 T 需克服螺纹副的阻力矩 T_1 和螺母环形支承面上的摩擦转矩 T_2，即 $T = FL = T_1 + T_2$。

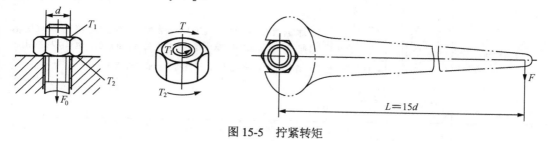

图 15-5　拧紧转矩

2. 预紧力的控制方法

一般通过控制拧紧力矩的方法来控制预紧力的大小。如图 15-6 所示，通常可采用测转矩扳手和定力矩扳手，对于重要的螺栓连接，还可以采用测量拧紧螺母后螺栓的伸长量等方法来控制预紧力。

15.4.2　螺纹连接的防松

连接螺纹都满足自锁条件，在静载荷作用下不会自行松脱。但在冲击、振动及交变载荷作用下，在高温或工作温度变化较大时，螺纹副上及螺母支承面上的摩擦力可能会减小或瞬时消失。经多次重复后，会使连接松动，甚至会导致严重事故，故必须充分重视防松问题。

| (a) 测转矩扳手 | (b) 定力矩扳手 |

图 15-6　预紧力的控制方法

防松的基本出发点是防止螺纹副出现反向相对转动。按防松的原理可将其分为 3 类。

1．摩擦防松

表 15-2 所示列出了常见的摩擦防松的类型和特点，摩擦防松是使螺纹副间总有正压力存在，当螺母有松动趋势时，产生一定的摩擦阻力矩来阻止反向转动。这种正压力可由螺纹副纵向或横向压紧产生，如使用对顶螺母、弹簧垫圈、锁紧螺母等。

表 15-2　摩擦防松的类型和特点

防 松 方 法	结 构 形 式	特点和应用
对顶螺母	副螺母 主螺母	用两个螺母对顶着拧紧，使旋合螺纹间始终受到附加摩擦力的作用； 结构简单，但连接的高度尺寸和重量增大，适用于平稳、低速运转和重载的连接
弹簧垫圈		拧紧螺母后弹簧垫圈被压平，垫圈的弹性恢复力使螺纹副轴向压紧，同时垫圈斜口的尖端抵住螺母与被连接件的支承面，也有防松作用； 结构简单，应用方便，广泛用于一般的连接
尼龙圈锁紧螺母和金属锁紧螺母		尼龙圈锁紧螺母是利用螺母末端的尼龙圈箍紧螺栓，横向压紧螺纹来防松； 金属锁紧螺母是利用螺母末端椭圆口的弹性变形箍紧螺栓，横向压紧螺纹来防松； 结构简单，防松可靠，可多次拆装而不降低防松性能，适用于较重要防松螺母的连接

2. 机械防松

常见的机械防松有开口销、开槽螺母、止动垫圈、串联钢丝几种形式。机械防松的类型和特点如表 15-3 所示。机械防松比较可靠，适用于高速、冲击、振动的场合。

表 15-3　机械防松的类型和特点

防松方法	结构形式	特点和应用
开口销	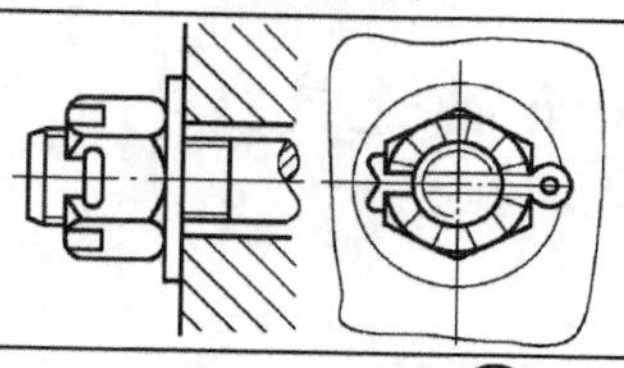	拧紧槽形螺母后，将开口销插入螺栓尾部小孔和螺母的槽内，再将销口的尾部分开，使螺母锁紧在螺栓上； 适用于有较大冲击、振动的高速机械
开槽螺母		与开口销的槽形螺母不同，开槽螺母的槽开在轴向柱面，拧紧后，通过带翅垫圈外翅翻起卡到槽内，起到防松的作用 结构简单，防松可靠
止动垫圈	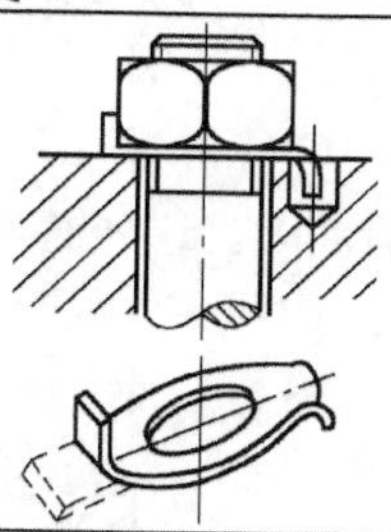	将垫圈套入螺栓，并使其下弯的外舌放入被连接件的小槽中，再拧紧动螺母，最后将垫圈的另一边向上弯，使之和螺母的一边贴紧，此时垫圈约束螺母而自身又约束在被连接件上（螺栓应另有约束）； 结构简单，使用方便，防松可靠
串联钢丝	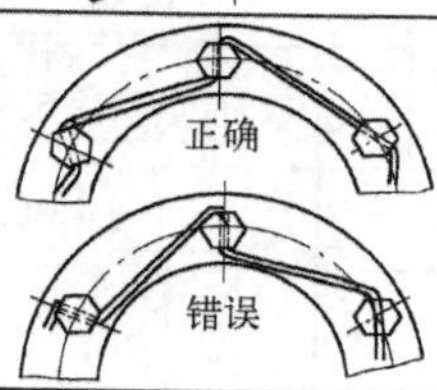 正确 错误	用低碳钢丝穿入各螺钉头部的孔内，将各螺钉串联起来，使其相互约束，使用时必须注意钢丝的穿入方向； 适用于螺钉组连接，防松可靠，但装拆不方便

3. 永久防松

永久防松就是采用焊接、冲点、黏结等方法破坏螺纹副，使其成为不可拆连接。这种方法仅能用于装配后不再拆开的场合。永久防松的类型和特点如表 15-4 所示。

表 15-4　永久防松的类型和特点

防松方法	结构形式	特点和应用
冲点、焊接	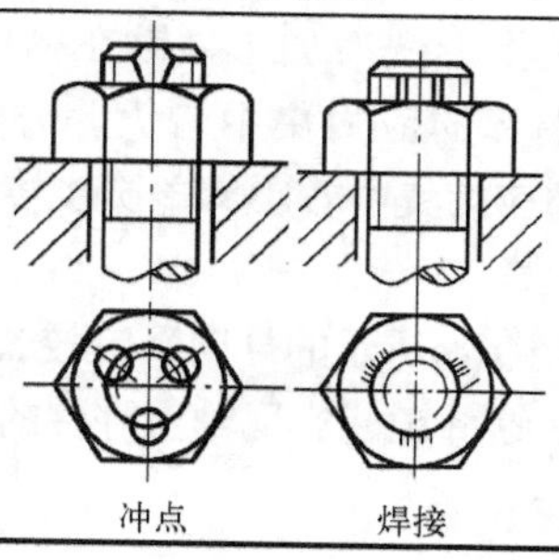 冲点　　焊接	螺母拧紧后，在螺栓末端与螺母的旋合缝处冲点或焊接来防松； 防松可靠，但拆卸后连接不能重复使用，适用于不需要拆卸的特殊连接

防松方法	结构形式	特点和应用
黏合	涂黏接剂	在旋合的螺纹间涂以黏接剂，使螺纹副紧密黏合；防松可靠，且有密封作用

15.5 键连接和花键连接

15.5.1 键连接的类型

键主要用来实现轴和轴上零件之间的周向固定以传递转矩。有些类型的键还可实现轴上零件的轴向固定或轴向移动。键连接一般属于可拆卸连接。

键是标准件，分为平键、半圆键、楔键和花键等。设计时应根据各类键的结构和应用特点进行选择。

1．平键连接

平键的两侧面是工作面，上表面与轮毂槽底之间留有间隙。这种键定心性较好、装拆方便。常用的平键有普通平键和导向平键两种，如图 15-7 所示。

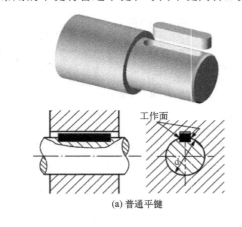

(a) 普通平键

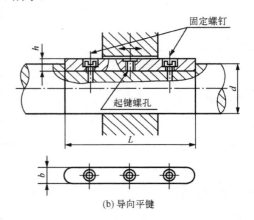

(b) 导向平键

图 15-7 平键连接

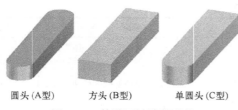

圆头(A型) 方头(B型) 单圆头(C型)

图 15-8 普通平键端部形状

普通平键的端部形状可制成圆头（A 型）、方头（B 型）或单圆头（C 型），如图 15-8 所示。圆头键的轴槽用指形铣刀加工，键在槽中固定良好，但轴上键槽端部的应力集中较大。方头键用盘形铣刀加工，轴的应力集中较小。单圆头键常用于轴端。普通平键应用最广。

图 15-7(b)所示的导向平键较长，需用螺钉固定在轴槽中，为了便于装拆，在键上制造出起键螺纹孔。这种键能实现轴上零件的轴向移动，构成动连接，如变速箱的滑移齿轮就可采用导向平键连接。

2. 半圆键连接

图 15-9 所示的半圆键也是以两侧面为工作面，与平键一样具有定心较好的优点。

半圆键能在键槽中摆动，键槽开得较深，装配方便，但对键的强度有所削弱，只适用于轻载连接，一般用于锥形轴端，如图 15-9(b)所示。

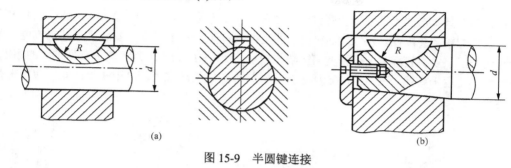

(a)　　　　　　　　　　　　　　　(b)

图 15-9　半圆键连接

3. 楔键连接

图 15-10 所示为楔键连接。与普通平键不同，楔键的工作面为上、下面，键的上表面及轮毂键槽底面均有 1∶100 的斜度。其特点是能承受单向轴向力，但对中性很差，主要应用于低速、轻载和对中性要求不高的场合。

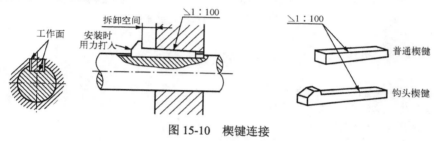

图 15-10　楔键连接

15.5.2　花键连接

轴和轮毂孔周向均布的多个键齿构成的连接称为花键连接。花键连接的工作面是齿的侧面。由于多齿传递载荷，所以花键连接与平键连接相比具有承载能力高，对轴削弱程度小（齿浅，应力集中小），定心好和导向性能好等优点。它适用于定心精度要求高、载荷大或经常滑移的连接。花键连接按其齿形不同，可分为一般常用的矩形花键和强度高的渐开线花键，如图 15-11 所示。

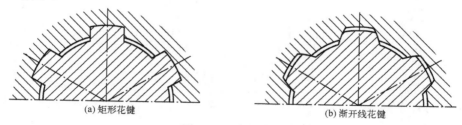

(a) 矩形花键　　　　　　　　　　(b) 渐开线花键

图 15-11　花键连接

花键连接可以是静连接，也可以是动连接。它的选用方法与平键连接类似。

15.6　销　连　接

销连接的主要用途是固定零件之间的相互位置并可传递不大的载荷，常用材料为 35 钢和 45 钢。

销连接的基本形式为圆柱销和圆锥销，如图 15-12 所示。图 15-12(a)所示的圆柱销经过多次装拆，其定位精度会降低。图 15-12(b)所示的圆锥销有 1∶50 的锥度，安装比圆柱销方便，可以自动补偿磨损，多次装拆对定位精度的影响也较小。图 15-12(c)所示为大端带有外螺纹的圆锥销，便于拆卸，可用于盲孔。图 15-12(d)所示为小端带外螺纹的圆锥销，可用螺母锁紧，适用于有冲击的场合。

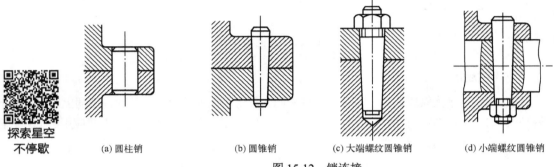

探索星空
不停歇　　　(a) 圆柱销　　　(b) 圆锥销　　(c) 大端螺纹圆锥销　　(d) 小端螺纹圆锥销

图 15-12　销连接

习　题　15

15-1　螺纹的类型有哪些？各如何应用？
15-2　螺纹连接的类型有哪些？各如何应用？
15-3　螺纹连接防松的方法有哪些？
15-4　键连接的类型有哪些？各种类型的工作面是哪里？

参 考 文 献

[1]   初允绵. 仪表结构设计基础. 北京：机械工业出版社，1991.

[2]   杨可桢，程光蕴. 机械设计基础（第 7 版）. 北京：高等教育出版社，2021.

[3]   欧阳祖行. 机械设计基础. 北京：航空工业出版社，1992.

[4]   裘祖荣. 精密机械设计基础. 北京：机械工业出版社，2007.

[5]   濮良贵，陈国定，吴立言. 机械设计（第十版）. 北京：高等教育出版社，2019.

[6]   张俭著. 机械设计基础. 北京：北京理工大学出版社，2020.

[7]   曹彤. 机械设计制图. 北京：高等教育出版社，2011.

[8]   Alexander H. Slocum. 精密机械设计. 北京：机械工业出版社，2017.

[9]   何小柏. 机械设计. 重庆：重庆大学出版社，1996.

[10]   沈乐年，刘向锋. 机械设计基础. 北京：清华大学出版社，1997.

[11]   郑长福. 机械设计制图. 重庆：重庆大学出版社，1996.

[12]   范思冲. 机械基础（第 3 版）. 北京：机械工业出版社，2016.

[13]   孙桓，陈作模. 机械原理（第 5 版）. 北京：高等教育出版社，1996.

[14]   黄华梁，彭文生. 机械设计基础（第 4 版）. 北京：高等教育出版社，2007.

[15]   周鹏翔. 机械制图（第 4 版）. 北京：高等教育出版社，2013.

[16]   合肥工业大学工程图学教研室. 工程制图. 北京：机械工业出版社，1996.

[17]   同济大学，等. 机械制图. 北京：高等教育出版社，1988.

[18]   宋子玉. 机械制图. 北京：北京航空航天大学出版社，1996.

[19]   秀珍. 精密机械结构设计. 北京：清华大学出版社，2011.

[20]   浦昭邦. 测控仪器设计. 北京：机械工业出版社，2001.

[21]   王知行 刘廷荣. 机械原理. 北京：高等教育出版社，2000.

[22]   邹玉堂. Pro/ENGINEER 实用教程. 北京：机械工业出版社，2005.

[23]   申永胜. 机械原理. 北京：清华大学出版社，2000.

[24]   蒋秀珍. 机械学基础（第 2 版）. 北京：科学出版社，2004.

[25]   胡建国，李亚萍，汪鸣琦. 机械工程图学. 武汉：武汉大学出版社，2004.

[26]   王巍. 机械制图. 北京：高等教育出版社，2003.

[27]   洪如谨. UG CAD 快速入门指导. 北京：清华大学出版社，2002.

[28]   张幼军，王世杰等. CAD/CAM 模具设计与制造指导丛书. 北京：清华大学出版社，2006.

[29]   马秋成,等. UG 实用教程－CAD 篇. 北京：机械工业出版社，2001.

[30]   詹友刚. Pro/ENGINEER 中文野火版教程－通用模块. 北京：清华大学出版社，2003.

[31]   薄继康. Pro/ENGINEER 基础教程. 北京：人民邮电出版社，2005.

[32]   南景富. 机械基础. 北京：高等教育出版社，2002.

[33]   吴建蓉. 工程力学与机械设计基础（第 3 版）. 北京：电子工业出版社，2012.

[34]   许贤泽. 精密机械设计基础（第 3 版）. 北京：电子工业出版社，2015.